水利工程施工技术与管理

高喜永　段玉洁　于　勉　编著

吉林科学技术出版社

图书在版编目（CIP）数据

水利工程施工技术与管理 / 高喜永，段玉洁，于勉
编著. -- 长春：吉林科学技术出版社，2019.5
　　ISBN 978-7-5578-5481-2

　　Ⅰ．①水… Ⅱ．①高… ②段… ③于… Ⅲ．①水利工
程－工程施工②水利工程－施工管理 Ⅳ．① TV5

中国版本图书馆 CIP 数据核字（2019）第 106141 号

水利工程施工技术与管理

编　　著	高喜永　段玉洁　于　勉
出 版 人	李　梁
责任编辑	杨超然
封面设计	刘　华
制　　版	王　朋
开　　本	185mm×260mm
字　　数	420 千字
印　　张	18.75
版　　次	2019 年 5 月第 1 版
印　　次	2019 年 5 月第 1 次印刷
出　　版	吉林科学技术出版社
发　　行	吉林科学技术出版社
地　　址	长春市福祉大路 5788 号出版集团 A 座
邮　　编	130118

发行部电话／传真　0431—81629529　　81629530　　81629531
　　　　　　　　　81629532　　81629533　　81629534

储运部电话　0431—86059116

编辑部电话　0431—81629517

网　　址	www.jlstp.net
印　　刷	北京宝莲鸿图科技有限公司
书　　号	ISBN 978-7-5578-5481-2
定　　价	75.00 元

编委会

编　著

高喜永　南水北调中线干线工程建设管理局

段玉洁　濮阳市引黄工程管理处

于　勉　高邮市水利建筑安装工程总公司

副主编

鞠向阳　南水北调中线干线工程建设管理局河北分局

袁延强　滨州市沾化区毛家洼平原水库供水中心

刘丽丽　山东水利建设集团有限公司

高　超　河南省水利第二工程局

王晓辉　张家口市清水河河务管理处

刘力玮　渭源县水务局莲峰水利站

漆强强　黄河万家寨水利枢纽有限公司

韩良勇　周口市水利建筑工程局

贾秀忠　南水北调中线干线工程建设管理局河北分局

编　委

包格日乐吐　通辽市水土保持局

前　言

　　水利工程是用于控制和调配自然界的地表水和地下水，达到除害兴利目的而修建的工程。也称为水工程。水是人类生产和生活必不可少的宝贵资源，但其自然存在的状态并不完全符合人类的需要。只有修建水利工程，才能控制水流，防止洪涝灾害，并进行水量的调节和分配，以满足人民生活和生产对水资源的需要。水利工程需要修建坝、堤、溢洪道、水闸、进水口、渠道、渡漕、筏道、鱼道等不同类型的水工建筑物，以实现其目标。

　　本文从八章内容进行水利工程施工技术及管理的说明及叙述，希望能够有助于我国水利工程工作人员的工作和学习。

目 录

第一章 绪 论

第一节 概 述

1. 分类

按目的或服务对象可分为：防止洪水灾害的防洪工程；防止旱、涝、渍灾为农业生产服务的农田水利工程，也称灌溉和排水工程；将水能转化为电能的水力发电工程；改善和创建航运条件的航道和港口工程；为工业和生活用水服务，并处理和排除污水和雨水的城镇供水和排水工程；防止水土流失和水质污染，维护生态平衡的水土保持工程和环境水利工程；保护和增进渔业生产的渔业水利工程；围海造田，满足工农业生产或交通运输需要的海涂围垦工程等。一项水利工程同时为防洪、灌溉、发电、航运等多种对象服务的，称为综合利用水利工程。

蓄水工程指水库和塘坝（不包括专为引水、提水工程修建的调节水库），按大、中、小型水库和塘坝分别统计。

引水工程指从河道、湖泊等地表水体自流引水的工程（不包括从蓄水、提水工程中引水的工程），按大、中、小型规模分别统计。提水工程指利用扬水泵站从河道、湖泊等地表水体提水的工程（不包括从蓄水、引水工程中提水的工程），按大、中、小型规模分别统计。调水工程指水资源一级区或独立流域之间的跨流域调水工程，蓄、引、提工程中均不包括调水工程的配套工程。地下水源工程指利用地下水的水井工程，按浅层地下水和深层承压水分别统计。

2. 特点

①有很强的系统性和综合性。单项水利工程是同一流域，同一地区内各项水利工程的有机组成部分。这些工程既相辅相成，又相互制约，单项水利工程自身往往是综合性的，各服务目标之间既紧密联系，又相互矛盾。水利工程和国民经济的其他部门也是紧密相关的。规划设计水利工程必须从全局出发，系统地、综合地进行分析研究，才能得到最为经济合理的优化方案。

②对环境有很大影响。水利工程不仅通过其建设任务对所在地区的经济和社会发生影响，而且对江河、湖泊以及附近地区的自然面貌、生态环境，甚至对区域气候，都将产生

不同程度的影响。这种影响有利有弊，规划设计时必须对这种影响进行充分估计，努力发挥水利工程的积极作用，减轻其消极影响。

③工作条件复杂。水利工程中各种水工建筑物都是在难以确切把握的气象、水文、地质等自然条件下进行施工和运行的，它们又多承受水的推力、浮力、渗透力、冲刷力等的作用，工作条件较其他建筑物更为复杂。

④水利工程的效益具有随机性，根据每年水文状况不同而效益不同，农田水利工程还与气象条件的变化有密切联系。

⑤水利工程一般规模大，技术复杂，工期较长，投资多，兴建时必须按照基本建设程序和有关标准进行。

3. 可供水量

可供水量分为单项工程可供水量与区域可供水量。一般来说，区域内相互联系的工程之间，具有一定的补偿和调节作用，区域可供水量不是区域内各单项工程可供水量相加之和。区域可供水量是由新增工程与原有工程所组成的供水系统，根据规划水平年的需水要求，经过调节计算后得出。

（1）区域可供水量

区域可供水量是由若干个单项工程、计算单元的可供水量组成。区域可供水量，一般通过建立区域可供水量预测模型进行。在每个计算区域内，将存在相互联系的各类水利工程组成一个供水系统，按一定的原则和运行方式联合调算。联合调算要注意避免重复计算供水量。对于区域内其他不存在相互联系的工程则按单项工程方法计算。可供水量计算主要采用典型年法，来水系列资料比较完整的区域，也可采用长系列调算法进行可供水量计算。

（2）蓄水工程

指水库和塘坝（不包括专为引水、提水工程修建的调节水库），按大、中、小型水库和塘坝分别统计。

（3）提水工程

指利用扬水泵站从河道、湖泊等地表水体提水的工程（不包括从蓄水、引水工程中提水的工程），按大、中、小型规模分别统计。

（4）调水工程

指水资源一级区或独立流域之间的跨流域调水工程，蓄、引、提工程中均不包括调水工程的配套工程。

（5）地下水源工程

指利用地下水的水井工程，按浅层地下水和深层承压水分别统计。

（6）地下水利用

研究地下水资源的开发和利用，使之更好地为国民经济各部门（如城市给水、工矿企业用水、农业用水等）服务。农业上的地下水利用，就是结合改良土壤以及农牧业给水合理开发与有效地利用地下水进行灌溉或排灌。必须根据地区的水文地质条件、水文气象条件和用水条件，进行全面规划。

在对地下水资源进行评价和摸清可开采量的基础上，制订开发计划与工程措施。在地下水利用规划中要遵循以下原则：1）充分利用地面水，合理开发地下水，做到地下水和地面水统筹安排；2）应根据各含水层的补水能力，确定各层水井数目和开采量，做到分层取水，浅、中、深结合，合理布局；3）必须与旱涝碱咸的治理结合，统一规划，做到既保障灌溉，又降低地下水位、防碱防渍；既开采了地下水，又腾空了地下库容；使汛期能存蓄降雨和地面径流，并为治涝治碱创造条件。在利用地下水的过程中，还须加强管理，避免盲目开采而引起不良后果。

1）浅层地下水

指与当地降水、地表水体有直接补排关系的潜水和与潜水有紧密水力联系的弱承压水。

1）其他水源工程

包括集雨工程、污水处理再利用和海水利用等供水工程。

1）集雨工程

指用人工收集储存屋顶

4. 组成

无论是治理水害或开发水利，都需要通过一定数量的水工建筑物来实现。按照功用，水工建筑物大体分为三类：①挡水建筑物；②泄水建筑物；③专门水工建筑物。由若干座水工建筑物组成的集合体称水利枢纽。

（1）挡水建筑物

阻挡或拦束水流、拥高或调节上游水位的建筑物，一般横跨河道者称为坝，沿水流方向在河道两侧修筑者称为堤。坝是形成水库的关键性工程。近代修建的坝，大多数是采用当地土石料填筑的土石坝或用混凝土灌筑的重力坝，它依靠坝体自身的重量维持坝的稳定。当河谷狭窄时，可采用平面上呈弧线的拱坝。在缺乏足够筑坝材料时，可采用钢筋混凝土的轻型坝（俗称支墩坝），但它抵抗地震作用的能力和耐久性都较差。砌石坝是一种古老的坝，不易机械化施工，主要用于中小型工程。大坝设计中要解决的主要问题是坝体抵抗滑动或倾覆的稳定性、防止坝体自身的破裂和渗漏。土石坝或砂、土地基，防止渗流引起的土颗粒移动破坏（即所谓"管涌"和"流土"）占有更重要的地位。在地震区建坝时，还要注意坝体或地基中浸水饱和的无黏性砂料，在地震时发生强度突然消失而引起滑动的可能性，即所谓"液化现象"（见砂土液化）。

（2）泄水建筑物

能从水库安全可靠地放泄多余或需要水量的建筑物。历史上曾有不少土石坝，因洪水超过水库容量而漫顶造成溃坝。为保证土石坝的安全，必须在水利枢纽中设河岸溢洪道，一旦水库水位超过规定水位，多余水量将经由溢洪道泄出。混凝土坝有较强的抗冲刷能力，可利用坝体过水泄洪，称溢流坝。修建泄水建筑物，关键是要解决好消能和防蚀、抗磨问题。泄出的水流一般具有较大的动能和冲刷力，为保证下游安全，常利用水流内部的撞击和摩擦消除能量，如水跃或挑流消能等。当流速大于每秒10~15米时，泄水建筑物中行水部分的某些不规则地段可能出现所谓空蚀破坏，即由高速水流在临近边壁处引起的真空穴所造成的破坏。防止空蚀的主要方法是尽量采用流线形体形，提高压力或降低流速，采用高强材料以及向局部地区通气等。多泥沙河流或当水中夹带有石渣时，还必须解决抵抗磨损的问题。

（3）专门水工建筑物

除上述两类常见的一般性建筑物外，为某一专门目的或为完成某一特定任务所设的建筑物称专门水工建筑物。渠道是输水建筑物，多数用于灌溉和引水工程。当遇高山挡路，可盘山绕行或开凿输水隧洞穿过（见水工隧洞）；如与河、沟相交，则需设渡槽或倒虹吸，此外还有同桥梁、涵洞等交叉的建筑物。水力发电站枢纽按其厂房位置和引水方式有河床式、坝后式、引水道式和地下式等。水电站建筑物主要有集中水位落差的引水系统，防止突然停车时产生过大水击压力的调压系统，水电站厂房以及尾水系统等。通过水电站建筑物的流速一般较小，但这些建筑物往往承受着较大的水压力，因此，许多部位要用钢结构。水库建成后大坝阻拦了船只、木筏、竹筏以及鱼类回游等的原有通路，对航运和养殖的影响较大。为此，应专门修建过船、过筏、过鱼的船闸、筏道和鱼道。这些建筑物具有较强的地方性，修建前要做专门研究。

5. 规划

水利工程规划的目的是全面考虑、合理安排地面和地下水资源的控制、开发和使用方式，最大限度地做到安全、经济、高效。水利工程规划要解决的问题大体有以下几个方面：根据需要和可能确定各种治理和开发目标，按照当地的自然、经济和社会条件选择合理的工程规模，制定安全、经济、运用管理方便的工程布置方案。因此，应首先做好被治理或开发河流流域的水文和水文地质方面的调查研究工作，掌握水资源的分布状况。

工程地质资料是水利工程规划中必须先行研究的又一重要内容，以判别修建工程的可能性和为水工建筑物选择有利的地基条件并研究必要的补强措施。水库是治理河流和开发水资源中普遍应用的工程形式。在深山峡谷或丘陵地带，可利用天然地形构成的盆地储存多余的或暂时不用的水，供需要时引用。因此，水库的作用主要是调节径流分配，提高水位，集中水面落差，以便为防洪、发电、灌溉、供水、养殖和改善下游通航创造条件。为此，在规划阶段，须沿河道选择适当的位置或盆地的喉部，修建挡水的拦河大坝以及向下游宣泄河水的水工建筑物。在多泥沙河流，常因泥沙淤积使水库容积逐年减少，因此还要估计水库寿命或配备专门的冲沙、排沙设施。

现代大型水利工程，很多具有综合开发治理的特点，故常称"综合利用水利枢纽工程"。

它往往兼顾了所在流域的防洪、灌溉、发电、通航、河道治理和跨流域的引水或调水，有时甚至还包括养殖、给水或其他开发目标。然而，要制止水患开发水利，除建设大型骨干工程外，还要建设大量的中小型水利工程，从面上控制水情并保证大型工程得以发挥骨干效用。防止对周围环境的污染，保持生态平衡，也是水利工程规划中必须研究的重要课题。由此可见，水利工程不仅是一门综合性很强的科学技术，而且还受到社会、经济甚至政治因素的制约。

6. 发展

我国人均水资源并不丰富，且时空分布不均，这决定了我国是一个水旱灾害频繁而严重的国家。

《2013—2017年中国水利工程行业领先企业经营策略与优劣势分析报告》显示，我国水旱灾害直接经济损失占各类自然灾害直接经济损失的60%左右。1990年以来，全国年均洪涝灾害损失在1100亿元左右，约占同期GDP的2%；遇到发生流域性大洪水的年份，该比例可达3%~4%。水利工程行业是一个极度依赖政府投资的行业，而水利投资长期滞后导致了减灾效果的不理想。

数据显示，水利投资占FAI、GDP的比重在2002~2008年间持续下滑，2009年由于四万亿投资拉动而略有上升，占到GDP的0.56%，2010年水利建设投资为2328亿元，占到GDP的0.58%，但依然保持较低水平，无法适应经济高速发展，预计未来水利建设将全面加速。

国务院2010年11月份批复的《全国水资源综合规划》为未来15~20年间水资源的综合开发、利用、节约和保护等定下主基调，水资源正式上升到国家资源战略层面的高度。由于关乎通胀和粮食安全问题，农村水利将成为重中之重，而为达到节能减排目标，水电建设预计仍将持续快速推进。

水利行业从2009年开始已迈入了加速通道，上行趋势已经确立，"十二五"期间水利建设投资将达到2.11万亿，比"十一五"期间增长183.85%。

随着水利工程行业竞争的不断加剧，大型水利工程企业间并购整合与资本运作日趋频繁，国内优秀的水利工程企业愈来愈重视对行业市场的研究，特别是对企业发展环境和客户需求趋势变化的进行深入研究。正因为如此，一大批国内优秀的水利工程企业迅速崛起，逐渐成为水利工程行业中的翘楚！

7. 展望

当前世界多数国家出现人口增长过快，可利用水资源不足，城镇供水紧张，能源短缺，生态环境恶化等重大问题，都与水有密切联系。水灾防治、水资源的充分开发利用成为当代社会经济发展的重大课题。水利工程的发展趋势主要是：①防治水灾的工程措施与非工程措施进一步结合，非工程措施越来越占重要地位；②水资源的开发利用进一步向综合性、多目标发展；③水利工程的作用，不仅要满足日益增长的人民生活和工农业生产发展的需要，而且要更多地为保护和改善环境服务；④大区域、大范围的水资源调配工程，如跨流域引水工程，将进一步发展；⑤由于新的勘探技术、新的分析计算和监测试验手段以及新材料、新工艺的发展，复杂地基和高水头水工建筑物将随之得到发展，当地材料将得到更广泛的应用，水工建筑物的造价将会进一步降低；⑥水资源和水利工程的统一管理、统一调度将逐步加强。

研究防止水患、开发水利资源的方法及选择和建设各项工程设施的科学技术。主要是通过工程建设，控制或调整天然水在空间和时间的分布，防止或减少旱涝洪水灾害，合理开发和充分利用水利资源，为工农业生产和人民生活提供良好的环境和物质条件。水利工程包括排水灌溉工程（又称农田水利工程）、水土保持工程、治河工程、防洪工程、跨流域的调水工程、水力发电工程和内河航道工程等。其他如养殖工程、给水和排水工程、海岸工程等，虽和水利工程有关，但现常被列为土木工程的其他分支或其他专门性的工程学科。水利工程原是土木工程的一个分支，随着水利工程自身的发展，逐渐形成自己的特点，以及在国民经济中的地位日益重要，已成为一门相对独立的技术学科，但仍和土木工程的许多分支保持着密切的联系。

8. 建设

水利工程的施工有许多地方和其他土木工程类同。导流问题是水利工程施工中的重要环节，常常控制着工程进度。在宽阔河道，一般采用分段围堰的方法，先在河道一侧围出基坑进行这一段拦河闸坝的施工，河水由另一侧通过。这一侧完工后，便转移至另一侧施工，河水从已建的部分建筑物通过。用围堰拦截水流强令其转移至已建工程通过，称为截流。此外，还有采用河岸泄水隧洞或坝身底孔导流，这些洞和孔有时专为施工期的导流而设，但也可在施工完毕后留作永久泄水设施。

水利工程的施工周期一般都较长，短则 1~2 年，长则 5~10 年。水利工程的安危常关系到国计民生，工程建成后如不妥善管理，不仅不能积极发挥应有的效用，而且会带来不幸和灾难。运营管理工作中最主要的是监测、维修和科学地使用。为此，每个水利工程一般都设有专门的运营管理机构，它是管理单位，又是生产单位。一个大型综合利用水利枢纽工程，往往和国民经济中的若干部门有关。为更有效地发挥工程作用和充分、经济、合理、安全地利用水力资源，必须加强协调和统一指挥。

第二节 水利工程的发展

一、我国古代水利工程

1. 芍陂

芍陂，又称安丰塘，建于公元前 613 年至公元前 591 年，据传由楚相孙叔敖主持修建。

工程位于今安徽寿县南，属淮河淠河水系。与都江堰、漳河渠、郑国渠并称为我国古代四大水利工程。

芍陂，是我国有记载可考的早期平原水库之一，但是灌溉面积缺记载。其工程效益一直延续到现代。新中国成立后成为淠史杭大型灌溉工程的重要组成部分。

2. 邗沟

邗沟，今里运河。建于公元前 486 年，位于江苏扬州—淮阴段，沟通长江和淮河。

邗沟是我国有记载可考的第一条人工运河，沟通江、淮两大水系，是南北大运河的最早人工河段。

3. 引漳十二渠

引漳十二渠，建于公元前 400 年，位于河北临漳。属海河漳河水系。

古代伟大的无神论者西门豹破除"河伯娶妇"残害人民的迷信，兴水利，除水害，引漳灌溉。

4. 鸿沟

建于公元前 360 年，位于河南荥阳。属于黄河—淮河水系。

鸿沟沟通黄淮两大水系，西汉时又名荥阳漕渠，东汉至北宋改称卞河。从荥阳引黄，东南流为鸿沟，航运兼灌溉。其范围约包括今豫东、鲁西南、皖北、苏西北等地区。

5. 都江堰

建设于公元前 256 年至公元前 251 年。位于四川灌县。属长江岷江水系。

都江堰是秦代劳动人民在法家路线影响下兴修的一项灌溉、防洪、航运的综合利用工程。经历代劳动人民维修，一直发挥工程效益。灌溉面积增大三百多万亩。新中国成立后，经过当地人民的扩建维修，灌溉面积已达七百多万亩。

6. 郑国渠

建于公元前 246 年，位于陕西泾阳、白水。属于黄河泾河—洛河水系。

郑国渠在秦代法家路线影响下，建成的西引泾水、东注洛河长达三百余里的大型灌溉渠。当时灌溉"四万余顷"，相当现在的一百一十五万余亩，一说为二百八十万亩。

7. 灵渠

建于公元前 221 年至公元前 219 年，位于广西兴安。属长江、珠江、漓江水系。

灵渠是在秦代法家路线的影响下，沟通长江、珠江两大水系的人工运河。

8. 关中漕渠

建于公元前 129 年，位于陕西西安、潼关。属于黄河渭河水系。

关中漕渠在西汉法家路线影响下，由劳动人民"水工"徐伯勘测定线，以渭河为主要水源，从长安沿终南山北麓，东达黄河，长达三百余里的人工运河，沿河居民并用以灌田。

9. 汉延渠

建于公元前 119 年、公元前 109 年和公元前 129 年。位于宁夏永宁、银川。属黄河水系。

汉延渠在西汉法家路线影响下，"朔方，西河"（包括今宁夏地区），"通渠置田"，引黄灌溉。129 年又"浚渠为屯田"。1925 年记载，始有"汉延"之名。其灌区规模均不详。1540 年记载："汉（延）渠至（青铜）峡口之东凿引河流，延袤二百五十里，其支流陡口大小三百六十九处"。

10. 汉渠

又称汉伯渠。建于公元前 119 年和公元前 109 年。位于陕西吴忠。属黄河水系。

汉渠在西汉法家路线影响下，约与汉伯渠同时，开渠引黄灌溉。当时规模不详。813 年记载："汉渠在（今吴忠）县南五十里。从汉渠北流四十余里，始为千金大陂，其左右又有胡渠、御史、百家等八渠，溉田五百余顷"。1540 年记载："汉伯渠的黄河开闸口，长九十五里。"

11. 龙首渠

又称井渠。建于公元前 115 年。位于陕西澄城、蒲城。属黄河、洛河水系。

龙首渠在西汉法家路线影响下，引洛灌溉，因渠线通过黄土高原，明挖容易引起塌方，劳动人民创造了"井渠"——沿渠线挖若干竖井，"深者四十余丈"，井与井之间挖成隧道，"井下相通行水"。这项施工方法传到新疆，发展成为"坎儿井"。伊朗和中亚细亚等地区，也曾应用这种地下井渠（奇雅里吉）灌溉。

12. 白渠

建于公元前 95 年。位于陕西泾阳、高陵。属黄河、泾河、渭河水系。

白渠在西汉法家路线影响下，"穿渠引泾水"，渠长二百里，灌田三十多万亩，扩大了原有郑国渠的灌溉面积。当时流传的民歌："泾水一石，其泥数斗，且溉且粪，长我禾黍。衣食京师，亿万之口"。歌颂了郑、白两渠的效益。

13. 镜湖

又名鑑湖。建于公元 140 年。位于浙江绍兴。属钱塘江杭州湾水系。

镜湖是我国东南地区早期灌溉水库，灌田相当现代六十多万亩。工程设施是，"筑塘蓄水高丈余"，便于排除田间积水。并防止海潮侵袭。能灌能排，在之后大约八百年中发挥效益。

14. 戾陵遏

又名车箱渠。建于公元 250 年和公元 262 年。位于北京通县。属永定河、白河水系。

戾陵遏是北京地区历史上第一个大型水利工程。在曹操法家路线影响下，在今石景山南麓筑坝（戾陵遏）引永定河水进入灌渠（车箱渠），全长百余里，灌田七十多万亩，尾水注入白河。这个工程屡经维修，曾陆续使用了三百年。

15. 海塘

建于公元 713 年、公元 910 年、公元 1024 年和公元 1784 年。位于东海杭州湾。

我国东南沿海挡御海潮、保障生产的大型石堤工程，全长约二百公里。海塘建筑起始于汉，具体年代已不可考。713 年重修，"长百二十四里"。910 年开始用竹笼装石块砌筑，其后迭有兴建。直至 1784 年，全部大修，即具有现在海塘的规模。

16. 大运河

又名京杭运河。建于公元 369 年、公元 605 年、公元 611 年、公元 1204 年、公元 1283 年、公元 1289 年、公元 1292 年、公元 1293 年、公元 1604 年、公元 1687 年。位于北京、河北、天津、山东、江苏、浙江。属海河、黄河、淮河、长江、钱塘江水系。

大运河是我国古代伟大的水利工程。全长一千七百公里。它大部分利用自然河道、湖泊，并在部分地区加以人工开挖，逐步发展而成。创始于公元前 486 年的"邗沟"；369 年在今山东鱼台、济宁间开挖"桓公渎"；605 年复修邗沟，部分改线；611 年在今江苏镇江、浙江杭州间开挖运河，1929 年整修，定名为通惠河；1283 年在今山东济宁、东阿间开挖"济州河"；1289 年又在今山东梁山、临清间开挖"会通河"。1293 年，京杭运河全线开始连接通航，基本维持到 1901 年，通航达六百年。山东境内运河因水量不足，曾建船闸三十余座控制。北京通惠河也曾采用船闸。为了避免徐州、淮阴间利用当时黄河通航的艰险局面，曾两次局部改线，1604 年在今江苏沛县、邳州市间开泇河；1687 年又在今江苏邳州市、淮阴间开中运河，连接泇河。至此，运河只在淮阴清口以北穿黄北上，不再借黄行运。大运河的建设和通航，体现了我国劳动人民征服自然的伟大力量和智慧。在历史上对文化、经济等方面，贡献巨大。

17. 唐徕渠

又名唐渠。建于公元 820 年。位于宁夏青铜峡、银川。属黄河水系。

8 世纪左右，宁夏地区民族战争频繁，778 年和 792 年，曾发生破坏"水口"，填塞渠道等事件。820 年，修复旧有"光禄渠，溉田千余顷"，有些记载认为既是唐徕渠的前身。1295 年记载，始有"唐来"之名。1540 年记载："唐渠自汉（延）渠之西，凿引河流，延衷四百里，其支流陡口大小八百八处"。

二、水利工程建设现状

我国是一个水旱灾害频繁发生的国家，从一定意义上说，中华民族五千年的文明史也是一部治水史，兴水利、除水害历来是治国安邦的大事。新中国成立后，党和国家高度重视水利工作，领导全国各族人民开展了波澜壮阔的水利建设，取得了举世瞩目的巨大成就。今年，党中央、国务院以中央一号文件做出关于加快水利改革发展的决定，进一步明确了新形势下水利的战略地位，水利改革发展的指导思想、目标任务、工作重点和政策举措，必将推动水利实现跨越式发展。下面，我从我国的基本水情及水利建设现状、存在的主要问题和对策措施等方面，作一简要汇报。

（一）我国的基本水情及水利建设现状

1. 我国的基本水情

我国南北跨度大、地势西高东低，大多地处季风气候区，加之人口众多，与其他国家相比，我国的水情具有特殊性，主要表现在以下四个方面：

一是水资源时空分布不均，人均占有量少。根据最新的水资源调查评价成果，我国水资源总量 2.84 万亿立方米，居世界第 6 位。但人均水资源占有量约 2100 立方米，仅为世界平均水平的 28%；耕地亩均水资源占有量 1400 立方米，约为世界平均水平的一半。从水资源时间分布来看，降水年内和年际变化大，60%~80% 主要集中在汛期，地表径流年际间丰枯变化一般相差 2~6 倍，最大达 10 倍以上；而欧洲的一些国家降水年内分布比较均匀，比如英国秋季降水最多，占全年的 30%，春季降水最少，也占全年的 20%，丰枯变化不大。从水资源空间分布来看，北方地区国土面积、耕地、人口分别占全国的 64%、60% 和 46%，而水资源量仅占全国的 19%，其中黄河、淮河、海河流域 GDP 约占全国的 1/3，而水资源量仅占全国的 7%，是我国水资源供需矛盾最为尖锐的地区。由于气候变化和人类活动的影响，自 20 世纪 80 年代以来，我国水资源情势发生明显变化，北方黄河、淮河、海河、辽河流域水资源总量减少 13%，其中海河流域减少 25%。从总体看，我国水资源禀赋条件并不优越，尤其是水资源时空分布不均，导致我国水资源开发利用难度大、任务重。

二是河流水系复杂，南北差异大。我国地势从西到东呈三级阶梯分布，山丘高原占国土面积的 69%，地形复杂。我国江河众多、水系复杂，流域面积在 100 平方公里以上的河流有 5 万多条，按照河流水系划分，分为长江、黄河、淮河、海河、松花江、辽河、珠江等七大江河干流及其支流，以及主要分布在西北地区的内陆河流、东南沿海地区的独流入海河流和分布在边境地区的跨国界河流，构成了我国河流水系的基本框架。河流水系南北方差异大，南方地区河网密度较大，水量相对丰沛，一般常年有水；北方地区河流水量较少，许多为季节性河流，含沙量高。河流上游地区河道较窄、比降大，冲刷严重；中下游地区河道较为平缓，一些河段淤积严重，有的甚至成为地上河，比如黄河中下游河床高出两岸地面，最高达 13 米以上。这些特点，加之人口众多、人水关系复杂，决定了我国江河治理难度大。

三是地处季风气候区，暴雨洪水频发。受季风气候影响，我国大部分地区夏季湿热多雨、雨热同期，不仅短历时、高强度的局地暴雨频繁发生，而且长历时、大范围的全流域降雨也时有发生，几乎每年都会发生不同程度的洪涝灾害。比如，1954 年和 1998 年，长江流域梅雨期内连续出现 9 次和 11 次大面积暴雨，形成全流域大洪水；1975 年 8 月，受台风影响，河南驻马店林庄 6 小时降雨量高达 830 毫米，超过当时的世界纪录，造成特大洪水，导致板桥、石漫滩两座大型水库垮坝。我国的重要城市、重要基础设施和粮食主产区主要分布在江河沿岸，仅七大江河防洪保护区内就居住着全国 1/3 的人口，拥有 22% 的耕地，约一半的经济总量。随着人口的增长和财富的积聚，对防洪保安的要求越来越高，防洪任务更加繁重。

四是水土流失严重，水生态环境脆弱。由于特殊的气候和地形地貌条件，特别是山地多，降雨集中，加之人口众多和不合理的生产建设活动，我国是世界上水土流失最严重的国家之一，水土流失面积达356万平方公里，占国土面积的1/3以上，土壤侵蚀量约占全球的20%。从分布来看，主要集中在西部地区，水土流失面积297万平方公里，占全国的83%。从土壤侵蚀来源来看，坡耕地和侵蚀沟是水土流失的主要来源地，3.6亿亩坡耕地的土壤侵蚀量占全国的33%，侵蚀沟水土流失量约占全国的40%。此外，我国约有39%的国土面积为干旱半干旱区，降雨少，蒸发大，植被盖度低，特别是西北干旱区，降水极少，生态环境十分脆弱。比如塔里木河、黑河、石羊河等生态脆弱河流，对人类活动影响十分敏感，遭受破坏恢复难度大。

综上所述，人多水少、水资源时空分布不均是我国的基本国情水情，洪涝灾害频繁、水资源严重短缺、水土流失严重以及水生态环境脆弱等特点，决定了我国是世界上治水任务最为繁重、治水难度最大的国家之一。

2. 我国水利建设现状

新中国成立之初，我国大多数江河处于无控制或控制程度很低的自然状态，水资源开发利用水平低下，农田灌排设施极度缺乏，水利工程残破不全。60多年来，围绕防洪、供水、灌溉等，除害兴利，开展了大规模的水利建设，初步形成了大中小微结合的水利工程体系，水利面貌发生了根本性变化。

一是大江大河干流防洪减灾体系基本形成。七大江河基本形成了以骨干枢纽、河道堤防、蓄滞洪区等的工程措施，与水文监测、预警预报、防汛调度指挥等非工程措施相结合的大江大河干流防洪减灾体系，其他江河治理步伐也明显加快。目前，全国已建堤防29万公里，是新中国成立之初的7倍；水库从新中国成立前的1200多座增加到8.72万座，总库容从约200亿立方米增加到7064亿立方米，调蓄能力不断提高。大江大河重要河段基本具备防御新中国成立以来发生的最大洪水的能力，重要城市防洪标准达到100~200年一遇。

二是水资源配置格局逐步完善。通过兴建水库等蓄水工程，解决水资源时间分布不均问题；通过跨流域和跨区域引调水工程，解决水资源空间分布不均问题。目前，我国初步形成了蓄引提调相结合的水资源配置体系。例如，密云水库、潘家口水库的建设为北京和天津市提供了重要水源，辽宁大伙房输水工程、引黄济青工程的兴建，缓解了辽宁中部城市群和青岛市的供水紧张局面。随着南水北调工程的建设，我国"四横三纵、南北调配、东西互济"的水资源配置格局将逐步形成。全国水利工程年供水能力较新中国成立初增加6倍多，城乡供水能力大幅度提高，中等干旱年份可以基本保证城乡供水安全。

三是农田灌排体系初步建立。新中国成立以来，特别是20世纪50~70年代，开展了大规模的农田水利建设，大力发展灌溉面积，提高低洼易涝地区的排涝能力，农田灌排体系初步建立。全国农田有效灌溉面积由新中国成立初期的2.4亿亩增加到目前的8.89亿亩，占全国耕地面积的48.7%，其中建成万亩以上灌区5800多处，有效灌溉面积居世界首位。通过实施灌区续建配套与节水改造，发展节水灌溉，灌溉用水总体效率的农业灌溉用水有效利用系数，从新中国成立初期的0.3提高到0.5。农田水利建设极大地提高了农业综合生产能力，以不到全国耕地面积一半的灌溉农田生产了全国75%的粮食和90%以上的经济作物，为保障国家粮食安全做出了重大贡献。

四是水土资源保护能力得到提高。在水土流失防治方面，以小流域为单元，山水田林路村统筹，采取工程措施、生物措施和农业技术措施进行综合治理，对长江、黄河上中游等水土流失严重地区实施了重点治理，充分利用大自然的自我修复能力，在重点区域实施封育保护。已累计治理水土流失面积105万平方公里，年均减少土壤侵蚀量15亿吨。在生态脆弱河流治理方面，通过加强水资源统一管理和调度、加大节水力度、保护涵养水源等综合措施，实现黄河连续11年不断流，塔里木河、黑河、石羊河、白洋淀等河湖的生态环境得到一定程度的改善。在水资源保护方面，建立了以水功能区和入河排污口监督管理为主要内容的水资源保护制度，以"三河三湖"、南水北调水源区、饮用水水源地、地下水严重超采区为重点，加强了水资源保护工作，部分地区水环境恶化的趋势得到初步遏制。

（二）我国水利发展存在的主要问题

我国水利发展虽然取得了很大成效，但与经济社会可持续发展的要求相比，还存在不小差距，有些问题还十分突出，主要表现在以下六个方面：

1. 洪涝灾害频繁仍然是中华民族的心腹大患

洪涝灾害是我国发生最为频繁、灾害损失最重、死亡人数最多的自然灾害之一。据史料记载，公元前206～公元1949年，2155年间，平均每两年就发生一次较大水灾，一些大洪水造成死亡人数达到几万甚至几十万。新中国成立以来，仅长江、黄河等大江大河发生较大洪水50多次，造成严重经济损失和大量人员伤亡。据统计，近20年来，洪涝灾害导致的直接经济损失高达2.58万亿元，约占同期GDP的1.5%，而美国仅占0.22%。随着全球气候变化和极端天气事件的增多，局部暴雨洪水呈多发、频发、重发趋势，流域性大洪水发生概率也在增大，而我国防洪体系中还有许多薄弱环节，一旦发生大洪水，对经济社会发展将造成极大的冲击。

2. 水资源供需矛盾突出仍然是可持续发展的主要瓶颈

我国是一个水资源短缺国家，特别是随着工业化、城镇化和农业现代化的加快推进，水资源供需矛盾将日益突出。一是水资源需求量大。全国用水总量已近6000亿立方米，其中农业用水约占62%。为保证十几亿人的吃饭问题，我国灌溉农业的特点，决定了以农业为主的用水结构将长期存在。根据对今后20年用水需求预测，在强化节水的前提下，水资源需求仍将在较长的一段时期内持续增长，特别是工业和城镇用水将增长较快。二是水资源供给能力不足。根据全国水资源综合规划成果，现状多年平均缺水量为 536 亿立方米，工程性、资源性、水质性缺水并存，特别是北方地区缺水严重。目前，我国人均用水量约为 440 立方米，仅为发达国家的 40% 左右，约为世界平均水平的 2/3，供水能力明显不足。三是用水方式粗放。我国单方水粮食产量不足 1.2 公斤，而世界先进水平已达 2~2.4 公斤；万元工业增加值用水量约 116 立方米，为发达国家的 2~3 倍；农业灌溉用水有效利用系数只有 0.5，远低于 0.7~0.8 的世界先进水平。我国正处在快速发展期，用水需求呈刚性增长，加之用水效率还不高，水资源对经济社会发展的约束将更加凸显。

3. 农田水利建设滞后仍然是影响农业稳定发展和国家粮食安全的最大硬伤

我国的农业是灌溉农业，粮食生产对农田水利的依存度高。目前，农田水利建设严重滞后。一是老化失修严重。现有的灌溉排水设施大多建于 20 世纪 50 年代~70 年代，由于管护经费短缺，长期缺乏维修养护，工程坏损率高，效益降低，大型灌区的骨干建筑物坏损率近 40%，因水利设施老化损坏年均减少有效灌溉面积约 300 万亩。二是配套不全、标准不高。大型灌区田间工程配套率仅约 50%，不少低洼易涝地区排涝标准不足 3 年一遇，灌溉面积中有 1/3 是中低产田，旱涝保收田面积仅占现有耕地面积的 23%。三是灌溉规模不足。我国现有耕地中，半数以上仍为没有灌溉设施的"望天田"，还有一些水土资源条件相对较好、适合发展灌溉的地区，由于投入不足，农业生产的潜力没有得到充分发挥。农田水利设施薄弱，导致我国农业生产抗御旱涝灾害的能力较低，近 10 年来，全国年均旱涝受灾面积 5.1 亿亩，约占耕地面积的 28%。加之受全球气候变化影响，发生更大范围、更长时间持续旱涝灾害的概率加大，农业稳定发展和国家粮食安全面临较大风险。

4. 水利设施薄弱仍然是国家基础设施的明显短板

党和国家历来十分重视水利建设，60 多年来，水利基础设施得到了明显改善，但与交通、电力、通信等其他基础设施相比，水利发展相对滞后，是国家基础设施的明显短板。在防洪工程体系方面，仍然存在诸多突出薄弱环节。中小河流防洪标准低，全国近万条中小河流未进行有效治理，目前大多只能防御 3~5 年一遇洪水，有的甚至没有设防，达不到国家规定的 10~20 年一遇以上防洪标准。小型水库病险率高，特别是小（2）型水库病险率更高，病险水库数量高达 4.1 万多座。山洪灾害防御能力弱，我国山洪灾害重点防治区面积约 97 万平方公里，涉及人口 1.3 亿人，绝大多数灾害隐患点尚缺乏监测预警设施，也未进行治理。蓄滞洪区建设滞后，全国大江大河 98 处蓄滞洪区内居住着 1600 多万人，许多蓄滞洪区围堤标准低，缺少进退洪工程和避洪安全设施，难以及时有效启用。在水资源配置工程体系方面，我国天然径流与用水过程不匹配的特点，决定了需要建设大量的水库工程来调蓄径流。但目前我国水库调蓄能力不足，且地区间不平衡，人均水库库容仅为世界平均水平的一半，特别是西南地区水资源开发利用率仅 11.2%，工程性缺水问题严重。我国人口、耕地与水资源不匹配的特点，决定了必须通过兴建必要的跨流域、跨区域水资源调配工程，解决资源性缺水地区水资源承载能力不足的问题，但目前全国和区域的水资源配置体系尚不完善，供水安全保障程度不高。许多城市供水水源单一，缺乏应急备用水源，应对特殊干旱或供水突发事件能力弱，存在潜在的供水安全风险。

5. 水资源缺乏有效保护仍然是国家生态安全的严重威胁

由于一些地方不合理的开发利用，缺乏对水资源的有效保护，导致水生态环境恶化，对国家生态安全造成威胁。一是水污染问题突出。据 2009 年全国水资源公报，监测评价的 16.1 万公里河长中，有 6.6 万公里水质劣于三类，二是河湖生态状况堪忧。据全国水资源调查评价，经济社会用水挤占河湖生态环境用水量年均达 130 多亿立方米，相当于河湖基本生态环境用水量的 20%~40%，导致河湖水生态严重退化，特别是北方干旱缺水地区尤为突出。河道断流、湖泊萎缩现象比较严重，与 20 世纪 50 年代相比，全国湖泊面积减少了 1.49 万平方公里，约占总面积的 15%。三是地下水超采严重。目前，全国已有地下水超采区 400 多个，总面积近 19 万平方公里，全国地下水年均超采量 215 亿立方米，相当于地下水开采量的 20%。长期地下水超采，导致一些地区发生地面沉降、海水入侵等严重的环境地质问题。

6. 水利发展体制机制不顺仍然是影响水利可持续发展的重要制约

目前制约水利可持续发展的体制机制障碍仍然不少，突出表现在水利投入机制、水资源管理等方面。一是水利投入稳定增长机制尚未建立。我国治水任务繁重，投资需求巨大，由于没有建立稳定增长的投入机制，长期存在较大投资缺口。一方面，水利在公共财政支出中的比重还不高，波动性较大，1998 年以来，中央预算内固定资产投资中，年均水利投资 367 亿元，所占比重在 14%~24% 之间波动。另一方面，水利公益性强，又缺乏金融政策支持，融资能力弱，社会投入较少。此外，农村义务工和劳动积累工政策取消后，群众投工投劳锐减，新的投入机制还没有建立起来，对农田水利建设影响很大。二是水资源管理制度体系还不健全。目前我国的水资源管理制度体系与严峻的水资源形势还不健全，流域、城乡水资源统一管理的体制还不健全，水资源保护和水污染防治协调机制还不顺，水资源管理责任机制和考核制度还未建立，对水资源开发利用节约保护实行有效监管的难度较大。三是水利工程良性运行机制仍不完善。2002 年以来，国有大中型水利工程管理体制改革取得明显成效，良性运行机制初步建立，但一些地区特别是中西部地区公益性水利工程管理单位基本支出和维修养护经费还不能足额到位，许多农村集体所有的小型水利工程还存在没有管理人员、缺乏管护经费的问题，制约了水利工程的良性运行，影响了工程效益的充分发挥。

（三）加快水利发展的对策措施

今年中央一号文件明确提出"把水利作为国家基础设施建设的优先领域，把农田水利作为农村基础设施建设的重点任务，把严格水资源管理作为加快转变经济发展方式的战略举措"，实现水利跨越式发展。今后一段时间，应按照科学发展的要求，推进传统水利向现代水利、可持续发展水利转变，大力发展民生水利，突出加强重点薄弱环节建设，强化水资源管理，深化水利改革，保障国家防洪安全、供水安全、粮食安全和生态安全，以水资源的可持续利用支撑经济社会可持续发展。

1. 突出防洪重点薄弱环节建设，保障防洪安全

在继续加强大江大河大湖治理的同时，加快推进防洪重点薄弱环节建设，不断完善我国防洪减灾体系。

一是加快推进中小河流治理。我国中小河流治理任务繁重，应根据江河防洪规划，按照轻重缓急，加快治理。流域面积 3000 平方公里以上的大江大河主要支流、独流入海河流和内陆河流，对流域和区域防洪影响较大，应进行系统治理，提高整体防洪能力。流域面积在 200~3000 平方公里的中小河流数量众多，系统治理投资巨大，近期应选择洪涝灾害易发、保护区人口密集、保护对象重要的河段进行重点治理，使治理河段达到国家规定的防洪标准。

二是尽快消除水库安全隐患。水库大坝安全事关人民群众生命财产安全，必须尽快消除安全隐患。近年来，国家投入大量资金，基本完成了大中型病险水库除险加固。当前，应重点对面广量大的小型病险水库进行除险加固，力争用五年时间基本完成除险加固任务。同时，应特别重视水库的管护，明确责任，落实管护人员和经费，防止因管理不善、维修养护不到位再次成为病险水库。

三是提高山洪灾害防御能力。山洪灾害易发区分布范围广，灾害突发性强、破坏性大。应按照以防为主、防治结合的原则，根据全国山洪灾害防治规划，尽快在山洪灾害易发地区建成监测预警系统和群测群防体系，提高预警预报能力，做到转移避让及时；对山洪灾害重点防治区中灾害发生风险较高、居民集中且有治理条件的山洪沟逐步开展治理，因地制宜地采取各种工程措施消除安全隐患；对于危害程度高、治理难度大的地区，应结合生态移民和新农村建设，实施搬迁避让。

四是搞好重点蓄滞洪区建设。为确保蓄滞洪区及时、有效运用，应加快使用频繁、洪水风险较高、防洪作用突出的蓄滞洪区建设。近期重点是加快淮河行蓄洪区、长江和海河重要蓄滞洪区建设，通过围堤加固、进退洪工程和避洪安全设施建设，改善蓄滞洪区运用条件；同时，在有条件的地区，积极引导和鼓励居民外迁。逐步建成较为完备的防洪工程体系和生命财产安全保障体系，实现洪水"分得进、蓄得住、退得出"，为蓄滞洪区内群众致富奔小康创造条件。

在加快防洪工程建设的同时，应高度重视防洪非工程措施建设，完善水文监测体系和防汛指挥系统，提高洪水预警预报和指挥调度能力；加强河湖管理，防止侵占河湖、缩小洪水调蓄和宣泄空间，避免人为增加洪水风险；在确保防洪安全的前提下，科学调度，合理利用洪水资源，增加水资源可利用量，改善水生态环境。

2. 加强水资源配置工程建设，保障供水安全

当前，应针对我国水资源供需矛盾突出的问题，在强化节水的前提下，通过加强水资源配置工程建设，提高水资源在时间和空间上的调配能力，保障经济社会发展用水需求。

一是尽快形成国家水资源配置格局。去年10月，国务院批复的《全国水资源综合规划》，进一步确立了我国"四横三纵"的水资源配置总体格局。当前，应抓紧完成南水北调东、中线一期工程建设，争取早日发挥效益；同时，应积极推进南水北调东中线后续工程和西线工程前期论证工作，深入研究有关重大技术问题，为尽快形成国家水资源配置格局、提高北方地区水资源承载能力奠定基础。

二是完善重点区域水资源调配体系。根据国家总体发展战略和区域经济发展布局，建设一批支撑重点区域发展的水资源调配工程。对于西南等工程性缺水地区，积极有序地推进水库建设，大中小微、蓄引提调相结合，提高水资源调配能力。对于资源性缺水地区，要在充分考虑当地水资源条件和大力节水的前提下，合理建设跨流域、跨区域调水工程，促进区域经济社会发展与水资源承载能力相协调。同时，应强化流域水量统一调度，实现水资源的科学管理、合理配置、高效利用和有效保护。

三是加快抗旱应急备用水源建设。近年来，我国干旱呈多发、频发趋势，2010年西南地区发生特大干旱，今年我国北方冬麦区又发生大范围严重干旱，高峰时冬麦区作物受旱面积达到1.1亿亩，328万人因旱饮水困难，对经济社会发展造成了很大影响。面对严重干旱，水利部门加强了水源调度和技术服务与指导等措施，确保了群众饮水安全、扩大了抗旱浇灌面积，最大限度地减轻了灾害损失。为更好地应对干旱，应抓紧制定抗旱规划，统筹常规水源和抗旱水源建设，特别要加快干旱易发区、粮食主产区以及城镇密集区的抗旱应急备用水源建设，做好地下水涵养和储备，提高应对特大干旱、连续干旱和突发性供水安全事件的能力。同时，要加大再生水、海水等非常规水源的利用。

四是继续推进农村饮水安全工程建设。近年来，国家对农村饮水安全问题高度关注，已累计解决了2.2亿农村居民的饮水安全问题。但我国农村饮水安全工程的覆盖范围还不全，加之现有工程许多是分散供水，工程标准低，以及水源条件变化等原因，农村饮水安全问题仍然很突出。2006年，全国人大将解决宁夏中部干旱带农村饮水安全问题列为重点，水利部会同国家有关部门制定工作方案，积极落实资金，75.8万农村居民的饮水安全问题可望在明年底前全部解决。应继续加快农村饮水安全工程建设，有条件的地方应积极推进集中式供水，能与城镇供水管网相连的，实行城乡一体化供水，提高供水保证率，尽快让广大农村居民喝上干净水、放心水。

3. 大兴农田水利建设，保障粮食安全

我国农田水利建设的重点是稳定现有灌溉面积，对灌排设施进行配套改造，提高工程标准，建设旱涝保收农田。同时，大力推进农业高效节水，在有条件的地方结合水源工程建设，扩大灌溉面积。

一是巩固改善现有灌排设施条件。一方面应重点对大中型灌区进行续建配套与节水改造，恢复和改善灌区骨干渠系的输配水能力，提高灌溉保证率和排涝标准；另一方面应加大田间工程建设力度，对灌区末级渠系进行节水改造，完善田间灌排系统，解决灌区最后一公里的问题，逐步扩大旱涝保收高标准农田的面积。

二是大力推进农业高效节水灌溉。我国农业用水量大、用水粗放，有很大的节水潜力，应把农业节水作为国家战略。农业高效节水灌溉经过 10 多年的试点，技术已相当成熟，应科学编制规划，加大高效节水技术的综合集成和推广，因地制宜发展管道输水、喷灌和微灌等先进的高效节水灌溉，优先在水资源短缺地区、生态脆弱地区和粮食主产区集中连片实施，提高用水效率和效益。同时，各级政府应加大农业高效节水的投入，建立一整套促进农业高效节水的产业支持、技术服务、财政补贴等政策措施，推进农业高效节水灌溉良性发展。

三是科学合理发展农田灌溉面积。据有关研究成果，我国农田有效灌溉面积发展空间有限。应充分考虑水土资源条件，在国家千亿斤粮食产能规划确定的粮食生产核心区和后备产区，结合水源工程建设，因地制宜发展灌区，科学合理地扩大灌溉面积。同时在西南等山丘区，结合"五小"水利工程建设，发展和改善灌溉面积，提高农业供水保证率。

四是加强牧区水利建设。大力发展畜牧业是保障国家粮食安全的重要补充，建设灌溉草场和高效节水饲草料地是解决过度放牧，保护草原生态的有效措施。据测算，1 亩高效节水灌溉饲草料地的产草能力相当于 20~50 亩天然草原的产草能力。应根据水资源条件，在内蒙古、新疆、青藏高原等牧区发展高效节水灌溉饲草料地，积极推进以灌溉草场建设为主的牧区水利工程建设，提高草场载畜能力，改善农牧民生活生产条件，保护草原生态环境。

4. 推进水土资源保护，保障生态安全

水土资源保护对维持良好的水生态系统具有十分重要的作用。针对我国经济社会发展进程中出现的水生态环境问题，应重点从水土流失综合防治、生态脆弱河湖治理修复、地下水保护等方面，开展水生态保护和治理修复。

一是加强水土流失防治。

首先要立足于防，对重要的生态保护区、水源涵养区、江河源头和山洪地质灾害易发区，严格控制开发建设活动；在容易发生水土流失的其他区域开办生产建设项目，要全面落实水土保持"三同时"制度。其次是治理和修复，对已经形成严重水土流失的地区，以小流域为单元进行综合治理，重点开展坡耕地、侵蚀沟综合整治，从源头上控制水土流失。同时，应充分发挥大自然自我修复能力，在人口密度小、降雨条件适宜、水土流失比较轻微地区，采取封禁保护等措施，促进大范围生态恢复。

二是推进生态脆弱河湖修复。目前我国水资源过度开发、生态脆弱的河湖还较多，在治理中应充分借鉴塔里木河、黑河、石羊河等流域治理经验，以水资源承载能力为约束，防止无序开发水资源和盲目扩大灌溉面积，严格控制新增用水；对开发过度地区，要通过大力发展农业高效节水、调整种植结构、合理压缩灌溉面积等措施，提高用水效率和效益，合理调配水资源，逐步把挤占的生态环境用水退出来；在流域水资源统一调度和管理中，应充分考虑河流生态需求，保障基本生态环境用水。

三是实施地下水超采区治理。地下水补给周期长、更新缓慢，一旦遭受破坏恢复困难，同时地下水也是重要的战略资源和抗旱应急水源，须特别加强涵养和保护。应尽快建立地下水监测网络，动态掌握地下水状况。划定限采区和禁采区范围，严格控制地下水开采，防止超采区的进一步扩大和新增。加大超采区治理力度，特别是对南水北调东中线受水区、地面沉降区、滨海海水入侵区等重点地区，应尽快制定地下水压采计划，通过节约用水和替代水源建设，压减地下水开采量；有条件的地区，应利用雨洪水、再生水等回灌地下水。

四是高度重视水利工程建设对生态环境的影响。今后一个时期，水利建设规模大、类型多，不仅有重点骨干工程，也有面广量大的中小型工程。水利工程建设与生态环境关系密切，在规划编制、项目论证、工程建设以及运行调度等各个环节，都应高度重视对生态环境的保护。在水库建设中，要加强对工程建设方案的比选和优化，尽量减少水库移民和占用耕地，科学制定调度方案，合理配置河道生态基流，最大限度地降低工程对生态环境的不利影响；在河道治理中，应处理好防洪与生态的关系，尽量保持河流的自然形态，注重加强河湖水系的连通，促进水体流动，维护河流健康。

5. 实行以水权为基础的最严格水资源管理制度，保障水资源可持续利用

在全球气候变化和大规模经济开发双重因素的作用下，我国水资源短缺形势更趋严峻，水生态环境压力日益增大。为有效解决水资源过度开发、无序开发、用水浪费、水污染严重等突出问题，必须实行最严格的水资源管理制度，确立水资源开发利用控制、用水效率控制、水功能区限制纳污"三条红线"，改变不合理的水资源开发利用方式，实现从供水管理向需水管理转变，建设节水型社会，保障水资源可持续利用。

一是建立用水总量控制制度。目前，我国用水总量已近6000亿立方米，北方一些地区用水量已经超过了当地水资源承载能力。全国水资源综合规划提出，到2030年，我国用水高峰时总量力争控制在7000亿立方米以内。这一指标是按照可持续发展的要求，综合考虑了我国的水资源条件和经济社会发展、生态环境保护的用水需求确定的，是我国用水总量控制的红线。当前，应按照国家水权制度建设的要求，制定江河水量分配方案，将用水总量逐级分配到各个行政区，明晰初始水权。同时，也要发挥市场配置资源的作用，探索建立水市场，促进水权有序流转。

二是建立用水效率控制制度。首先应分地区、分行业制定一整套科学合理的用水定额指标体系。目前，我国许多地区虽然制定了一些用水定额指标，但指标体系还不完整，有的定额过宽、过松，难以起到促进提高用水效率的作用。用水定额应根据当地的水资源条件和经济社会发展水平，按照节能减排的要求，综合研究确定。其次，应加强用水定额管理。把用水户定额执行情况作为节水考核的重要依据，建立奖惩制度。应实行严格的用水器具市场准入制度，逐步淘汰不满足用水定额要求的生活生产设施和工艺技术。同时，充

分发挥价格杠杆作用，实行超定额用水累进加价制度，鼓励用水户通过技术改造等措施节约用水，提高用水效率。

三是建立水功能区限制纳污制度。我国《水法》明确规定，要"按照水功能区对水质的要求和水体的自然净化能力，核定该水域的纳污能力"。目前，我国一些河湖的入河污染物总量已超出其纳污能力，水污染严重。全国31个省级行政区均已划定了水功能区，初步提出了水域纳污能力和限制排污总量意见。当前要按照《水法》规定，履行相关审批程序，明确水功能区限制纳污红线，建立一整套水功能区限制纳污的管理制度，严格监督管理。对于现状入河污染物总量已突破水功能区纳污能力的地区，要特别加强水污染治理，下大力气削减污染物排放量，严格限制审批新增取水和入河排污口。

四是建立水资源管理责任和考核制度。落实最严格的水资源管理制度，关键在于明确责任主体，建立有效的考核评价办法。要把水资源管理责任落实到县级以上地方政府主要负责人，实行严格的问责制。将水资源开发利用、节约保护的主要控制性指标纳入各地经济社会发展综合评价体系，严格考核，考核结果作为地方政府相关领导干部综合考核评价的重要依据。应重视完善水量水质监测体系，提高监控能力，做到主要控制指标可监测、可评价、可考核，为实施最严格的水资源管理提供技术支撑。

6. 建立水利投入稳定增长机制，保障水利跨越式发展

根据水利建设的目标任务，初步测算，今后10年全国水利建设投资需求约为4万亿元，年均为4000亿元，而2010年全国水利实际投入约2000亿元，与需求相比，投资缺口较大。目前，水利投资来源主要有国家预算内固定资产投资、财政专项资金、水利建设基金以及银行贷款等，以财政性资金为主。

今年中央一号文件提出，要建立水利投入稳定增长机制，今后10年全社会水利年平均投入比2010年高出一倍。由于水利具有很强的公益性、基础性和战略性，因此，应抓紧建立以政府公共财政投入为主，社会投入为补充的水利投入稳定增长机制。一是稳定和提高水利在国家固定资产投资中的比重。目前，中央预算内固定资产投资中水利的比重约为18%，要满足未来10年江河治理、水资源配置等重大工程建设需要，应进一步提高水利所占比重。二是大幅度增加财政专项水利资金规模。近年来，为支持中小型水利工程建设，中央财政专项水利资金规模逐年增加，2010年达到258亿元。为加快农田水利等中小型水利工程建设，中央和省级财政用于水利的专项资金应在2010年基础上，至少翻一番。三是进一步充实和完善水利建设基金。国务院已同意将水利建设基金延长至2020年。但目前中央水利建设基金规模不到40亿元，地方水利建设基金征收地区间差异很大，省份最多的已超过70亿元，省份最少的尚不足1000万元。应进一步拓宽征收渠道，扩大征收规模。四是落实好从土地出让收益中提取10%用于农田水利建设的政策。据统计，2008年土地出让收入中，东部地区占66.7%，中西部地区仅占33.3%，且主要集中在大中城市，而农田水利建设资金的需求东部占30%，中西部占70%，存在土地出让收益与农田水利建

设资金需求不匹配的结构性矛盾。需要研究提出中央和省级统筹使用部分土地出让收益用于农田水利建设的具体办法，重点向粮食主产区、贫困地区和农田水利建设任务重的地区倾斜。同时，应按照中央一号文件的精神，细化水利建设金融支持、吸引社会资金的政策措施，拓宽水利投融资渠道。此外，针对今后十年水利投入大、项目数量多、分布范围广的特点，应特别加大对水利建设资金的监督管理，确保资金安全和使用效益。

依法治水是加快水利改革发展的重要保障。全国人大十分重视水法治建设，颁布实施了《水法》《防洪法》《水土保持法》《水污染防治法》等 4 部水法律，国务院也出台了一批水行政法规，构建了我国水法规的基本框架，为依法治水提供了法律依据。但目前节约用水、地下水管理、农田水利、流域综合管理等方面还没有专门的法律法规。建议进一步加强水法规建设，不断完善水法规体系。同时，应继续加快水利工程管理体制改革，建立工程良性运行机制；健全基层水利服务体系，适应日益繁重的农村水利建设和管理的需要；积极推进水价改革，建立反映水资源稀缺程度、兼顾社会可承受能力和社会公平的水价形成机制，对农业水价，探索建立政府与农民共同负担农业供水成本的机制；推动水利科技创新，力求在水利重大学科理论、关键技术等方面取得新的突破，提高我国水利科技水平。

我国人多水少、水资源时空分布不均的基本国情水情，在今后相当长的一段时期不会改变，随着经济社会的快速发展和全球气候变化的影响，水安全问题将更加突出。目前水利基础设施建设仍然滞后，不能满足经济社会又好又快发展的需要，是国家基础设施的明显短板。应该把水利发展作为一项重大而紧迫的任务，加大投入、加快建设，深化改革、强化管理，不断增强水旱灾害综合防御能力、水资源合理配置和高效利用能力、水土资源保护和河湖健康保障能力以及水利社会管理和公共服务能力，为经济社会可持续发展提供有力保障。

第二章 施工导流

第一节 施工导流

一、施工导流概述

（一）施工导流概念

水工建筑物一般都在河床上施工，为避免河水对施工的不利影响，创造干地的施工条件，需要修建围堰围护基坑，并将原河道中各个时期的水流按预定方式加以控制，并将部分或者全部水流导向下游。这种工作就叫施工导流。

（二）施工导流的意义

施工导流是水利工程建设中必须妥善解决的重要问题。主要表现是：

1. 直接关系到工程的施工进度和完成期限；

2. 直接影响工程施工方法的选择；

3. 直接影响施工场地的布置；

4. 直接影响到工程的造价；

5. 与水工建筑物的形式和布置密切相关。

因此，合理的导流方式，可以加快施工进度，缩短工期，降低造价，考虑不周，不仅达不到目的，有可能造成很大危害。例如：选择导流流量过小，汛期可能导致围堰失事，轻则使建筑物、基坑、施工场地受淹，影响施工正常进行，重则主体建筑物可能遭到破坏，威胁下游居民生命和财产安全；选择流量过大，必然增加导流建筑物的费用，提高工程造价，造成浪费。

（三）影响施工导流的因素

影响因素比较多，如：水文、地质、地形特点；所在河流施工期间的灌溉、贡税、通航、过木等要求；水工建筑物的组成和布置；施工方法与施工布置；当地材料供应条件等。

（四）施工导流的设计任务

综合分析研究上述因素，在保证满足施工要求和用水要求的前提下，正确选择导流标准，合理确定导流方案，进行临时结构物设计，正确进行建筑物的基坑排水。

（五）施工导流的基本方法

1.基本方法有两种

（1）全段围堰导流法：即用围堰拦断河床，全部水流通过事先修好的导流泄水建筑物流走。

（2）分段围堰导流法：即水流通过河床外的束窄河床下泄，后期通过坝体预留缺口、底孔或其他泄水建筑物下泄。

2.施工导流的全段围堰法

（1）基本概念

首先利用围堰拦断河床，将河水逼向在河床以外临时修建的泄水建筑物，并流往下游。因此，该法也叫河床外导流法。

（2）基本做法

全段围堰法是在河床主体工程的上、下游一定距离的地方分别各建一道拦河围堰，使河水经河床以外的临时或者永久性泄水道下泄，主体工程就可以在排干的基坑中施工，待主体工程建成或者接近建成时，再将临时泄水道封堵。该法一般应用在河床狭窄、流量较小的中小河道上。在大流量的河道上，只有地形、地质条件受限，明显采用分段围堰法不利时才采用此法导流。

（3）主要优点

施工现场的工作面比较大，主体工程在一次性围堰的围护下就可以建成。如果在枢纽工程中，能够利用永久泄水建筑物结合施工导流时，采用此法往往比较经济。

（4）导流方法

导流方法一般根据导流泄水建筑物的类型区分：如明渠导流，隧洞导流，涵管导流，还有的用渡槽导流等。

1）明渠导流

①概念

河流拦断后，河道的水流从河岸上的人工渠道下泄的导流方式叫明渠导流。

②适宜条件

它多选在岸坡平缓、有较宽广的滩地，或者岸坡上有溪沟可以利用的地方。当渠道轴线上是软土，特别是当河流弯曲，可以用渠道裁弯取直时，采用此法比较经济，更为有利。在山区建坝，有时由于地质条件不好，或者施工条件不足，开挖隧洞比较困难，往往也可以采用明渠导流。

③施工顺序

一般在坝头岸上挖渠，然后截断河流，使河水由明渠下泄，待主体工程建成以后，拦断导流明渠，使河水按预定的位置下泄。

④导流明渠布置要求

A 开挖容易，挖方量小：有条件时，充分利用山垭、洼地旧河槽，使渠线最短，开挖量最小。

B 水流通畅，泄水能力强：渠道进出口水流与河道主流的夹角不大于 30 度为好，渠道的转弯半径要大于 5 倍渠道底部的宽度。

C 泄水时应该安全：渠道的进出口与上、下游围堰要保持一定的距离，一般上游为 30 ~ 50 米，下游为 50 ~ 100 米。导流明渠的水边到基坑内的水边最短距离，一般要大于 2.5 ~ 3.0H，H 为导流明渠水面与基坑水面的高差。

D 运用方便：一般将明渠布置在一岸，避免两岸布置，否则，泄水时，会产生水流干扰，也影响基坑与岸上的交通运输。

E 导流明渠断面：一般为梯形断面，只有在岩石完整，渠道不深时，才采用矩形断面。渠道的断面面积应满足防冲和保证通过设计施工流量的要求。渠道过水断面面积可以按下式计算：

$$\omega = Q/[V]$$

式中：

ω—渠道过水断面面积，（平方米）；

Q—设计施工流量（立方米/秒）；

$[V]$—导流明渠允许平均流速（米/秒）。可查阅有关渠道设计手册或者资料。

2）隧洞导流

①方案原则

在河谷狭窄的山区，岩石往往比较坚实，多采用隧洞导流。由于隧洞开挖与衬砌费用较大，施工困难，因此，要尽可能将导流隧洞与永久性隧洞结合考虑布置，当结合确有困难时，才考虑设置专用导流隧洞，在导流完毕后，应立即堵塞。

②布置说明

在水工建筑物中，对隧洞选线、工程布置、衬砌布置等都做了详细介绍，只不过，导流隧洞是临时性建筑物，运用时间不长，设计级别比较低，其考虑问题的思路和方法是相同的，有关内容知识可以互相补充。

③线路选择

因影响因素很多，重点考虑地质和水力条件。

④地质条件

一般要避免隧洞穿过断层、破碎带，无法避免时，要尽量使隧洞轴线与断层和破碎带的交角要大一些。为使隧洞结构稳定，洞顶岩石厚度至少要大于洞径的 2 ~ 3 倍。

⑤水力条件

为使水流顺畅，隧洞最好直线布置，必须转弯时，进口处要设直线段，并且直线段的长度应大于 10 倍的洞径或者洞宽，转弯半径应大于 5 倍的洞径或者洞宽，转角一般控制在 60 度，隧洞进口轴线与河道主流的夹角一般在 30 度以内。同时，进出口与上下游围堰之间要有适当的距离，一般大于 50 米，以防止进出口水流冲刷围堰堰体。隧洞进出口高程，从截流要求看，越低越好，但是，从洞身施工的出渣、排水、土石方开挖等方面考虑，则高一些为好。因此，对这些问题，应看具体条件，综合考虑解决。

⑥断面选择

隧洞的断面常用形式有圆形、马蹄形、城门洞形从过水、受力、施工等方面各有特点，选择时可参考水工课介绍的有关方法进行。

⑦衬砌和糙率

由于导流洞的临时性，故其衬砌的要求比一般永久性隧洞低，但是，考虑方法是相同的。当岩石比较完整，节理裂隙不发育的，一般不衬砌，当岩石局部节理发育，但是，裂隙是闭和的，没有充填物和严重的相互切割现象，同时岩层走向与隧洞轴线的交角比较大时，也可以不衬砌，或者只进行顶部衬砌。如果岩石破碎，地下水又比较丰富的要考虑全断面衬砌。为了降低隧洞的糙率，开挖时最好采用光面爆破。

3）涵管导流

在土石坝枢纽工程中，采用涵管进行导流施工的比较多。涵管一般布置在枯水位以上的河岸的岩基上。多在枯水期先修建导流涵管，然后再修建上下游围堰，河道的水经过涵管下泄。涵管过水能力低，一般只能担负小流量的施工导流。如果能与永久性涵管结合布置，往往是比较好的方案。涵管与坝体或者防渗体的结合部位，容易产生集中渗漏，一般要设截流环，并控制好土料的填筑质量。

3. 施工导流的分段围堰法

（1）基本概念

分段围堰法施工导流，就是利用围堰将河床分期分段围护起来，让河水从缩窄后的河床中下泄的导流方法。分期，就是从时间上将导流划分成若干个时间段，分段，就是用围堰将河床围成若干个地段。一般分为两期两段。

（2）适宜条件

一般适用于河道比较宽阔，流量比较大，工程施工时间比较长的工程，在通航的河道上，往往不允许出现河道断流，这时，分段围堰法就是唯一的施工导流方法。

（3）围堰修筑顺序

一般情况下，总是先在第一期围堰的保护下修建泄水建筑物，或者建造期限比较长的复杂建筑物，例如水电站厂房等，并预留低孔、缺口，以备宣泄第二期的导流流量。第一期围堰一般先选在河床浅滩一岸进行施工，此时，对原河床主流部分的泄流影响不大，第一期的工程量也小。第二期的部分纵向围堰可以在第一期围堰的保护下修建。拆除第一期围堰后，修建第二期围堰进行截流，再进行第二期工程施工，河水从第一期安排好了的地方下泄。

（4）围堰布置应考虑的几个问题

1）河床缩窄度

河床缩窄程度通常用下式表示：

$$K=（\omega_1/\omega）\times100\%$$

式中：

ω_1—第一期围堰和基坑占据的过水面积 m^2；

ω—原河床的过水面积 m^2；

K—百分数，一般受下列条件影响：

2）导流过水要求

布置一期围堰时，缩窄后的河床既要满足一期导流过水的需要，也要保证二期围堰截流后的过水要求。若一期围的太小，基坑内布置不下二期围堰截流后的泄水建筑物，则二期过水的要求就得不到保证，反之，一期围的太多，则剩下的河床就不能保证一期泄水的需要。

3）河床不被严重冲刷

河床被缩窄后，过水断面减小，围堰上游水位壅高缩窄处的河段流速加大，河床就可能被冲刷。因此要求：被缩窄的河床段的流速不得超过允许流速。

4）地形影响

如果有合适的河心岛屿，可以作为天然的纵向围堰，特别作为一期纵向围堰，对经济效益、加快进度、保证施工安全都是有利的。

5）航运要求

河床缩窄，增大后的流速应满足航运部门的要求，一般航运的允许流速 [V] 分别是：一般民船：1.8 ~ 2.0m/s；木筏：2.0 ~ 3.0m/s；大客轮或者拖轮：不超过 2.6m/s。具体数据应由航运部门确定。被缩窄后的河床平均流速为：

$$V_c=Q_d/\varepsilon（\omega-\omega_1）$$

式中：

Q_d—第一期导流设计流量；

ε—侧收缩系数，一侧收缩取 0.95；两侧取 0.90；ω、ω_1—同前。

6）施工布局合理

围的范围，各个导流期内的各项主体工程施工强度比较均衡，能够适应人力、财力、设备等的供应情况，各期施工的工作面大小能够满足施工要求。

①纵向围堰长度确定：在确定了河床缩窄度 K 值以后，还需要确定合理的纵向围堰的长度。一般计算式为：

$$L_纵=L_基+2（L_挖+L_间）+L_上+L_下+L_{上1}+L_{下1}$$

式中：

$L_纵$——围堰纵向计算长度；

$L_基$——基坑顺水流方向长度，其值应大于或者等于建筑物上下游开挖坡脚线间的最大距离；

$L_挖$——开挖边坡的水平投影长度；

$L_间$——围堰内坡脚到开挖外边线的最大距离，一般取 5 ～ 10 米；

$L_上$——上游横向围堰内外坡脚的最大距离；

$L_下$——下游横向围堰内外坡脚的最大距离；

$L_{上1}$——上游横向围堰外坡脚到纵向上下端头的防冲安全距离，一般取 10 ～ 15 米，重要工程由试验确定；

$L_{下1}$——上游横向围堰外坡脚到纵向上下端头的防冲安全距离，一般取 10 ～ 15 米，重要工程由试验确定。

②防冲平面布置措施

在平面布置中，防冲措施一般有：

A 围堰转角处布置成流线型；

B 纵向围堰上下游设导水堤；

C 上游转角处设透水堤，以便对进口处河床的流速作适当削减。

D 当冲刷严重时，可以对围堰采取防冲加固措施。

二、围堰工程

（一）围堰概述

1. 主要作用

它是临时挡水建筑物，用来围护主体建筑物的基坑，保证在干地上顺利施工。

2. 基本要求

它完成导流任务后，若对永久性建筑物的运行有妨碍，还需要拆除。因此围堰除满足水工建筑物稳定、不透水、抗冲刷的要求外，还需要工程量要小，结构简单，施工方便，有利于拆除等。如果能将围堰作为永久性建筑物的一部分，对节约材料，降低造价，缩短工期无疑更为有利。

（二）基本类型及构造

按相对位置不同，分纵向围堰和横向围堰；按构造材料分为土围堰、土石围堰、草土围堰、混凝土围堰、板桩围堰，木笼围堰等多种形式。下面介绍几种常用类型。

1. 土围堰

土围堰与土坝布置内容、设计方法、基本要求、优缺点大体相同，但因其临时性，故在满足导流要求的情况下，力求简单，施工方便。

2. 土石围堰

这是一种石料作支撑体，黏土作防渗体，中间设反滤层的土石混合结构。抗冲能力比土围堰大，但是拆除比土围堰困难。

3. 草土围堰

这是一种草土混合结构。该法是将麦秸、稻草、芦苇、柳枝等柴草绑成捆，修围堰时，铺一层草捆，铺一层土料，如此筑起围堰。该法就地取材，施工简单，速度快，造价低，拆除方便，具有一定的抗渗、抗冲能力，容重小，特别适宜软土地基。但是不宜用于拦挡高水头，一般限于水深不超过 6 米，流速不超过 3 ~ 4 米 / 秒，使用期不超过 2 年的情况。该法过去在灌溉工程中，现在在防汛工程中比较常用。

4. 混凝土围堰

混凝土围堰常用于在岩基土修建的水利枢纽工程，这种围堰的特点是挡水水头高，底宽小 1 抗冲能力大，堰顶可溢流，尤其是在分段围堰法导流施工中，用混凝土浇筑的纵向围堰可以两面挡水，而且可与永久建筑物相结合作为坝体或闸室体的一部。混凝土纵向或横向围堰多为重力式，为减小工程量，狭窄河床的上游围堰也常采用拱形结构。混凝土围堰抗冲防渗性能好，占地范围小，既适用于挡水围堰，更适用于过水围堰，因此，虽造价较土石围堰相对较高，仍为众多工程所采用。混凝土围堰一般需在低水土石围堰保护下干地施工，但也可创造条件在水下浇筑混凝土或预填骨料灌浆，中型工程常采用浆砌块石围堰。混凝土围堰按其结构型式有重力式、空腹式、支墩式、拱式、圆筒式等。按其施工方法有干地浇筑、水下浇筑、预填骨料灌浆、碾压式混凝土及装配式等。常用的型式是干地浇筑的重力式及拱形围堰。此外还有浆砌石围堰，一般采用重力式居多。混凝土围堰具有抗冲、防渗性能好、底宽小、易于与永久建筑物结合，必要时还允许堰顶过水，安全可靠等优点，因此，虽造价较高，但在国内外仍得到较广泛的应用。例如三峡、丹江口、三门峡、潘家口、石泉等工程的纵向围堰都采用了混凝土重力式围堰，其下游段与永久导墙相结合，刘家峡、乌江渡、紧水滩、安康等工程也均采用了拱形混凝土围堰。

混凝土围堰一般需在低水土石围堰围护下施工，也有采用水下浇筑方式的。前者质量容易保证。

5. 钢板桩围堰

钢板桩围堰是最常用的一种板桩围堰。钢板桩是带有锁口的一种型钢，其截面有直板形、槽形及 Z 形等，有各种大小尺寸及联锁形式。常见的有拉尔森式，拉克万纳式等。

其优点为：强度高，容易打入坚硬土层；可在深水中施工，必要时加斜支撑成为一个围笼。防水性能好；能按需要组成各种外形的围堰，并可多次重复使用，因此，它的用途广泛。

在桥梁施工中常用于沉井顶的围堰，它的用途广泛。管柱基础、桩基础及明挖基础的围堰等。这些围堰多采用单壁封闭式，围堰内有纵横向支撑，必要时加斜支撑成为一个围笼。如中国南京长江桥的管柱基础，曾使用钢板桩圆形围堰，其直径21.9米，钢板桩长36米，有各种大小尺寸及联锁形式。待水下混凝土封底达到强度要求后，抽水筑承台及墩身，抽水设计深度达20米。

在水工建筑中，一般施工面积很大，则常用以做成构体围堰。它系由许多互相连接的单体所构成，每个单体又由许多钢板桩组成，单体中间用土填实。围堰所围护的范围很大，不能用支撑支持堰壁，因此每个单体都能独自抵抗倾覆、滑动和防止联锁处的拉裂。常用的有圆形及隔壁形等形式。

（1）围堰高度应高出施工期间可能出现的最高水位（包括浪高）0.5~0.7m。

（2）围堰外形一般有圆形、圆端形、矩形、带三角的矩形等。围堰外形还应考虑水域的水深，以及流速增大引起水流对围堰、河床的集中冲刷，对航道、导流的影响。

（3）堰内平面尺寸应满足基础施工的需要。

（4）围堰要求防水严密，减少渗漏。

（5）堰体外坡面有受冲刷危险时，应在外坡面设置防冲刷设施。

（6）有大漂石及坚硬岩石的河床不宜使用钢板桩围堰。

（7）钢板桩的机械性能和尺寸应符合规定要求。

（8）施打钢板桩前，应在围堰上下游及两岸设测量观测点，控制围堰长、短边方向的施打定位。施打时，必须备有导向设备，以保证钢板桩的正确位置。

（9）施打前，应对钢板桩锁口用防水材料捻缝，以防漏水。

（10）施打顺序从上游向下游合龙。

（11）钢板桩可用捶击、振动、射水等方法下沉，但黏土中不宜使用射水下沉办法。

（12）经过整修或焊接后钢板桩应用同类型的钢板桩进行锁口试验、检查。接长的钢板桩，其相邻两钢板桩的接头位置应上下错开。

（13）施打过程中，应随时检查桩的位置是否正确、桩身是否垂直，否则应立即纠正或拔出重打。

6. 过水围堰

过水围堰（overflow cofferdam）是指在一定条件下允许堰顶过水的围堰。过水围堰既担负挡水任务，又能在汛期泄洪，适用于洪枯流量比值大，水位变幅显著的河流。其优点是减小施工导流泄水建筑物规模，但过流时基坑内不能施工。

根据水文特性及工程重要性，提出枯水期5%~10%频率的几个流量值，通过分析论证，力争在枯水年能全年施工。中国新安江水电站施工期，选用枯水期5%频率的挡水设计流量4650m³/s，实现了全年施工。对于可能出现枯水期有洪水而汛期又有枯水的河流上施工时，可通过施工强度和导流总费用（包括导流建筑物和淹没基坑的费用总和）的技术经济比较，选用合理的挡水设计流量。为了保证堰体在过水条件下的稳定性，还需要通过计算或试验确定过水条件下的最不利流量，作为过水设计流量。

水围堰类型：通常有土石过水围堰、混凝土过水围堰、木笼过水围堰 3 种。后者由于用木材多，施工、拆除都较复杂，现已少用。

（1）土石过水围堰

1）型式

土石过水围堰堰体是散粒体，围堰过水时，水流对堰体的破坏作用有两种：一是过堰水流沿围堰下游坡面宣泄的动能不断增大，冲刷堰体溢流表面；二是过堰水流渗入堰体所产生的渗透压力，引起围堰下游坡连同堰体一起滑动而导致溃堰。因此，对土石过水围堰溢流面及下游坡脚基础进行可靠的防冲保护，是确保围堰安全运行的必要条件。土石过水围堰型式按堰体溢流面防冲保护使用的材料，可分为混凝土面板溢流堰、混凝土楔形体护面板溢流堰、块石笼护面溢流堰、块石加钢筋网护面溢流堰及沥青混凝土面板溢流堰等。按过流消能防冲方式为镇墩挑流式溢流堰及顺坡护底式溢流堰。通常，可按有无镇墩区分土石过水围堰型式。

①设镇墩的土石过水围堰

在过水围堰下游坡脚处设混凝土镇墩，其镇墩建基在岩基上，堰体溢流面可视过流单宽流量及溢流面流速的大小，采用混凝土板护面或其他防冲材料护面。若溢流护面采用混凝土板，围堰溢流防冲结构可靠，整体性好，抗冲性能强，可宣泄较大的单宽流量。但镇墩混凝土施工需在基坑积水抽干，覆盖层开挖至基岩后进行，混凝土达到一定强度后才允许回填堰体块石料，对围堰施工干扰大，不仅延误围堰施工工期，且存在一定的风险性。

②无镇墩的土石过水围堰

围堰下游坡脚处无镇墩堰体溢流面可采用混凝土板护面或其他防冲材料护面，过流护面向下游延伸至坡脚处，围堰坡脚覆盖层用混凝土块、钢筋石笼或其他防冲材料保护，其顺流向保护长度可视覆盖层厚度及冲刷深度而定，防冲结构应适应坍塌变形，以保护围堰坡脚处覆盖层不被淘刷。这种型式的过水围堰防冲结构较简单，避免了镇墩施工的干扰，有利于加快过水围堰施工，争取工期。

2）型式选择

①设镇墩的土石过水围堰适用于围堰下游坡脚处覆盖层较浅，且过水围堰高度较高的上游过水围堰。若围堰过水单宽流量及溢流面流速较大，堰体溢流面宜采用混凝土板护面。反之，可采用钢筋网块石护面。

单宽流量及溢流面流速较大，堰体溢流面采用混凝土板护面，围堰坡脚覆盖层宜采用混凝土块柔性排或钢丝石笼、

②无镇墩的土石过水围堰适用于围堰下游坡脚处覆盖层较厚、且过水围堰高度较低的下游过水围堰。若围堰过水大块石体等适应坍塌变形的防冲结构。若围堰过水单宽流量及

溢流面流速较小，堰体溢流面可采用钢筋网块石保护，堰脚覆盖层采用抛块石保护。

（2）混凝土版

1）型式

常用的为混凝土重力式过水围堰和混凝土拱形过水围堰。

2）选择

①混凝土重力式过水围堰

混凝土重力式过水围堰通常要求建基在岩基上，对两岸堰基地质条件要求较拱形围堰低。但堰体混凝土量较拱形围堰多。因此，混凝土重力式过水围堰适应于坝址河床较宽、堰基岩体较差的工程。

②混凝土拱形过水围堰。混凝土拱形过水围堰较混凝土重力式过水围堰混凝土量减少，但对两岸拱座基础的地质条件要求较高，若拱座基础岩体变形，对拱圈应力影响较大。因此，混凝土拱形过水围堰适用于两岸陡峻的峡谷河床，且两岸基础岩体稳定，岩石完整坚硬的工程。通常以 L/H 代表地形特征（L 为围堰顶的河谷宽度，H 为围堰最大高度），判别采用何种拱形较为经济。一般 L/H≤1.5~2.0 时，适用于拱形；L/H≤3.0~3.5 时，适用于重力拱形；L/H>3.5 时，不宜采用拱形围堰。拱形围堰也有修建混凝土重力墩作为拱座；也有一端支承于岸坡，另一端支承于坝体或其他建筑物上。因此，拱形过水围堰不仅用于一次断流围堰，也有用于分期围堰，如安康水电站二期上游过水围堰，采用混凝土拱形过水围堰。

（3）结构设计

1）混凝土过水围堰过流消能

混凝土过水围堰过流消能型式为挑流、面流、底流消能，常用的为挑流消能和面流消能型式。对大型水利工程混凝土过水围堰的消能型式，尚需经水工模型试验研究比较后确定。

2）混凝土过水围堰结构断面设计

混凝土重力式过水围堰结构断面设计计算，可参照混凝土重力式围堰设计；混凝土拱形过水围堰结构断面设计，可参照混凝土拱形围堰设计。在围堰稳定和堰体应力分析时，应计算围堰过流工况。围堰堰顶形状应考虑过流及消能要求。

7. 纵向围堰

平行于水流方向的围堰为纵向围堰。

围堰作为临时性建筑物，其特点为：

（1）施工期短，一般要求在一个枯水期内完成，并在当年汛期挡水。

（2）一般需进行水下施工，但水下作业质量往往不易保证。

（3）围堰常需拆除，尤其是下游围堰。

因此，除应满足一般挡水建筑物的基本要求外，围堰还应满足：

（1）具有足够的稳定性、防渗性、抗冲性和一定的强度要求，在布置上应力求水流顺畅，不发生严重的局部冲刷。

（2）围堰基础及其与岸坡连接的防渗处理措施要安全可靠，不致产生严重集中渗漏和破坏。

（3）围堰结构宜简单，工程量小，便于修建和拆除，便于抢进度。

（4）围堰型式选择要尽量利用当地材料，降低造价，缩短工期。

围堰虽是一种临时性的挡水建筑物，但对工程施工的作用很重要，必须按照设计要求进行修筑。否则，轻则渗水量大，增加基坑排水设备容量和费用；重则可能造成溃堰的严重后果，拖延工期，增加造价。这种惨痛的教训，以往也曾发生过，应引起足够的重视。

8. 横向围堰

拦断河流的围堰或在分期导流施工中围堰轴线基本与流向垂直且与纵向围堰连接的上下游围堰。

三、导流标准选择

1. 导流标准的作用

导流标准是选定的导流设计流量，导流设计流量是确定导流方案和对导流建筑物进行设计的依据。标准太高，导流建筑物规模大，投资大，标准太低，可能危及建筑物安全。因此，导流标准的确定必须根据实际情况进行。

2. 导流标准确定方法

一般用频率法，也就是，根据工程的等级，确定导流建筑物的级别，根据导流建筑物的级别，确定相应的洪水重现期，作为计算导流设计流量的标准。

3. 标准使用注意问题

确定导流设计标准，不能没有标准而凭主观臆断；但是，由于影响导流设计的因素十分复杂，也不能将规定看成固定的，一成不变的而套用到整个施工过程中去。因此在导流设计中，一方面要依据数据，更重要的是，具体分析工程所在河流的水文特性，工程的特点，导流建筑物的特点等，经过不同方案的比较论证，才能确定出比较合理的导流标准。

四、导流时段的选择

1. 导流时段的概念

它是按照施工导流的各个阶段划分的时段。

2. 时段划分的类型

一般根据河流的水文特性划分为：枯水期、中水期、洪水期。

3. 时段划分的目的

因为导流是为主体工程安全、方便、快速施工服务的，它服务的时间越短，标准可以定的越低，工程建设越经济。若尽可能地安排导流建筑物只在枯水期工作，围堰可以避免拦挡汛期洪水，就可以做得比较矮，投资就少；但是，片面追求导流建筑物的经济，可能影响主体工程施工，因此，要对导流时段进行合理划分。

4. 时段划分的意义

导流时段划分，实质上就是解决主体工程在全部建成的整个施工过程中，枯水期、中水期、洪水期的水流控制问题。也就是确定工程施工顺序、施工期间不同时段宣泄不同导流流量的方式，以及与之相适应的导流建筑物的高程和尺寸，因此，导流时段的确定，与主体建筑物的型式、导流的方式、施工的进度有关。

5. 土石坝的导流时段

土石坝施工过程不允许过水，若不能在一个枯水期建成拦洪，导流时段就要以全年为标准，导流设计流量就应以全年最大洪水的一定频率进行设计。若能让土石坝在汛期到来之前填筑到临时拦洪高程，就可以缩短围堰使用期限，在降低围堰的高度，减少围堰工程量的同时，又可以达到安全度汛，经济合理、快速施工的目的。这重情况下，导流时段的标准可以不包括汛期的施工时段，那么，导流的设计流量即为该时段按某导流标准的设计频率计算的最大流量。

6. 砼和浆砌石坝的导流时段

这类坝体允许过水，因此，在洪峰到来时，让未建成的主体工程过水，部分或者全部停止施工，带洪水过后在继续施工。这样，虽然增加一年中的施工时间，但是，由于可以采用较小的导流设计流量，因而节约了导流费用，减少了导流建筑物的工期，可能还是经济的。

7. 导流时段确定注意问题

允许基坑淹没时，导流设计流量确定是一个必须认真对待的问题。因为，不同的导流设计流量，就有不同的年淹没次数，就有不同的年有效施工时间。每淹没一次，就要做一次围堰检修、基坑排水处理、机械设备撤退和复工返回等工作。这些都要花费一定的时间和费用。当选择的标准比较高时，围堰做的高，工程量大，但是，淹没次数少，年有效施工时间长，淹没损失费用少；反之，当选择的标准比较低时，围堰可以做的低，工程量小，但是，淹没的次数多，年有效施工时间短，淹没损失费用多。由此可见，正确选择围堰的设计施工流量，有一个技术经济比较问题，还有一个国家规定的完建期限，是一个必须考虑的重要因素。

第二节 截　流

一、截流概述

（一）截流

截流工程是指在泄水建筑物接近完工时，即以进占方式自两岸或一岸建筑戗堤（作为围堰的一部分）形成龙口，并将龙口防护起来，待曳水建筑物完工以后，在有利时机，全力以最短时间将龙口堵住，截断河流。接着在围堰迎水面投抛防渗材料闭气，水即全部经泄水道下泄。与闭气同时，为使围堰能挡住当时可能出现的洪水，必须立即加高培厚围堰，使之迅速达到相应设计水位的高程以上。

截流工程是整个水利枢纽施工的关键，它的成败直接影响工程进度。如果失败，就可能使进度推迟一年。截流工程的难易程度取决于：河道流量、泄水条件；龙口的落差、流速、地形地质条件；材料供应情况及施工方法、施工设备等因素。因此事先必须经过充分的分析研究，采取适当措施，才能保证截流施工中争取主动，顺利完成截流任务。

河道截流工程在我国已有千年以上的历史。在黄河防汛、海塘工程和灌溉工程上积累了丰富的经验，如利用捆厢帚、柴石枕、柴土枕、杩杈、排桩填帚截流，不仅施工方便速度快，而且就地取材，因地制宜经济适用。新中国成立后，我国水利建设发展很快，江淮平原和黄河流域的不少截流堵口、导流堰工程多是采用这些传统方法完成的。此外，还广泛采用了高度机械化投块料截流的方法。

最早研究有关流水中石块运动的是杜布阿特（Dubaut 1786）。1885年艾里（Airy）证明，水流将砂粒沿河底推动的输移能力为水流流速6次方的函数，享利（Henry）曾进行立方体的冲动实验，证实了艾里的论断。1896年胡克（Hooker）又通过球体试块证实艾里的理论。自1932年到1936年伊兹巴什（Isbach）在这基础上发展了流水中抛石筑坝的理论，提出了水流中抛石的稳定系数；1949年又对平堵截流提出了有指导意义的设计理论和计算方法。这个时期的特点是大多以平堵完成截流。投抛料由普通的块石发展到使用20～30t重的混凝土四面体、六面体、导形体和构架等。

从20世纪50年代开始，由于水利建设逐步转到大河流，山区峡谷落差大（4～10cm）、流量大，加上重型施工机械的发展，立堵截流开始有了发展；与之相应，世界上对立堵水力学的研究也普遍开展。所以从20世纪60年代以来，立堵截流在世界各国河道截流中已成为主要方式。截流落差大5m为常见，更高有达10m的由于高落差下进行立堵截流，于是就出现了双俄堤、三俄堤、宽俄堤的截流方法，以后立堵不仅用于岩石河床而且也向可冲刷基床推广。如法国塞纳河截流（1963年），流量9000～10000m³/s，落差1.6m，是在粗沙基床上立堵成功的例子，对于落差较大的可冲河床截流，可用平堵先垫高龙口或护底，或用多戗堤分和龙口落差，借以减轻大流量高落差下可冲刷河床上立堵的难度。

我国在继承了传统的立堵截流经验的基础上，根据我国实际情况，绝大多数河道截流工程都是用立堵法完成的。

我国在海河、射阳、新洋港等潮汐口修建断流坝时，采用柴石枕护底，继而用梢捆进占压束河床至100~200m，再在平潮时用船投重型柴石枕加厚护底，抬高潜堤高度，最后用捆帚进占合龙，在软基帚工截流上用平立堵结合方法取得了成功。

（二）截流的重要性

截流若不能按时完成，整个围堰内的主体工程都不能按时开工。若一旦截流失败，造成的影响更大。所以，截流在施工导流中占有十分重要的地位。施工中，一般把截流作为施工过程的关键问题和施工进度中的控制项目。

（三）截流的基本要求

1. 河道截流是大中型水利工程施工中的一个重要环节。截流的成败直接关系到工程的进度和造价，设计方案必须稳妥可靠，保证截流成功。

2. 选择截流方式应充分分析水利学参数、施工条件和难度、抛投物数量和性质，并进行技术经济比较。

①单戗立堵截流简单易行，辅助设备少，较经济，使用于截流落差不超过3.5m。但龙口水流能量相对较大，流速较高，需制备重大抛投物料相对较多。

②双戗和双戗立堵截流，可分担总落差，改善截流难度，使用于落差大于3.5m。

③建造浮桥或栈桥平堵截流，水力学条件相对较好，但造价高，技术复杂，一般不常选用。

④定向爆破、建闸等方式只有在条件特殊、充分论证后方宜选用。

（3）河道截流前，泄水道内围堰或其他障碍物应予清除；因水下部分障碍物不易清除干净，会影响泄流能力增大截流难度，设计中宜留有余地。

（4）戗堤轴线应根据河床和两岸地形、地质、交通条件、主流流向、通航、过木要求等因素综合分析选定，戗堤宜为围堰堰体组成部分。

（5）确定胧口宽度及位置应考虑：

①龙口工程量小，应保证预进占段裹头不招致冲刷破坏。

②河床水深较浅、覆盖层较薄或基岩部位，有利于截流工程施工。

（6）若龙口段河床覆盖层抗冲能力低，可预先在龙口抛石或抛铅丝笼护底，增大糙率为抗冲能力，减少合龙工作量，降低截流难度。护底范围通过水工模型试验或参照类似工程经验拟定。一般立堵截流的护底长度与龙口水跃特性有关，轴线下游护底长度可按水深的3~4倍取值，轴线以上可按最大水深的两倍取值。护底顶面高程在分析水力学条件、流速、能量等参数。以及护底材料后确定护底度根据最大可能冲刷宽度加一定富裕值确定。

（7）截流抛投材料选择原则：

①预进占段填料尽可能利用开挖渣料和当地天然料。

②龙口段抛投的大块石、石串或混凝土四面体等人工制备材料数量应慎重研究确定。

③截流备料总量应根据截流料物堆存、运输条件、可能流失量及戗堤沉陷等因素综合分析，并留适当备用量。

④戗堤抛投物应具有较强的透水能力，且易于起吊运输。

（8）重要截流工程的截流设计应通过水工模型试验验证并提出截流期间相应的观测设施。

（四）截流的相关概念和过程：

1. 进占：截流一般是先从河床的一侧或者两侧向河中填筑截流戗堤这种向水中筑堤的各工作叫进占；

2. 龙口：戗堤填筑到一定程度，河床渐渐被缩窄，接近最后时，便形成一个流速较大的临时的过水缺口，这个缺口叫作龙口；

3. 合龙（截流）：封堵龙口的工作叫作合龙，也称截流；

4. 裹头：在合龙开始之前，为了防止龙口处的河床或者戗堤两端被高速水流冲毁，要在龙口处和戗堤端头增设防冲设施予以加固，这项工作称为裹头；

5. 闭气：合龙以后，戗堤本身是漏水的，因此，要在迎水面设置防渗设施，在戗堤全线设置防渗设施的工作就叫闭气。

6. 截流过程：从上述相关概念可以看出：整个截流过程就是抢筑戗堤，先后过程包括戗堤的进占、裹头、合龙、闭气四个步骤。

二、截流材料

截流时用什么样的材料，取决于截流时可能发生的流速大小，工地上起重和运输能力的大小。过去，在施工截流中，在堤坝溃决抢堵时，常用梢料、麻袋、草包、抛石、石笼、竹笼等，近年来，国内外在大江大河的截流中，抛石是基本的材料合法法，此外，当截流水力条件比较差时，采用混凝土预制的六面体、四面体、四脚体，预制钢筋混凝土构架等。在截流中，合理选择截流材料的尺寸、重量，对于截流的成败和截流费用的大小，都将产生很大的影响。材料的尺寸和重量主要取决于截流合龙时的流速。

三、截流方法

（一）投抛块料截流施工方法

投抛块料截流是目前国内外最常用的截流方法，适用于各种情况，特别适用于大流量、大落差的河道上的截流。该法是在龙口投抛石块或人工块体（混凝土方块、混凝土四面体、铅丝笼、竹笼、柳石枕、串石等）堵截水流，迫使河水经导流建筑物下泄。采用投抛块料截流，按不同的投抛合龙方法，截流可分为平堵、立堵、混合堵三种方法。

1. 平堵

先在龙口建造浮桥或栈桥，由自卸汽车或其他运输工具运来块料，沿龙口前沿投抛，先下小料，随着流速增加，逐渐投抛大块料，使堆筑戗堤均匀地在水下上升，直至高出水面。一般说来，平堵比立堵法的单宽流量小，最大流速也小，水流条件较好，可以减小对龙口基床的冲刷。所以特别适用于易冲刷的地基上截流。由于平堵架设浮桥及栈桥，对机械化施工有利，因而投抛强度大，容易截流施工；但在深水高速的情况下架设浮桥、建造栈桥是比较困难的，因此限制了它的采用。

2. 立堵

用自卸汽车或其他运输工具运来块料，以端进法投抛（从龙口两端或一端下料）进占戗堤，直至截断河床。一般说，立堵在截流过程中所发生的最大流速，单宽流量都较大，加以所生成的楔形水流和下游形成的立轴漩涡，对龙口及龙口下游河床将产生严重冲刷，因此不适用于地质不好的河道上截流，否则需要对河床作妥善防护。由于端进法施工的工作前线短，限制了投抛强度。有时为了施工交通要求特意加大戗堤顶宽，这又大大增加了投抛材料的消耗。但是立堵法截流，无须架设浮桥或栈桥，简化了截流准备工作，因而赢得了时间，节约了资金，所以我国黄河上许多水利工程（岩质河床）都采用了这个方法截流。

3. 混合堵

这是采用立堵结合平堵的方法。有先平堵后立堵和先立堵后平堵两种。用得比较多的是首先从龙口两端下料保护戗堤头部，同时进行护底工程并抬高龙口底槛高程到一定高度，最后用立堵截断河流。平抛可以采用船抛，然后用汽车立堵截流。新洋港（土质河床）就是采用这种方法截流的。

（二）爆破截流施工方法

（1）定向爆破截流

如果坝址处于峡谷地区，而且岩石坚硬，交通不便，岸坡陡峻，缺乏运输设备时，可利用定向爆破截流。我国碧口水电站的截流就利用左岸陡峻岸坡设计设置了三个药包，一次定向爆破成功，堆筑方量 $6800m^3$，堆积高度平均 $10m$，封堵了预留的 $20m$ 宽龙口，有效抛掷率为 68%。

（2）预制混凝土爆破体截流。为了在合龙关键时刻，瞬间抛入龙口大量材料封闭龙口，除了用定向爆破岩石外，还可在河床上预先浇筑巨大的混凝土块体，合龙时将其支撑体用爆破法炸断，使块体落入水中，将龙口封闭。我国三门峡神门岛泄水道的合龙就曾利用此法抛投 $45.6m^3$ 大型混凝土块。原苏联的哥洛夫电站瞬时抛投 $750m^3$ 的混凝土墙。刚果的构达枢纽，曾考虑爆破重达 2.8 万 t 混凝土块，尺寸为 45m×21.5m×18m，形状与岩石河床断面相适应。

应当指出，采用爆破截流，虽然可以利用瞬时的巨大抛投强度截断水流，但因瞬间抛投强度很大，材料入水时会产生很大的挤压波，巨大的波浪可能使已修好的戗堤遭到破坏，并会造成下游河道瞬时断流。除此外，定向爆破岩石时，还需校核个别飞石距离，空气冲击波和地震的安全影响距离。

（三）下闸截流施工方法

人工泄水道的截流，常在泄水道中预先修建闸墩，最后采用下闸截流。天然河道中，有条件时也可设截流闸，最后下闸截流，三门峡鬼门河泄流道就曾采用这种方式，下闸时最大落差达 7.08m，历时 30 余小时；神门岛泄水道也曾考虑下闸截流，但闸墩在汛期被冲倒，后来改为管柱拦石栅截流。

除以上方法外，还有一些特殊的截流合龙方法。如木笼、钢板桩、草土、杩搓堰截流、堆工截流、水力冲填法截流等。

综上所述，截流方式虽多，但通常多采用立堵、平堵或综合截流方式。截流设计中，应充分考虑影响截流方式选择的条件，拟定几种可行的截流方式，通过水文气象条件、地形地质条件、综合利用条件、设备供应条件、经济指标等全面分析，进行技术比较，从中选定最优方案。

四、截流工程施工设计

（一）截流时间和设计流量的确定

1. 截流时间的选择

截流时间应根据枢纽工程施工控制性进度计划或总进度计划决定，至于时段选择，一般应考虑以下原则，经过全面分析比较而定。（1）尽可能在较小流量时截流，但必须全面考虑河道水文特性和截流应完成的各项控制工程量，合理使用枯水期。（2）对于具有通航、灌溉、供水、过木等特殊要求的河道，应全面兼顾这些要求，尽量使截流对河道的综合利用的影响最小。（3）有冰冻河流，一般不在流冰期截流，避免截流和闭气工作复杂化，如特殊情况必须在流冰期截流时应有充分论证，并有周密的安全措施。

2. 截流设计流量的确定

一般设计流量按频率法确定，根据已选定截流时段，采用该时段内一定频率的流量作为设计流量，截流设计标准按本章第一节"四"中的规定选用。

除了频率法以外，也有不少工程采用实测资料分析法，当水文资料系列较长，河道水文特性稳定时，这种方法可应用。至于预报法，因当前的可靠预报期较短，一般不能在初设中应用，但在截流前夕有可能根据预报流量适当修改设计。

在大型工程截流设计中，通常多以选取一个流量为主，再考虑较大、较小流量出现的可能性，用几个流量进行截流计算和模型试验研究。对于有深槽和浅滩的河道，如分流建筑物布置在浅滩上，对截流的不利条件，要特别进行研究。

（二）截流戗堤轴线和龙口位置的选择方法

1. 戗堤轴线位置选择

通常截流戗堤是土石横向围堰的一部分，应结合围堰结构和围堰布置统一考虑。单戗截流的戗堤可布置在上游围堰或下游围堰中非防渗体的位置。如果戗堤靠近防渗体，在二者之间应留足闭气料或过渡带的厚度，同时应防止合龙时的流失料进入防渗体部位，以免在防渗体底部形成集中漏水通道。为了在合龙后能迅速闭气并进行基坑抽水，一般情况下将单戗堤布置在上游围堰内。

当采用双戗多戗截流时，戗堤间距满足一定要求，才能发挥每条戗堤分担落差的作用。如果围堰底宽不太大，上、下游围堰间距也不太大时，可将两条戗堤分别布置在上、下游围堰内，大多数双戗截流工程都是这样做的。如果围堰底宽很大，上、下游间距也很大，可考虑将双戗布置在一个围堰内。当采用多戗时，一个围堰内通常也需布置两条戗堤，此时，两戗堤间均应有适当间距。

在采用土石围堰的一般情况下，均将截戗堤布置在围堰范围内。但是也有戗堤不与围堰相结合的，戗堤轴线位置选择应与龙口位置相一致。如果围堰所在处的地质、地形条件不利于布置戗堤和龙口，而戗堤工程量又很小，则可能将截流戗堤布置在围堰以外。龚嘴工程的截流戗就布置在上、下游围堰之间，而不与围堰相结合。由于这种戗堤多数均需拆除，因此，采用这种布置时应有专门论证。平堵截流戗堤轴线的位置，应考虑便于抛石桥的架设。

2. 龙口位置选择

选择龙口位置时，应着重考虑地质、地形条件及水力条件。从地质条件来看，龙口应尽量选在河床抗冲刷能力强的地方，如岩基裸露或覆盖层较薄处，这样可避免合龙过程中的过大冲刷，防止戗堤突然塌方失事。从地形条件来看，龙口河底不宜有顺流流向陡坡和深坑。如果龙口能选在底部基岩面粗糙、参差不齐的地方，则有利于抛投料的稳定。另外，龙口周围应有比较宽阔的场地，离料场和特殊截流材料堆场的距离近，便于布置交通道路和组织高强度施工，这一点也是十分重要的。从水力条件来看，对于有通航要求的河流，预留龙口一般均布置在深槽主航道处，有利于合龙前的通航，至于对龙口的上下游水流条件的要求，以往的工程设计中有两种不同的见解：一种是认为龙口应布置在浅滩，并尽量造成水流进出龙口折冲和碰撞，以增大附加壅水作用；另一种见解是认为进出龙口的水流应平直顺畅，因此可将龙口设在深槽中。实际上，这两种布置各有利弊，前者进口处的强烈侧向水流对戗堤端部抛投料的稳定不利，由龙口下泄的折冲水流易对下游河床和河岸造成冲刷。后者的主要问题是合龙段戗堤高度大，进占速度慢，而且深槽中水流集中，不易创造较好的分流条件。

3. 龙口宽度

龙口宽度主要根据水力计算而定，对于通航河流，决定龙口宽度时应着重考虑通航要求，对于无通航要求的河流，主要考虑戗堤预进占所使用的材料及合龙工程量。形成预留龙口前，通常均使用一般石渣进占，根据其抗冲流速可计算出相应的龙口宽度。另一方面，合龙是高强度施工，一般合龙时间不宜过长，工程量不宜过大。当此要求与预进占材料允许的束窄度有矛盾时，也可考虑提前使用部分大石块，或者尽量提前分流。

4. 龙口护底

对于非岩基河床，当覆盖层较深，抗冲能力小，截流过程中为防止覆盖层被冲刷，一般在整个龙口部位或困难区段进行平抛护底，防止截流料物流失量过大。对于岩基河床，有时为了减轻截流难度，增大河床糙率，也抛投一些料物护底并形成拦石坎。计算最大块体时应按护底条件选择稳定系数 K。以葛洲坝工程为例，预先对龙口进行护底，保护河床覆盖层免受冲刷，减少合龙工程量。护底的作用还可增大糙率，改善抛投的稳定条件，减少龙口水深。根据水工模型试验，经护底后，25t 混凝土四面体，有 97% 稳定在戗堤轴线上游，如不护底，则仅有 62% 稳定。此外，通过护底还可以增加戗堤端部下游坡脚的稳定，防止塌坡等事故的发生。对护底的结构型式，曾比较了块石护底，块石与混凝土块组合护底及混凝土块拦石坎护底三个方案。块石护底主要用粒径 0.4 ~ 1.0m 的块石，模型试验表明，此方案护底下面的覆盖层有掏刷，护底结构本身也不稳定，组合护底是由 0.4 ~ 0.7m 的块石和 15t 混凝土四面体组成，这种组合结构是稳定的，但水下抛投工程量大。拦石坎护底是在龙口困难区段一定范围内预抛大型块体形成潜坝，从而起到拦阻截流抛投料物流失的作用。拦石坎护底，工程量较小而效果显著，影响航运较少，且施工简单，经比较选用钢架石笼与混凝土预制块石的拦石坎护底。在龙口 120m 困难段范围内，以 17t 混凝土五面体在龙口上侧形成拦石坎，然后用石笼抛投下游侧形成压脚坎，用以保护拦石坎。龙口护底长度视截流方式而定对平堵截流，一般经验认为紊流段均需防护，护底长度可取相应于最大流速时最大水深的 3 倍。

对于立堵截流护底长度主要视水跃特性而定。根据原苏联经验，在水深 20m 以内戗堤线以下护底长度一般可取最大水深的 3~4 倍，轴线以上可取 2 倍，即总护底长度可取最大水深的 5~6 倍。葛洲坝工程上下游护底长度各为 25m，约相当于 2.5 倍的最大水深，即总长度约相当于 5 倍最大水深。

龙口护底是一种保护覆盖层免受冲刷，降低截流难度，提高抛投料稳定性及防止戗堤头部坍塌的有效的措施。

（三）截流泄水道的设计

截流泄水道是指在戗堤合龙时水流通过的地方，例如束窄河槽、明渠、涵洞、隧洞、底孔和堰顶缺口等均为泄水道。截流泄水道的过水条件与截流难度关系很大，应该尽量创造良好的泄水条件，减少截流难度，平面布置应平顺，控制断面尽量避免过大的侧收缩、回流。弯道半径亦需适当，减少不必要的损失。泄水道的泄水能力、尺寸、高度应与截流难度进行综合比较选定。在截流有充分把握的条件下尽量减少泄水道工程量，降低造价。在截流条件不利、难度大的情况下，可加大泄水道尺寸或降低高程，以减少截流难度。泄水道计算中应考虑沿程损失、弯道损失、局部损失。弯道损失可单独计算，亦可纳入综合糙率内。如泄水道为隧洞，截流时其流态以明渠为宜，应避免出现半压力流态。在截流难度大或条件较复杂的泄水道，则应通过模型试验核定截流水头。

泄水道内围堰应拆除干净，少留阻水埂子。如估计来不及或无法拆除干净时，应考虑其对截流水头的影响。如截流过程中，由于冲刷因素有可能使下游水位降低，增加截流水头时，则在计算和试验时应予考虑。

五、截流工程施工作业

（一）截流材料和备料量

截流材料的选择，主要取决于截流时可能的流速及工地开挖、起重、运输设备的能力，一般应尽可能就地取材。在黄河，长期以来用梢料、麻袋、草包、石料、土料等作为堤防溃口的截流堵口材料。在南方，如四川都江堰，则常用卵石竹笼、砾石和杩槎等作为截流堵河分流的主要材料。国内外大江大河截流的实践证明，块石是截流的最基本材料。此外，当截流水力条件差时还须使用人工块体，如混凝土六面体、四面体四脚体及钢筋混凝土构架等。

为确保截流既安全顺利，又经济合理，正确计算截流材料的备料量是十分必要的。备料量通常按设计的戗堤体积再增加一定裕度，主要是考虑到堆存、运输中的损失，水流冲失，戗堤沉陷以及可能发生比设计更坏的水力条件而预留的备用量等。但是据不完全统计，国内外许多程的截流材料备料量均超过实用量，少者多余50%，多则达400%，尤其是人工块体大量多余。

造成截流材料备料量过大的原因，主要是：①截流模型试验的推荐值本身就包含了一定安全裕度，截流设计提出的备料量又增加了一定富裕，而施工单位在备料时往往在此基础上又留有余地；②水下地形不太准确，在计算戗堤体积时，从安全角度考虑取偏大值；③设计截流流量通常大于实际出现的流量等。如此层层加码，处处考虑安全富裕，所以即使像青铜峡工程的截流流量，实际大于设计，仍然出现备料量比实际用量多78.6%的情况。因此，如何正确估计截流材料的备用量，是一个很重要的课题。当然，备料恰如其分，一般不大可能。需留有余地。但对剩余材料，应预作筹划，安排好用处，特别像四面体等人工材料，大量弃置，既浪费，又影响环境，可考虑用于护岸或其他河道整治工程。

（二）截流水力计算方法

截流水力计算的目的是确定龙口诸水力参数的变化规律。它主要解决两个问题：一是确定截流过程中龙口各水力参数，如单宽流量 q、落差 z 及流速 u 的变化规律；二是由此确定截流材料的尺寸或重量及相应的数量等。这样，在截流前可以有计划有目的地准备各种尺寸或重量的截流材料及其数量，规划截流现场的场地布置，选择起重、运输设备；在截流时，能预先估计不同龙口宽度的截流参数，预估何时何处抛投何种尺寸或重量的截流材料及其方量等。在截流过程中，上游来水量，也就是截流设计流量，将分别经由龙口、分水建筑物及戗堤的渗漏下泄，并有一部分拦蓄在水库中。截流过程中，若库容不大，拦蓄在水库中的水量可以忽略不计。对于立堵截流，作为安全因素，也可忽略经由戗堤渗漏的水量。这样截流时的水量平衡方程为

$Q_0 = Q_1 + Q_2$：

式中 Q_0——截流设计流量，m^3/s；

Q_1——分水建筑物的泄流量，m^3/s；Q_2——龙口的泄流量可按宽顶堰计算，m^3/s

随着截流戗堤的进占，龙口逐渐被束窄，因此经分水建筑物和龙口的泄流量是变化的，但二者之和恒等于截流设计流量。其变化规律是：截流开始时，大部分截流设计流量经由龙口泄流，随着截流戗堤的进占，龙口断面不断缩小，上游水位不断上升，经由龙口的泄流量越来越小，而经由分水建筑物的泄流量则越来越大。龙口合龙闭气以后，截流设计流量全部经由分水建筑物泄流。

为了方便计算，可采用图解法。图解时，先绘制上游水位 H。与分水建筑物泄流量 Q_1 的关系曲线和上游水位与不同龙口宽度 B 的泄流量关系曲线。在绘制曲线时，下游水位视为常量，可根据截流设计流量由下游水位流量关系曲线上查得。这样在同一水位情况下，当分水建筑物泄流量与某宽度龙口泄流量之和为 Q 时，即可分别得到 Q_1 和 Q_2。

根据胀法可同时求得不同龙口宽度时上游水位 H_u、和 Q_1、Q_2 值，由此再通过水力学计算即可求得截流过程中龙口诸水力参数的变化规律。

在截流中，合理地选择截流材料的尺寸或重量，对于截流的成败和截流费用的节省具有很大意义。截流材料的尺寸或重量取决于龙口的流速。各种不同材料的适用流速，即抵抗水流冲动的经验流速列于表中。

表 2-1　截流材料的适用流速

截流材料	适用流速（m/s）	截流材料	适用流速（m/s）
土料	0.5~0.7	3t 重大块石或钢筋石笼	3.5
20~30kg 重石块	0.8~1.0	4.5t 重混泥土六面体	4.5

截流材料	适用流速 （m/s）	截流材料	适用流速 （m/s）
50~70kg 重石块	1.2~1.3	5t 重大块石大石串或钢筋石笼	4.5~5.5
麻袋装土 （0.7m×0.4m×0.2m）	1.5		
φ0.5m×2m 装石竹笼	2.0	12~15t 重混凝土四面体	7.2
φ0.6m×4m 装石竹笼	2.5~3.0	20t 重混凝土四面体	7.5
φ0.8m×6m 装石竹笼	3.5~4.0	φ1.0m×15m 柴石枕	约 7~8

立堵截流材料抵抗水流冲动速度，可按下式估算

$$v = \sqrt{2g\frac{\gamma_1 - \gamma}{\gamma}D} \qquad （2-2）$$

式中 v—水流流速，m/s；K—稳定系数①；g—重力加速度，m/s²；γ_1—石块容重，t/m³；γ—不容重，t/m³；D—石块折算成球体的化引直径，m。

由上式，某一龙口宽度的 v 值，再选定 K 值，就可得出抛投体的化引直径 D。

平堵截流水力计算的方法，与立堵相类似。

根据苏联依兹巴士对抛石平堵截流的研究，认为抛石平堵截流所形成的戗堤断面在开始阶段为等边三角形，此时使石块发生移动所需要的最小流速为：

$$v_{\min} = K_1\sqrt{2g\frac{\gamma_1 - \gamma}{\gamma}D} \qquad （2-3）$$

①据国内有些试验研究，认为：采用块石截流量，在平底上 K=0.9，边坡上 K=1.02；采用混凝土立方体，平底上 K=0.57 — 0.59（当河床 n≤0.03 时），边坡上 K=1.08；采用混凝土四面体，平底上 k=0.53（当河床 n≤0.03 时），k=0.68 — 0.70，（当河床 n＞0.035 时），块坡上 K=1.05。

当龙口流速增加，石块发生移动之后，戗堤断面逐渐变成梯形，此时石块不致发生滚动的最大流速为：

$$v_{\max} = k_2\sqrt{2g\frac{\gamma_1 - \gamma}{\gamma}D} \qquad （2-4）$$

式中 K1—石块在石堆上的抗滑稳定系数，采用 0.9；

K2—石块在石堆上的抗滚动稳定系数，采用 1.2；

其他符号意义同前。应该指出，平堵、立堵截流的水力条件非常复杂，尤其是立堵截流，上述计算只能作为初步依据。在大、中型水利工程中，截流工程必须进行模型试验。但模型试验时对抛投体的稳定也只能做出定性分析，还不能满足定量要求。故在试验的基础上，还必须考虑类似工程的截流经验，作为修改截流设计的依据。

（三）截流日期与设计流量的选定

截流日期的选择，不仅影响到截流本身能否顺利进行，而且直接影响到工程施工布局。

截流应选在枯水期进行，因为此时流量小，不仅断流容易，耗材少而且有利于围堰的加高培厚。至于截流选在枯水期的什么时段，首先要保证截流以后全年挡水围堰能在汛前修建到拦洪水位以上，若是作用一个枯水期的围堰，应保证基坑内的主体工程在汛期到来以前，修建到拦洪水位以上（土坝）或常水位以上（混凝土坝等可以过水的建筑物）。因此，应尽量安排在枯水期的前期，使截流以后有足够时间来完成基坑内的工作。对于北方河道，截流还应避开冰凌时期，因冰凌会阻塞龙口，影响截流进行，而且截流后，上游大量冰块堆积也将严重影响闭气工作。一般来说南方河流最好不迟于 12 月底，北方河流最好不迟于 1 月底。截流前必须充分及时地做好准备工作。如泄水建筑物建成可以过水，准备好了截流材料，充备及其他截流设施等。不能贸然从事，使截流工作陷于被动。

截流流量是截流设计的依据，选择不当，或使截流规模（龙口尺寸、投抛料尺寸或数量等等）过大造成浪费；或规模过小，造成被动，甚至功亏一篑，最后拖延工期，影响整个施工布局。所以在选择截流流量时，应该慎重。

截流设计流量的选择应根据截流计算任务而定。对于确定龙口尺寸，及截流闭气后围堰应该立即修建到挡水高程，一般采用该月 5% 频率最大瞬时流量为设计流量。对于决定截流材料尺寸、确定截流各项水力参数（水位 H、流速 v、落差 z，龙口单宽流量 q）的设计流量，由于合龙的时间较短，截流时间又可在规定的时限内，根据流量变化情况，进行适当调整，所以不必采用过高的标准，一般采用 5%～10% 频率的月或旬平均流量。这种方法对于大江河（如长江、黄河）是正确的，因为这些河道流域面积大，因降雨引起的流量变化不大。而中小河道，枯水期的降雨有时也会引起涨水，流量加大，但洪峰历时短，最好避开这个时段。因此，采用月或旬平均流量（包含了涨水的情况）作为设计流量就偏大了。在此情况下可以采用下述方法确定设计流量。先选定几个流量值，然后在历年实测水文资料中（10～20 年），统计出在截流期中小于此流量的持续天数等于或大于截流工期的出现次数。当选用大流量，统计出的出现次数就多，截流可靠性大；反之，出现次数少，截流可靠性差。所以可以根据资料的可靠程度、截流的安全要求及经济上的合理，从中选出一个流量作为截流设计流量。

截流时间选得不同，截流设计流量也不同，如果截流时间选在落水期（汛后），流量可以选得小些，如果是涨水期（汛前），流量要选得大一些。

总之截流流量应根据截流的具体情况，充分分析该河道的水文特性来进行选择。

（四）截流最大块体选择

截流块体重量小流失多，重量大流失小，要综合考虑截流可靠性与经济性两方面的因素来选定。如利用开挖石渣废料及少量大石，流失量大，但有把握截流，而且比较经济，又不需特大型汽车；如截流难度大，利用石渣及少量一般大石没有把握，可加大块石尺寸和数量，或用混凝土块，其重量大小既要考虑流失量又要考虑利用已有汽车载重能力。截流最大块体计算方法如下：

$$D = \left[\frac{v_{max}}{K\sqrt{2g\dfrac{\gamma_1 - \gamma}{\gamma}}} \right]^2 \qquad (2\text{-}5)$$

$$G = \frac{\pi}{6}D^3\gamma_1 \qquad (2\text{-}6)$$

式中 v_{man} —龙口最大流速，m／s；K—稳定系数（主要与抛投料形状及所处边界条件有关）；

g—重力加速度，m/s²r1—混凝土、块石容重，N/m³；r—水的容重（取1.0），N/m³；D—混凝土块体折合圆球直径，m；G—块体重量，t。

块体重量大小计算，当稳定系数 K 值无专门试验资料时，可参考工程实例选用。根据试验研究，对平堵截流块石的抗滑稳定系数取0.84，抗滚动稳定系数取1.2；对立堵截流，不同的抛投方式及抛投材料，其稳定系数是不同的，混凝土块体K=0.68～0.70，块石K=0.86，边坡上K=1.02～1.08。一般选用平均K值计算，计算得出的块体重量再乘以安全系数1.5，就成为设计采用的块体重量。

见难题及其解决措施

1.截流难度指标的分析

国内外对河道截流，一般常以流量Q、落差z、流速v、单宽流量q和单宽水流能量N作为截流的难度指标，也就是说Q、z、v、q或N值越大，截流合拢越困难。

Q值大小，不仅直接决定截流工程的规模，而且直接决定龙口的水力条件对堆石潜堤稳定性。所以当泄水条件相同时流量越大，截流越困难。决定堆石溢流潜堤土石块稳定的主要水力指标是流速v，v越大所需石块尺寸越大。但是根据水力计算，只能知道潜堤顶部的平均流速，而水流越过堆石潜堤顶以后，在自由式溢流时流速有可能继续增大，直至在溢流坡面上达到石块临界稳定流速为止。所以对于自由式溢流，不能单用潜堤顶部为衡量难度的指标。落差z对淹没式溢流决定了潜堤顶部流的大小。对自由式溢流，密集断面截流时，溢流面下游段最大流速（除考虑局部能量损耗）仍可以认为与上下游落差有关。但是，在自由式溢流扩展断面截流时，下游溢流面的流速主要决定于堆石的稳定坡度，也就是取决于石块尺寸的大小，而落差却转化为与扩展的坡面长度有密切的关系。有外国专家认为在平堵时，截流的难度应单宽水流能量指标来衡量，因为单宽水流能量表示了水流越过截流潜堤所具有的活动能力。但根据上述越过堆石潜堤的水流特性分析，可以知道，越过潜堤的水流能量只有一部分在越过潜堤时损耗了，另一部分则以水流动能（其大小等

于 $\gamma Q \dfrac{v_2}{2g}$ ）形式流向下游（其中一部分成为冲刷下游河床的能量），所以单宽水流能量不能作为正确反映截流难度的指标。我们认为应该根据具体水流特性和潜堤稳定条件来决定衡量堵口难度的指标，即在淹没溢流时，以潜堤顶部流速 u 为衡量难度指标。在自由溢流时，以潜堤断面的扩展指标 $p = q^{1/3}(z - z_0)$ 为难度指标。实际上，截流堵口工程中，丧失堆石潜堤的稳定性多在自由溢流时，所以我们建议用 $q^{1/3}(z - z_0)$ 作为衡量难度指标，比较切合实际，能够正确反映堆石溢流堤最危险的水流条件和它的出现时刻。

2. 减少截流难度的措施

根据以上分析和水力计算结果得知，减少截流难度可以采用以下措施。

（1）加大分流量，改善分流条件

分流条件好坏直接影响到截流过程中龙口的流量、落差和流速，分流条件好，截流就容易，反之就困难。改善分流条件的措施有：

1）合理确定导流建筑物尺寸，断面形式和底高程，也就是说导流建筑物不只是要求满足导流要求，而且应该满足截流要求。很明显由于导流建筑物的泄水能力曲线不同，截流过程中所遇到的水力条件和最困难的水力指标是不一样的。

我国多数中型河流，洪枯流量差别较大，导流建筑物要满足泄洪要求，尺寸比较大，这就很有利于截流。例如富春江水电站，截流时由于有 5 个设在厂房段的泄水孔分流，落差只有 30cm，截流几乎没有遇到什么困难。

2）重视泄水建筑物上下游引渠开挖和上下游围堰拆除的质量，是改善分流条件的关键环节，不然泄水建筑物虽然尺寸很大，但分流却受上下游引渠或上下游围堰残留部分控制，泄水能力很小，势必增加截流工作的困难。国内外不少工程实践证明，由于水下开挖的困难，常使上下游引渠尺寸不足，或是残留围堰的壅水作用，使截流落差大大增加，工作遇到不少困难。

3）在永久泄水建筑物尺寸不足的情况下，可以专门修建截流分水闸或其他型式泄水道帮助分流，待截流完成以后，借助于闸门封堵泄水闸，最后完成截流任务。我国三门峡截流时，在鬼门就设置了专门泄水闸分流。

4）增大截流建筑物的泄水能力。例如法国朗斯潮汐电站，在 3.3m 落差下进行截流，在龙口安放了 19 个 9m 直径的钢筋混凝土沉箱形成闸孔，然后下闸板截流。当采用木笼、钢板桩格式围堰时，也可以间隔一定距离安放木笼或钢板桩格体，在其中间孔口宣泄河水，然后以闸板截断中间孔口，完成截流任务。另外也可以在进占戗堤中埋设泄水管帮助泄水，或者采用投抛构架块体增大戗堤的渗流量等办法减少龙口溢流量和溢流落差，从而减轻截流的困难程度。

（2）改善龙口水力条件

目前国内外的截流水平，落差在 3m 以内，一般问题不大。当落差 4m 以上用单戗堤截流，大多是在流量较小的情况下完成的；如果流量很大，采用单戗堤截流难度就大了，所以多数工程采用双戗堤三戗堤或宽戗堤来分散落差改善龙口水力条件完成截流任务

1）双戗堤截流。采取上下游二道戗堤，同时进行截流，以分散落差。双戗堤截流，若上戗用立堵，下戗用平堵，总落差不能由双戗堤均摊，且来自上戗龙口的集中水流还可能将下戗已建成部分潜堤冲垮，故不宜采用。若上戗用平堵，下抢用立堵，或上、下戗都用平堵，虽然落差可以均摊，但施工组织复杂，尤其双戗平堵，需在两戗线架桥，造价高，且易受航运、水文（如流水）、场地布置等条件限制，故除可冲刷土基河床外，一般不宜采用。从国内外工程实践来看，双戗截流以采取上下戗都立堵较为普遍，落差均摊容易控制，施工方便，也较经济。从力学观点看，河床在上下戗之间应为缓坡；下戗突出的长度要超出上戗回流边线以外，否则就难以起到分担落差的效益；双戗进占以能均匀分担落差为宜。当戗堤间距较近时，若上戗偶尔超前，水流可能突过下戗龙口，全部落差由上戗单独承担，下戗几乎不起作用。常见的进占方式有上下戗轮换进占、双戗固定进占和以上两种进占方式混合使用。也有以上戗进占为主，由下戗配合进占一定距离，局部有壅高上戗下游水位，减少上戗进占的龙口落差和流速。在可冲刷地基上采用立堵法截流，为了不使过分冲刷地基，也有在落差不太大时采用双戗进占截流的。如上所述，双戗进占，可以起到分摊落差，减轻截流难度的作用，便于就地取材，避免使用或少使用大块料、人工块料的好处。但二线施工，施工组织较单戗截流复杂；二戗堤进度要求严格，指挥不易；软基截流，若双线进占龙口均要求护底，则大大增加了护底的工程量；在通航河道，船只要经过两个龙口，困难较多。

2）三戗截流。三戗截流所考虑的问题基本上和双戗堤截流是一样的，只是程度不同。由于有第三戗堤分担落差，所以可以在更大的落差下用来完成截流任务。第三戗的任务可以是辅戗，也可以是主抢，非洲莫桑比克的赞比亚河上的卡搏拉巴萨水电站施工，采用三戗堤立堵进占，结果以400km以下的块石，在流量1600m³/s（设计流量2000m³/s）、落差7m（2000m/s时为9m）的情况下，顺利完成任务，成为目前世界上截流成功的典型。我国龙羊峡水电站地处峡谷，截流流量为1000m³/s，落差9m，设计也采用三戗堤立堵截流。

3）宽戗截流。增大戗堤宽度，工程量也大为增加，和上述扩展断面一样可以分散水流落差，从而改善龙口水流条件。但是进占前线宽，要求投抛强度大，所以只有当戗堤可以作为坝体（土石坝）的一部分时，才宜采用，否则用料太多，过于浪费。美国奥阿希土坝（1958年）在落差7.5～8.5m时，采用宽戗截流。戗宽为182m，在龙口束窄至38m后，因下雨，流量由198m³/s增至249m³/s，为提前在流量进一步增大之前断流，采用大量施工机械，将戗宽增大为273m，提前12h完成了截流任务。苏联哥洛夫尼（1962年）工程亦用宽戗截流，戗堤宽18m扩大为30m，也有效地控制了投抛料流失，最终落差为2.08m。除了用双戗、三戗、宽戗来改善龙口的水流条件以外，在立堵进占中还应注意采用不同的进占方式来改善进占抛石面上的流态。我国立堵实践中多采用上挑角进占方式。这种进占方式水流为大块料所形成的上挑角挑离进占面，使得有可能用较小块料在进占面投抛进占。

（2）增大投抛料的稳定性，减少块料流失

主要措施有采用葡萄串石、大型构架和异型人工投抛体；或投抛钢构架和比重大的矿石或用矿石为骨料做成的混凝土块体等来提高投抛体的本身稳定；也有在龙口下游平行于戗堤轴线设置一排拦石坎来保证投抛料的稳定防止块料的流失。拦石坎可以是特大的块石、人工块体，或是伸到基础中的拦石桩。加大截流施工强度，加快施工速度，一方面可以增大上游河床的拦蓄，从而减少龙口的流量和落差，起到降低截流难度的作用；另一方面，可以减少投抛料的流失，这就有可能采用较小块料来完成截流任务。定向爆破截流和炸倒预制体截流就包含有这一优点。

第三节　基坑排水

一、基坑排水概述

1. 排水目的

在围堰合龙闭气以后，排除基坑内的存水和不断流入基坑的各种渗水，以便使基坑保持干燥状态，为基坑开挖、地基处理、主体工程正常施工创造有利条件。

2. 排水分类及水的来源

按排水的时间和性质不同，一般分两种排水：

（1）初期排水

围堰合龙闭气后接着进行的排水，水的来源是：修建围堰时基坑内的积水、渗水、雨天的降水。

（2）经常排水

在基坑开挖和主体工程施工过程中经常进行的排水工作，水的来源是：基坑内的渗水、雨天的降水，主体工程施工的废水等。

（3）排水的基本方法

基坑排水的方法有两种：明式排水法（明沟排水法）、暗式排水法（人工降低地下水位法）。

二、初期排水

1. 排水能力估算

选择排水设备，主要根据需要排水的能力，而排水能力的大小又要考虑排水时间安排的长短和施工条件等因素。通常按下式估算：

Q=KV/T

式中：

Q—排水设备的排水能力，秒立方米；

K—积水体积系数，大中型工程用 4—10，

小型工程用 2—3；

V—基坑内的积水体积，立方米；

T—初期排水时间，秒。

2. 排水时间选择：

排水时间的选择受水面下降速度的限制，而水面下降速度要考虑围堰的型式、基坑土壤的特性，基坑内的水深等情况，水面下降慢，影响基坑开挖的开工时间；水面下降快，围堰或者基坑的边坡中的水压力变化大，容易引起塌坡。因此水面下降速度一般限制在每昼夜 0.5 ~ 1.0 米的范围内。当基坑内的水深已知，水面下降速度基本确立的情况下，初期排水所需要的时间也就确定了。

3. 排水设备和排水方式

根据初期排水要求的能力，可以确定所需要的排水设备的容量。排水设备一般用普通的离心水泵或者潜水泵。为了便于组合，方便运转，一般选择容量不同的水泵。排水泵站一般分固定式和浮动式两种，浮动式泵站可以随着水位的变化而改变高程，比较灵活，若采用固定式，当基坑内的水深比较大的时候，可以采取，将水泵逐级下放到基坑内，在不同高程的各个平台上，进行抽水。

三、经常性排水

主体工程在围堰内正常施工的情况下，围堰内外水位差很大，外面的水会向基坑内渗透，雨天的雨水，施工用的废水，都需要及时排除，否则会影响主体工程的正常施工。因此经常性排水是不可缺少的工作内容。经常性排水一般采取明式排水或者暗式排水法（人工降低地下水位的方法）。

（一）明式排水法

1. 明式排水的概念

指在基坑开挖和建筑物施工过程中，在基坑内布设排水明沟、设置集水井，抽水泵站，而形成的一套排水系统。

2. 排水系统的布置：这种排水系统有两种情况

（1）基坑开挖排水系统

该系统的布置原则是：不能妨碍开挖和运输，一般布置方法是：为了两侧出土方便，在基坑的中线部位布置排水干沟，而且要随着基坑开挖进度，逐渐加深排水沟，干沟深度

一般保持 1 ~ 1.5 米，支沟 0.3 ~ 0.5 米，集水井的底部要低于干沟的沟底。

（2）建筑物施工排水系统

排水系统一般布置在基坑的四周，排水沟布置在建筑物轮廓线的外侧，为了不影响基坑边坡稳定，排水沟距离基坑边坡坡脚 0.3 ~ 0.5 米。

（3）排水沟布置

内容包括断面尺寸的大小，水沟边坡的陡缓、水沟底坡的大小等，主要根据排水量的大小来决定。

（4）集水井布置

一般布置在建筑物轮廓线以外比较低的地方，集水井、干沟与建筑物之间也应保持适当距离，原则上不能影响建筑物施工和施工过程中材料的堆放、运输等。

3. 渗透流量估算

（1）估算目的：

为选择排水设备的能力提供依据。估算内容包括围堰的渗透流量、基坑的渗透流量。

（2）围堰渗透流量：

一般按有限透水地基上土坝的渗透计算方法进行。公式为：

$$Q = K \frac{(H+T)^2 - (T-y)^2}{2L}$$

式中：

Q—每米长围堰渗入基坑的渗透流量，m³/（d.m）；

K—围堰与透水层的平均渗透系数，m/d；

H—上游水深，m；

T—透水层厚度，m；

y—排水沟水面到沟顶的距离，m；

L—等于 L0—0.5Mh+l，m；

l—下游坡脚到排水沟边沿的距离，m。

（3）基坑渗透流量

按无压完整井公式计算，

$$Q = 1.366K \frac{H^2 - h^2}{\lg \frac{R}{r}}$$

式中：

Q—基坑的渗透流量，m³/d；

H—含水层厚度，m；

h—基坑内的水深，m；

R—地下水位下降曲线的影响半径，m；

r——化引半径 m；把非圆形基坑化成假想的相当圆井的

1. 对形状不规则的基坑：$r = \sqrt{\dfrac{F}{\pi}}$

2. 对于矩形基坑：$r = \eta \dfrac{L + B}{4}$

式中：

F——基坑平面面积，m² 各井中心连线围成的面积；

π——常数；

L——基坑长度，m；

B——基坑宽度，m；

η——基坑形状系数，根据 B/L 的比值选择。

（4）说明

地下水位下降曲线的影响半径 R 和地基渗透系数 K 等资料，最好由测试获得，估算时一般按经验取值。

1）对地下水位下降曲线的影响半径 R：细砂 R=100 ~ 200m；中砂 R=250 ~ 500m；粗纱 R=700 ~ 1000m。

2）对于渗透流量：当基坑在透水地基上时，可按 1.0 米水头作用下单位基坑面积的渗透流量经验数据来估算总的渗透流量。

3）降雨一般按不超过 200 毫米的暴雨考虑，施工废水，可忽略不计。

（二）暗式排水法（人工降低地下水位法）

1. 基本概念

在基坑开挖之前，在基坑周围钻设滤水管或滤水井，在基坑开挖和建筑物施工过程中，从井管中不断抽水，以使基坑内的土壤始终保持干燥状态的做法叫暗式排水法。

2. 暗式排水的意义

在细砂、粉沙、亚沙土地基上开挖基坑，若地下水位比较高时，随着基坑底面的下降，渗透水位差会越来越大，渗透压力也必然越来越大，因此容易产生流沙现象，一边开挖基坑，一边冒出流沙，开挖非常困难，严重时，会出现滑坡，甚至危及临近结构物的安全和施工的安全。因此，人工降低地下水位是必要的。常用的暗式排水法有管井法和井点法两种。

3. 管井排水法

（1）基本原理

在基坑的周围钻造一些管井，管井的内径一般 20 ~ 40 厘米，地下水在重力作用下，流入井中，然后，用水泵进行抽排。抽水泵有普通离心泵、潜水泵、深井泵等，可根据水泵的不同性能和井管的具体情况选择。

（2）管井布置

管井一般布置在基坑的外围或者基坑边坡的中部，管井的间距应视土层渗透系数的大小，而正渗透系数小的，间距小一些，渗透系数大的，间距大一些，一般为 15 ~ 25 米。

（3）管井组成

管井施工方法就是农村打机井的方法。管井包括井管、外围滤料、封底填料三部分。井管无疑是最重要的组成部分，它对井的出水量和可靠性影响很大，要求它过水能力大，进入泥沙少，应有足够的强度和耐久性。因此一般用无砂混凝土预制管，也有的用钢制管。

（4）管井施工

管井施工多用钻井法和射水法。钻井法先下套管，再下井管，然后一边填滤料，一边拔出套管。射水法是用专门的水枪冲孔，井管随着冲孔下沉。这种方法主要是根据不同的土壤性质选择不同的射水压力。

（5）井点排水法

井点排水法分为轻型井点、喷射井点、电渗井点三种类型，它们都适用雨渗透系数比较小的土层排水，其渗透系数都在 0.1 ~ 50 米 / 天。但是它们的组成比较复杂，如轻型井点就有井点管、集水总管、普通离心式水泵、真空泵、集水箱等设备组成。当基坑比较深，地下水位比较高时，还要采用多级井点，因此需要设备多，工期长，基坑开挖量大，一般不经济。

第三章　爆破工程施工技术

第一节　概　述

爆破工程是指利用炸药进行土、石方开挖，基础、建筑物、构筑物的拆除或破坏的一种施工方法。炸药的种类很多，在建筑工程施工中常用的炸药主要有硝铵炸药、硝化甘油炸药及黑火药等。

中国发明火药以后，从 10 世纪开始就在战争中应用，13 世纪开始用于军事爆破。如金天兴元年（1232）蒙古军队围攻金朝南京（今河南开封）时，用牛皮洞子（即辒辌车，以生牛皮制成的形似小屋的一种攻城器具）掩护士兵到城下掘龛和攻城。守军曾以铁绳悬震天雷（内装火药的铁罐）垂于城下，爆破牛皮洞，杀伤攻城的军队。1453 年，土耳其人夺取君士坦丁堡时曾采用坑道爆破法炸毁了坚固的城墙。1552 年俄国人围攻喀山，中国明崇祯十五年（1642）李自成率领的农民起义军围攻开封时，都曾采用过这种爆破方法。崇祯十六年焦勖编纂的《火攻挈要·鳖翻说略》，就是这一时期运用坑道爆破的经验总结。直到 19 世纪中叶，黑火药在世界上仍是用于军事爆破的唯一炸药。

19 世纪中叶，各种炸药相继出现。爆破对象由土石扩展到混凝土、钢筋混凝土、金属等各种材料及其结构物；点火（起爆）方法也由简单的火绳点燃法逐步发展为导火索点火法和电点火法，导爆索传爆法也得到运用，为扩大爆破的应用范围提供了条件。第一次世界大战以来特别是第二次世界大战期间，交战双方都广泛采用爆破法实施大规模的破坏作业、改造地形、构筑阵地、构筑与克服障碍物等。无线遥控起爆法也是在第二次世界大战中出现的。中国人民解放军在历次革命战争中，广泛运用爆破，完成了大量的战斗任务和工程保障任务。如在抗日战争时期的百团大战中，广大军民用爆破法在华北敌后战场上破坏了大量的铁路和沿线的车站、桥梁、隧道、水塔等，并炸毁了井陉煤矿的工事，有力地配合了战役的实施。解放战争时期的临汾战役中，中国人民解放军工兵用坑道爆破法炸开了临汾城墙，为攻城部队开辟了两条通路。在抗美援朝作战期间，中国人民志愿军用爆破与人工挖掘相结合的方法，构筑了总长度达 1280 公里的坑道工事。

从 20 世纪 60 年代起，一些国家开始研究核爆破装置并进行试验，认为核爆破装置可构成巨大的炸坑障碍，摧毁大型的坚固目标（桥梁、隧道、堤坝、工业建筑物等），或在隘路地段实施阻绝破坏作业。但由于核爆炸伴生的放射性回降物将威胁己方军队和居民的安全，因而使用范围受到一定限制。

中国爆破技术主要是在中华人民共和国成立后发展起来的。50 年代初，在公路和铁路建设中开始大量使用爆破技术。到 60 年代初，爆破技术在矿山建设和水利建设中也得到了广泛的应用和发展。60 年代和 70 年代中，由于工程实践和科学研究相结合，中国爆破技术得到了稳步的发展和提高。中国已进行过千吨级到万吨级的矿山爆破和千吨级的难度较大的定向爆破，并达到较先进的经济技术指标。此外，光面爆破、预裂爆破、农田爆破、控制爆破等技术在中国也得到了相应的发展和应用。在西方工业发达国家，爆破技术主要应用于巷道掘进和采矿；在苏联，爆破技术较广泛地应用于矿山建设和水利建设，而且研究工作颇有成就。

一、分类

根据爆破对象和爆破作业环境的不同，爆破工程可以分为以下几类：

（1）岩土爆破。岩土爆破是指以破碎和抛掷岩土为目的的爆破作业，如矿山开采爆破、路基开挖爆破、巷（隧）道掘进爆破等。岩土爆破是最普通的爆破技术。

（2）拆除爆破。拆除爆破是指采取控制有害效应的措施，以拆除地面和地下建筑物、构筑物为目的的爆破作业，如爆破拆除混凝土基础，烟囱、水塔等高耸构筑物，楼房、厂房等建筑物等。拆除爆破的特点是爆区环境复杂，爆破对象复杂，起爆技术复杂。要求爆破作业必须有效地控制有害效应，有效地控制被拆建（构）筑物的坍塌方向、堆积范围、破坏范围和破碎程度等。

（3）金属爆破。金属爆破是指爆破破碎、切割金属的爆破作业。与岩石相比，金属具有密度大、波阻抗高、抗拉强度高等特点，给爆破作业带来很大的困难和危险因素，因此金属爆破要求更可靠的安全条件。

（4）爆炸加工。爆炸加工是指利用炸药爆炸的瞬态高温和高压作用，使物料高速变形、切断、相互复合（焊接）或物质结构相变的加工方法，包括爆炸成型、焊接、复合、合成金刚石、硬化与强化、烧结、消除焊接残余应力、爆炸切割金属等。

（5）地震勘探爆破。地震勘探爆破是利用埋在地下的炸药爆炸释放出的能量在地壳中产生的地震波来探测地质构造和矿产资源的一种物探方法。炸药在地下爆炸后在地壳中产生地震波，当地震波在岩石中传播过程中遇到岩层的分界面时便产生反射波或折射波，利用仪器将返回地面的地震波记录下来，根据波的传播路线和时间，确定发生反射波或折射波的岩层界面的埋藏深度和产状，从而分析地质构造及矿产资源情况。

（6）油气井爆破。钻完井后，经过测井，确定地下含油气层的准确深度和厚度，在井中下钢套管，将水泥注入套管与井壁之间的环形空间，使环形空间全部封堵死，防止井壁坍塌，不同的油气层和水层之间也不会互相窜流。为了使地层中油气流到井中，在套管、水泥环及地层之间形成通道，需要进行射孔爆破。一般条件下应用聚能射孔弹进行射孔，起爆时，金属壳在锥形中轴线上形成高速金属粒子流，速度可达 6000~7000m/s，具有强大的穿透力，能将套管、水泥环射透并射进地层一定深度，形成通道，使地层中的油气流到井中。

（7）高温爆破。高温爆破是指高温热凝结构爆破，在金属冶炼作业中，由于某种原因，常常会在炉壁或底部产生炉瘤和凝结物，如果不及时清理，将会大大缩小炉膛的容积，影响冶炼正常生产。用爆破法处理高温热凝结构时，由于冶炼停火后热凝结构温度依然很高，可达 800~1000℃，必须采用耐高温的爆破材料，采用普通爆破材料时，必须做好隔热和降温措施。爆破时还应保护炉体等，对爆破产生的振动、空气冲击波和飞散物进行有效控制。

（8）水下爆破。凡爆源置于水域制约区内与水体介质相互作用的爆破统称为水下爆破，包括近水面爆破、浅水爆破、深水爆破、水底裸露爆破、水底钻孔爆破、水下硐室爆破及挡水体爆破等。由于水下爆破的水介质特性和水域环境与地面爆破条件不同，因此爆破作用特性、爆破物理现象、爆破安全条件和爆破施工方法等与地面爆破有很大差异。水下爆破技术广泛用于航道疏通、港口建设、水利建设等诸多领域。

（9）其他爆破。其他爆破包括农林爆破、人体内结石爆破、森林灭火爆破等。

二、理论

装药在空气中、水中爆炸作用的理论基础是流体动力学。对于球形、圆柱形和平板状装药，爆炸荷载通常只按一维问题考虑。空气中接触爆破，研究装药爆炸后爆轰波作用于紧贴固壁的压力和冲量。空气中非接触爆破，研究装药对不同距离目标的破坏、杀伤作用。水中爆破，主要研究冲击波、气泡和二次压力波对目标的破坏作用。

装药在土石中的爆破理论，基于人们对爆破现象和机理的不同认识，有多种观点，大体可归纳为三类：

能量平衡理论观点认为，内部装药爆炸所产生的能量，主要作用是克服土石介质自重和分子间黏聚力；在平地爆破形成的漏斗坑容积与装药量成正比。当只有一个自由面，要求爆破后形成的漏斗坑有一定的直径和深度时（平地抛掷爆破），所需装药量与最小抵抗线（装药中心至自由面的最短距离）的三次方成正比，并与炸药品种、土石类别、填塞条件等因素有关。当有两个自由面时（露天采石爆破），如最小抵抗线不大，所需装药量与最小抵抗线的二次方成正比；如最小抵抗线较大，所需装药量与最小抵抗线的三次方成正比；其他影响因素与一个自由面相同。

流体动力学理论观点认为，将土石介质看作是不可压缩的理想流体，认为内部装药爆炸所产生的能量，可在瞬间传给周围介质使之运动，故可引用流体动力学基本理论和运动方程解决爆破参数的计算问题，由此推导得出土石方爆破药量的计算公式。

应力波和气体共同作用理论观点认为，内部装药爆炸所产生的高温高压气体，猛烈冲击周围土石，从而在岩体中激起呈同心球状传播的应力波，产生巨大压力，当压力超过土石强度时，土石即被破坏。应力波属动态作用，开始以冲击波形式出现，经做功后衰减为弹性波。爆炸气体的膨胀过程近似静态作用，主要加强土石质点径向移动，并促使初始裂缝扩展。因此，根据土石性质的差异，采用相应的合理的技术措施，就能有效地满足不同的爆破要求。

三、爆破过程

爆破明确的发展过程。最简单的是单个集中药包的土石抛掷爆破，其发展过程大致可分为应力波扩展阶段、鼓包运动阶段和抛掷回落阶段。

（1）应力波扩展阶段

在高压爆炸产物的作用下，介质受到压缩，在其中产生向外传播的应力波。同时，药室中爆炸气体向四周膨胀，形成爆炸空腔。空腔周围的介质在强高压的作用下被压实或破碎，进而形成裂缝。介质的压实或破碎程度随距离的增大而减轻。应力波在传播过程中逐渐衰减，爆炸空腔中爆炸气体压力随爆炸空腔的增大也逐渐降低。应力波传到一定距离时就变成一般的塑性波，即介质只发生塑性变形，一般不再发生断裂破坏。应力波进一步衰变成弹性波，相应区域内的介质只发生弹性变形。从爆心起直到这个区域，称为爆破作用范围，再往外是爆破引起的地震作用范围。

（2）鼓包运动阶段

如药包的埋设位置同地表距离不太大，应力波传到地表时尚有足够的强度，发生反射后，就会造成地表附近介质的破坏，产生裂缝。此后，应力波在地表和爆炸空腔间进行多次复杂的反射和折射，会使由空腔向外发展的裂缝区和由地表向里发展的裂缝区彼此连通，形成一个逐渐扩大的破坏区。在裂缝形成过程中，爆炸产物会渗入裂缝，加大裂缝的发展，影响这一破坏区内介质的运动状态。如果破坏区内的介质尚有较大的运动速度，或爆炸空腔中尚有较大的剩余压力，则介质会不断向外运动，地表面不断鼓出，形成所谓鼓包。由各瞬时鼓包升起的高度可求出鼓包运动的速度。

（3）抛掷回落阶段

在鼓包运动过程中，尽管鼓包体内介质已破碎，裂缝很多，但裂缝之间尚未充分连通，仍可把介质看作是连续体。随着发展，裂缝之间逐步连通并终于贯通直到地表。于是，鼓包体内的介质便分块作弹道运动，飞散出去并在重力作用下回落。鼓包体内介质被抛出后，地面形成一个爆坑。

四、安全措施

（1）进入施工现场的所有人员必须戴好安全帽。

（2）人工打炮眼的施工安全措施。

①打眼前应对周围松动的土石进行清理，若用支撑加固时，应检查支撑是否牢固。

②打眼人员必须精力集中，锤击要稳、准，并击入钎中心，严禁互相面对面打锤。

③随时检查锤头与柄连接是否牢固，严禁使用木质松软，有节疤、裂缝的木柄，铁柄和锤平整，不得有毛边。

（3）机械打炮眼的安全措施。

①操作中必须精力集中，发现不正常的声音或振动，应立即停机进行检查，并及时排除故障，才准继续作业。

②换钎、检查风钻加油时，应先关闭风门，才准进行。在操作中不得碰触风门，以免发生伤亡事故。

③钻眼机具要扶稳，钻杆与钻孔中心必须在一条直线上。

④钻机运转过程中，严禁用身体支撑风钻的转动部分。

⑤经常检查风钻有无裂纹，螺栓孔有无松动，长套和弹簧有无松动、是否完整，确认无误后才可使用，工作时必须戴好风镜、口罩和安全帽。

五、展望

20 世纪 80 年代中期以后，爆破技术的发展趋势主要是：进一步研究炸药的爆轰机理和介质破坏机理，炸药对各类结构物的爆炸作用，以不断提高爆破效果；根据工程条件，研究建立各种数学模型，运用电子计算机计算爆破参数，逐步实现优化方案设计。研究实施爆破中提高炸药能量的有效利用率，最大限度地减弱其危害作用。研究将微电子技术用于爆破技术，满足适时和延期爆破的要求，以获取最佳效果。在军事爆破方面，针对现代战争的特点，将着重研究野战条件下实施快速爆破作业的各种方法，建立相应的爆破器材系列；研究核爆破在工程保障中的应用。

六、常见事故

在爆破工程中，早爆、拒爆与迟爆是最为常见的事故。

（一）早爆

早爆是人员未完全撤出工作面时发生的爆炸。这类事故很可能造成人员伤亡，发生的主要原因是：器材、操作问题，发爆器管理不严，爆破信号不明确，雷电和杂散电流的影响。

早爆防治措施：

（1）选用质量好的雷管。保证质量，安全第一。

（2）及时处理拒爆。不要从炮眼中取出原放置的引药，或从引药中拉雷管，以免爆炸。

（3）严格检查发爆器，尤其对使用已久的发爆器进行检查，发现问题及时维修或更换。加以警戒，待人员全部撤离危险区后才能开始充电。

（4）采取措施防止雷电、杂散电流。

（二）拒爆

爆破网络连接后，按程序进行起爆，有部分或全部雷管及炸药的爆破器材未发生爆炸的现象叫作拒爆。

防止拒爆的措施：

（1）检查雷管、炸药、导爆管、电线的质量，凡不合格的一律报废。在常用的串联网路中，应用电阻相近的电雷管使他们的点燃起始能数值比较接近，以免由于起始能相差过大而不能全爆。

（2）用能力足够的发爆器并保持其性能完好。领取发爆器要认真检查性能，防止摔打，及时更换电池。

（3）按规定装药。装药时用木或竹制炮棍轻轻将药推入，防止损伤和折断雷管脚线。

（三）迟爆

导火索从点火到爆炸的时间大于导火索长度与燃速的乘积，称为延迟爆炸。导火索延迟爆炸的事故时有发生，危害很大。

防止迟爆的措施有：

（1）加强导火索、火雷管的选购、管理和检验，建立健全入库和使用前的检验制度，不用断药、细药的导火索。

（2）操作中避免导火索过度弯曲或折断。

（3）用数炮器数炮或专人听炮响声进行数炮，发现或怀疑有拒爆时，加倍延长进入爆破区的时间。

（4）必须加强爆破器材的检验。不合格的器材不能用于爆破工程，特别是起爆药包和起爆雷管，应经过检验后方可使用。

第二节　岩土分类

岩土（rock and soil）从工程建筑观点对组成地壳的任何一种岩石和土的统称。岩土可细分为坚硬的（硬岩）、次坚硬的（软岩）、软弱联结的、松散无联结的和具有特殊成分、结构、状态和性质的五大类。中国习惯将前两类称岩石，后三类称土，统称之谓"岩土"。

一、岩石的分类

（一）岩石按成因分类

1. 岩浆岩：花岗岩—花岗斑岩—流纹岩（酸性岩）；正长岩—正长斑岩—粗面岩（中酸性岩）；闪长岩—闪长玢岩—安山岩（中性岩）；辉长岩—辉绿岩—玄武岩（基性岩）；橄榄岩（辉岩）—苦橄玢岩—苦橄岩（金伯利岩）—（超基性岩）。

2. 沉积岩：碎屑沉积岩（砾岩、砂岩、泥岩、页岩、黏土岩、灰岩、集块岩）；化学沉积岩（硅华、遂石岩、石髓岩、泥铁石、灰岩、石钟乳、盐岩、石膏）；生物沉积岩（硅藻土、油页岩、白云岩、白垩土、煤炭、磷酸盐岩）。

3. 变质岩：片状类（片麻岩、片岩、千枚岩、板岩）；块状类（大理岩、石英岩）。

（二）岩石按坚硬程度分类

[极破碎时可不进行坚硬程度划分]

1. 坚硬岩 $fr > 60$（未风化～微风化的花岗岩、闪长岩、辉长岩、片麻岩、石英岩、石英砂岩、硅质砾岩、硅质石灰岩等）；

2. 较硬岩 $60 \geq fr > 30$（微风化的坚硬岩；未风化～微风化的大理岩、板岩、石灰岩、白云岩、钙质砂岩）；

3. 较软岩 $30 \geq fr > 15$（中风化～强风化的坚硬岩；未风化～微风化的凝灰岩、千枚岩、泥灰岩、砂质泥岩）；

4. 软岩 $15 \geq fr > 5$（强风化的坚硬岩；中风化～强风化的较软岩；未风化～微风化的页岩、泥岩、泥质砂岩）；

5. 极软岩 $fr \leq 5$（全风化；半成岩）。

（三）岩体按完整程度分类

岩体完整性指数 Kv=（V 岩体 /V 岩石压缩波）

1. 完整 $Kv > 0.75$，整体状或巨厚层状结构；

2. 较完整 0.75~0.55，块状或厚层状结构、块状结构；

3. 较破碎 0.55~0.350，裂隙块状或中厚层状结构、镶嵌碎裂结构，中、薄层状结构；

4. 破碎 0.35~0.15，裂隙块状结构、碎裂结构；

5. 极破碎 < 0.15，散体状结构。

（四）岩石按风化程度分类

[波速比 Kv=（V 岩体 /V 岩石压缩波）] [风化系数 Kf=（fr 风化岩石 /fr 新鲜岩石单轴抗压强度）] [泥岩和半成岩可不进行风化程度划分]

1. 未风化 Kv=0.9~1.0，Kf=0.9~1.0，岩质新鲜，偶见风化痕迹；

2. 微风化 Kv=0.8~0.9，Kf=0.8~0.9，结构基本未变，仅节理面有渲染或略有变色，有少量风化裂隙；

3. 中等风化 Kv=0.6~0.8，Kf=0.4~0.8，结构部分破坏，沿节理面有次生矿物、风化裂隙发育，岩体被切割成岩块。用镐难挖，岩芯钻方可钻进；

4. 强风化 Kv=0.4~0.6，Kf < 0.4，结构大部分破坏，矿物成分显著变化，风化裂隙很发育，岩体破碎。用镐可挖，干钻不易钻进。N≥50击；

5. 全风化 Kv=0.2~0.4，结构基本破坏，但尚可辨认，有残余结构强度，可用镐挖，干钻可钻进。50 > N≥30击；

6. 残积土 Kv < 0.4，组织结构全部破坏，已风化成土状，锹镐可挖掘，干钻易钻进，具可塑性。N < 30击；

（五）岩体结构类型

1. 整体状：巨块状，结构面间距大于 1.5m，一般由 1~2 组，无危险结构面组成的落石、掉块；

2. 块状：块状、柱状，结构面间距 0.7~1.5m，一般由 2~3 组，有少量分离体；

3. 层状：层状、板状，层理、片理、节理裂隙，但以风化裂隙为主，常有层间错动。多韵律的薄层及中厚层状沉积岩、副变质岩等；

4. 破裂状（碎裂）：碎块状，结构面间距 0.25~0.5m，一般在 3 组以上，有许多分离体。构造影响严重的岩层；

5. 散体状：碎屑状，断层破碎带、强风化及全风化。

（六）岩体按岩石的质量指标分类

[RQD 值 =75mm 双重管金刚石钻进获取的大于 10cm 的岩芯段长与该回次进尺之比]

1. 好 > 90；2. 较好 75~90；3. 较差 50~75；4. 差 25~50；5. 极差 < 25。

（七）岩体基本质量等级分类

[BQ=90+3RC+250KV

①当 RC > 90KV+30 时，以 RC=90KV+30 代入，即 BQ=180+520KV；②当 KV > 0.04RC+0.4 时，以 KV=0.04RC+0.4 代入，即 BQ=190+13RC]

坚硬程度 \ 完整程度	完整	较完整	较破碎	破碎	极破碎	BQ 值
坚硬岩	I	II	III	IV	V	> 550
较硬岩	II	III	IV	IV	V	550~451
较软岩	III	IV	IV	V	V	450~351
软岩	IV	IV	V	V	V	350~251
极软岩	V	V	V	V	V	< 250

（八）岩体物理力学参数

1. 基岩承载力基本值 [fk= η f0]

基本值 f0					
岩体级别	I	II	III	IV	V
f0（MPa）	> 7.0	7.0~4.0	4.0~2.0	2.0~0.5	< 0.5
基岩形态影响折减系数 η					
基岩形态	平坦型		反坡型	顺坡型	台阶型
岩面破度	0~10		10~20	10~20	台阶高度
η 值	1.0		0.9	0.8	0.7
基岩内结构面倾向与基岩面坡向大致相同为顺坡型，向反为反坡型					

2. 岩体物理力学参数

岩体级别	重力密度 γ（kn/m3）	抗剪断峰值强度		变形模量 E（GPa）	泊松比 v
		内摩擦角 φ（°）	黏聚力 C（MPa）		
I	> 26.5	> 60	> 2.1	> 33	< 0.2
II		60~50	2.1~1.5	33~20	0.2~0.25
III	26.5~24.5	50~39	1.5~0.7	20~6	0.25~0.3
IV	24.5~22.5	39~27	0.7~0.2	6~1.3	0.3~0.35
V	< 22.5	< 27	< 0.2	< 1.3	> 0.35

3. 岩体结构面抗剪断峰值强度

序号	两侧岩体的坚硬程度及结构面的结合程度	内摩擦角 φ（°）	黏聚力 C（MPa）
1	坚硬岩，结合好	> 37	> 0.22
2	坚硬~较硬岩，结合一般；较软岩，结合好	37~29	0.22~0.12
3	坚硬~较硬岩，结合差；较软~软岩，结合一般	29~19	0.12~0.08
4	较硬~较软岩，结合差~结合很差；软岩，结合差；软质岩的泥化面	19~13	0.08~0.05
5	较硬及全部软质岩，结合很差；软质岩泥化层本身	< 13	< 0.35

二、土的分类

1. 国家标准《土的分类标准》（GBJ145—90）

分成一般土和特殊土两大类。

一般土按其不同粒组的相对含量划分成：

巨粒 d＞60：又分为漂石粒 d＞200、卵石粒 200≥d＞60；

粗粒 60≥d＞0.075：又分为砾粒粗粒 60≥d＞20、细砾 20≥d＞2、砂粒 20≥d＞0.075；

细粒 d≤0.075：又分为粉粒粗粒 0.075≥d＞0.005、黏粒 d≤0.005。

2.《岩土工程勘察规范的分类标准》（GB50021—2001）

（1）按其形成的时代分成老沉积土（晚更新世 Q3 及以前的土）和新近沉积土（全新世中近期的土）。

（2）按其成因分成残积土、坡积土、洪积土、冲积土、淤积土、冰积土、风积土等。

（3）按其不同粒组的相对含量划分成：

碎石土 d＞2：分成漂（块）石 d＞200，含量＞50%；卵（碎）石 d＞20，含量＞50%；圆（角）砾 d＞2，含量＞50%；

砂土 d＞0.075：分成砾砂 d＞2，含量 25%~50%；粗砂 d＞0.5，含量＞50%；中砂 d＞0.25，含量＞50%；细砂 d＞0.075，含量＞85%；粉砂 d＞0.075，含量＞50%；

粉土：d＞0.075，含量 ≤50%，且 Ip≤10 的土；

黏性土 Ip＞10 的土：分成粉质黏土 10＜Ip≤17 的土、黏土 Ip＞17 的土；

（4）特殊性土：湿陷性土、红黏土、软土、混合土、填土、多年冻土、膨胀岩土、盐渍土、污染土等。

三、岩土工程勘察分级

岩土工程勘察等级，应根据工程安全等级、场地等级和地基等级综合分析确定。

（一）工程安全等级确定

安全等级	破坏后果	工程类型
一级	很严重	重要工程
二级	严重	一般工程
三级	不严重	次要工程

（二）场地等级的确定

1.符合下列条件之一者为一级场地

（1）对建筑抗震危险的地段。

（2）不良地质现象强烈发育。

（3）地质环境已经或可能受到强烈破坏。

（4）地形地貌复杂。

2.符合下列条件之一者为二级场地

（1）对建筑抗震不利的地段。

（2）不良地质现象一般发育。

（3）地质环境已经或可能受到一般破坏。

（4）地形地貌较复杂。

3. 符合下列条件之一者为三级场地

（1）地震设防烈度等于或小于6度，或对建筑抗震有利的地段。

（2）不良地质现象不发育。

（3）地质环境基本未受破坏。

（4）地形地貌简单。

（三）地基等级的确定

1. 符合下列条件之一者为一级地基

（1）岩土种类多，性质变化大，地下水对工程影响大，且需特殊处理。

（2）多年冻土、湿陷、膨胀、盐渍、污染严重的特殊性岩土，以及其他情况复杂，需作专门处理的岩土。

2. 符合下列条件之一者为二级地基：

（1）岩土种类较多，性质变化较大，地下水对工程有不利影响。

（2）除第一款规定以外的特殊性岩土。

3. 符合下列条件之一者为三级地基

（1）岩土种类单一，性质变化不大，地下水对工程无影响。

（2）无特殊性岩土。

（四）岩土工程勘察等级的确定

勘察等级	确定勘察等级的条件		
	工程安全等级	场地等级	地基等级
一级	一级	任意	任意
	二级	一级	任意
		任意	一级
二级	二级	二级	二级或三级
		三级	二级
	三级	一级	任意
		任意	一级
		二级	二级
三级	二级	三级	三级
	三级	二级	三级
		三级	二级或三级

（五）初步勘察阶段勘探线、勘探点间距的确定

岩土工程勘察等级	线距（米）	点距（米）
一级	50—100	30—50
二级	75—150	40—100
三级	150—300	75—200

（六）详细勘察阶段勘探点间距的确定

岩土工程勘察等级	间距（米）
一级	15—35
二级	25—45
三级	40—65

第三节　爆破原理

一、岩石炸药单耗确定原理和方法

岩石名称	岩体特征	f值	K（公斤/米3）	
			松动	抛掷
各种土	松软的	<1.0	0.3~0.4	1.0~1.1
	坚实的	1~2	0.4~0.5	1.1~1.2
土夹石	密实的	1~4	0.4~0.6	1.2~1.4
页岩、千枚岩	风化破碎	2~4	0.4~0.5	1.0~1.2
	完整、风化轻微	4~6	0.5~0.6	1.2~1.3
板岩、泥灰岩	泥质，薄层，层面张开，较破碎	3~5	0.4~0.6	1.1~1.3
	较完整，层面闭合	5~8	0.5~0.7	1.2~1.4
砂岩	泥质胶结，中薄层或风化破碎者	4~6	0.4~0.5	1.0~1.2
	钙质胶结，中厚层，中细粒结构，裂隙不甚发育	7~8	0.5~0.6	1.3~1.4
	硅质胶结，石英质砂岩，厚层，裂隙不发育，未风化	9~14	0.6~0.7	1.4~1.7
砾岩	胶结较差，砾石以砂岩或较不坚硬的岩石为主	5~8	0.5~0.6	1.2~1.4
	胶结好，以较坚硬的砾石组成，未风化	9~12	0.6~0.7	1.4~1.6
白云岩、大理岩	节理发育，较疏松破碎，裂隙频率大于4条/米	5~8	0.5~0.6	1.2~1.4
	完整、坚实的	9~12	0.6~0.7	1.5~1.6
石灰岩	中薄层，或含泥质的，或鲕状、竹叶状结构的及裂隙较发育的	6~8	0.5~0.6	1.3~1.4
	厚层、完整或含硅质、致密的	9~15	0.6~0.7	1.4~1.7

岩石名称	岩体特征	f 值	K（公斤 / 米 3）	
			松动	抛掷
花岗岩	风化严重，节理裂隙很发育，多组节理交割，裂隙频率大于 5 条 / 米	4~6	0.4~0.6	1.1~1.3
	风化较轻，节理不甚发育或未风化的伟晶粗晶结构	7~12	0.6~0.7	1.3~1.6
	细晶均质结构，未风化，完整致密岩体	12~20	0.7~0.8	1.6~1.8
流纹岩、粗面岩、蛇纹岩	较破碎的	6~8	0.5~0.7	1.2~1.4
	完整的	9~12	0.7~0.8	1.5~1.7
片麻岩	片理或节理裂隙发育的	5~8	0.5~0.7	1.2~1.4
	完整坚硬的	9~14	0.7~0.8	1.5~1.7
正长岩、闪长岩	较风化，整体性较差的	8~12	0.5~0.7	1.3~1.5
	未风化，完整致密的	12~18	0.7~0.8	1.6~1.8
石英岩	风化破碎，裂隙频率 > 5 条 / 米	5~7	0.5~0.6	1.1~1.3
	中等坚硬，较完整的	8~14	0.6~0.7	1.4~1.6
	很坚硬完整致密的	14~20	0.7~0.9	1.7~2.0
安山岩、玄武岩	受节理裂隙切割的	7~12	0.6~0.7	1.3~1.5
	完整坚硬致密的	12~20	0.7~0.9	1.6~2.0
辉长岩、辉绿岩、橄榄岩	受节理裂隙切割的	8~14	0.6~0.7	1.4~1.7
	很完整很坚硬致密的	14~25	0.8~0.9	1.8~2.1

二、爆破漏斗试验法

最小抵抗线原理：药包爆炸时，爆破作用首先沿着阻力最小的地方，使岩（土）产生破坏，隆起鼓包或抛掷出去，这就是作为爆破理论基础的"最小抵抗线原理"。

药包在有限介质内爆破后，在临空一面的表面上会出现一个爆破坑，一部分炸碎的土石被抛至坑外，一部分仍落在坑底。由于爆破坑形状似漏斗，称为爆破漏斗。若在倾斜边界条件下，则会形成卧置的椭圆锥体。

当地面坡度等于零时，爆破漏斗成为倒置的圆锥体。mDl 称为可见的爆破漏斗，其体积 VmDl 与爆破漏斗 VmOl 之比的百分数 E0，称为平坦地形的抛掷率；r0（漏斗口半径）与 W（最小抵抗线）的比值 n 称为平地爆破作用指数。

当 r0=W 时，n=1，称为标准抛掷爆破。在水平边界条件下，其抛掷率 E=27%。标准抛掷漏斗的顶部夹角为直角。

当 r0>W，则 n>1，称为加强抛掷爆破。抛掷率 >27%。漏斗顶部夹角大于 90°

当 r0<W，则 n<1，称为减弱抛掷爆破。抛掷率 <27%。漏斗顶部夹角小于 90°

实践证明，当 n<0.75 时，不能形成显著的漏斗，不发生抛掷现象，岩石只能发生松动和隆起。通常将 n=0.75 时称为标准松动爆破，n<0.75 称为减弱松动爆破。

装药量是工程爆破中一个最重要的参量。装药量确定得正确与否直接关系列爆破效果和经济效益。尽管这个参量是如此重要，但是由于岩石性质和爆破条件的多变性，炸药爆轰反应和岩石破碎过程的复杂性，因此一直到现在尚没有一个比较精确的理论计算公式。

长期以来人们一直沿用着在生产实践中积累的经验而建立起来的经验公式。常用的经验公式是体积公式，它的原理是装药量的大小与岩石对爆破作用力的抵抗程度成正比。这种抵抗力主要是重力作用。根据这个原理，可以认为，岩石对药包爆破作用的抵抗是重力抵抗作用，实际上就是被爆破的那部分岩石的体积，即装药量的大小应与被爆破的岩石体积成正比。此即所谓体积公式的计算原理。这个公式在工程爆破中应用得比较广泛，体积公式的形式为：

Q=q·V

式中 Q——装药量，kg；

q——单位体积岩石的炸药消耗量，kg/m³；

V——被爆破的岩石体积，m³。

（1）集中药包的计算

集中药包的计算原理仍然是利用体积公式的计算原理，首先从计算能形成标准抛掷漏斗的装药量出发，根据几何相似原理来计算在形成非标准抛掷漏斗的情况下的装药量。

按照标准抛掷爆破，它的装药量可按照下式来计算：

Q 标 =q 标 · V

Q 标——形成标准抛掷漏斗的装药量，kg；

q 标——形成标准抛掷漏斗的单位体积岩石的炸药消耗量，kg/m³；

V——标准抛掷漏斗的体积，m³。其大小是：

$$V = \frac{1}{3} \pi \bullet \gamma^2 W$$

γ ——爆破漏斗底圆半径，m；

W——最小抵抗线，m。

对标准抛掷爆破漏斗来说，γ =W

所以，$V = \frac{\pi}{3} \bullet W^2 \bullet W \cong W^3$

得

$$Q_{标}=q_{标} \cdot W^3$$

根据相似原理，在某一特定的均质岩石中，采用性质和形状相同的炸药包进行爆破漏斗试验时，欲获得大小和形状都相似的爆破漏斗，那么装药量和爆破漏斗尺寸间存在下面的关系：

$$\frac{W_2}{W_1} = \frac{r_2}{r_1} = \left(\frac{Q_2}{Q_1} \right)^{1/3}$$

试验还证明，在岩石性质、炸药品种和药包埋置深度均相同的情况下，改变装药量 Q 的大小即可获得爆破作用指数不同的爆破漏斗。此外，单位体积炸药消耗量随着爆破作用指数的不同而变化。因此，装药量可视为爆破作用指数 n 的函数。故各种不同爆破作用的装药量的计算通式可用下式来表示：

$$Q=f(n)q_{标} \bullet W^3$$

式中 $f(n)$——爆破作用指数函数。

对于标准抛掷爆破 $f(n)=1.0$；加强抛掷爆破 $f(n)>1$；减弱抛掷爆破 $f(n)<1$。

关于 $f(n)$ 的计算方法，各个研究者提出了不同的计算公式，而应用比较广泛的是前苏联学者鲍列斯阔夫提出的计算公式，该式为：

$$f(n)=0.4+0.6n^3$$

故抛掷爆破的装药量的计算式为：

$$Q_{抛}=f(n)q_{标} \bullet W^3=(0.4+0.6n^3) \bullet q_{标} \bullet W^3$$

上式用来计算加强抛掷爆破的装药量是比较合适的。根据我国工程爆破的实践证明，当最小抵抗线大于 25m 时，用此式计算出来的装药量偏小，应按下式进行修正。

$$Q_{抛}=(0.4+0.6n^3) \bullet q_{标} \bullet W^3 \bullet \sqrt{\frac{W}{25}}$$

对于松动爆破，

$$f(n)=\frac{1}{2} \square \frac{1}{3}$$

故松动爆破的装药量为：

$$Q_{抛}=f(n)q_{标} \bullet W^3=(0.33 \square 0.5)q_{标} \bullet W^3$$

上述各式中的 q 标值，应考虑各方面的因素来慎重确定，一般可查国家定额或设计手册，也可参考类似的工程爆破的经验数据。最好在要爆破的岩石中进行标准抛掷爆破的漏斗试验，以取得可靠的数据。

三、爆后检查

（一）爆后检查等待时间

1.露天浅孔爆破，爆后应超过 5min，方准许检查人员进入爆破作业地点；如不能确认有无盲炮，应经 15min 后才能进入爆区检查。

2.露天深孔及药壶蛇穴爆破，爆后应超过 15mm，方准检查人员进入爆区。

3.露天爆破经检查确认爆破点安全后，经当班爆破班长同意，方准许作业人员进入爆区。

4.地下矿山和大型地下开挖工程爆破后，经通风吹散炮烟、检查确认井下空气合格后、等待时间超过 15min，方准许作业人员进入爆破作业地点。

5. 拆除爆破爆后应等待倒塌建（构）筑物和保留建筑物稳定之后，方准许检查人员进入现场检查。

6. 硐室爆破、水下深孔爆破及本标准未规定的其他爆破作业，爆后的等待时间，由设计确定。

（二）爆后检查内容

1. 一般岩土爆破应检查的内容有

——确认有无盲炮；

——露天爆破爆堆是否稳定，有无危坡、危石；

——地下爆破有无冒顶、危岩，支撑是否破坏，炮烟是否排除。

2. 硐室爆破、拆除爆破及其他有特殊要求的爆破作业，爆后检查应按有关规定执行。

（三）处理

1. 检查人员发现盲炮及其他险情，应及时上报或处理；处理前应在现场设立危险标志，并采取相应的安全措施，无关人员不应接近。

2. 发现残余爆破器材应收集上缴，集中销毁。

（四）盲炮处理

1. 一般规定

（1）处理盲炮前应由爆破领导人定出警戒范围，并在该区域边界设置警戒，处理盲炮时无关人员不准许进入警戒区。

（2）应派有经验的爆破员处理盲炮，确定爆破的盲炮处理应由爆破工程技术人员提出方案并经单位主要负责人批准

（3）电力起爆发生盲炮时，应立即切断电源，及时将盲炮电路短路。

（4）导爆索和导爆管起爆网路发生盲炮时，应首先检查导爆管是否有破损或断裂，发现有破损或断裂的应修复后重新起爆。

（5）不应拉出或掏出炮孔和药壶中的起爆药包。

（6）盲炮处理后，应仔细检查爆堆，将残余的爆破器材收集起来销毁；在不能确认爆堆无残留的爆破器材之前，应采取预防措施。

（7）盲炮处理后应由处理者填写登记卡片或提交报告，说明产生盲炮的原因、处理的方法和结果、预防措施。

2. 裸露爆破的盲炮处理

（1）处理裸露爆破的盲炮，可去掉部分封泥，安置新的起爆药包，加上封泥起爆；如发现炸药受潮变质，则应将变质炸药取出销毁，重新敷药起爆。

（2）处理水下裸露爆破和破冰爆破的盲炮，可在盲炮附近另投入裸露药包诱爆，也

可将药包回收销毁。

3. 浅孔爆破的盲炮处理

（1）经检查确认起爆网路完好时，可重新起爆。

（2）可打平行孔装药爆破，平行孔距盲炮不应小于0.3m；对于浅孔药壶法，平行孔距盲炮药壶边缘不应小于0.5m。为确定平行炮孔的方向，可从盲炮孔口掏出部分填塞物。

（3）可用木、竹或其他不产生火花的材料制成的工具，轻轻地将炮孔内填塞物掏出，用药包诱爆。

（4）可在安全地点外用远距离操纵的风水喷管吹出盲炮填塞物及炸药，但应采取措施回收雷管。

（5）处理非抗水硝铵炸药的盲炮，可将填塞物掏出，再向孔内注水，使其失效，但应回收雷管。

（6）盲炮应在当班处理，当班不能处理或未处理完毕，应将盲炮情况（盲炮数目、炮孔方向、装药数量和起爆药包位置，处理方法和处理意见）在现场交接清楚，由下一班继续处理。

4. 深孔爆破的盲炮处理

（1）爆破网路未受破坏，且最小抵抗线无变化者，可重新连线起爆；最小抵抗线有变化者，应验算安全距离，并加大警戒范围后，再连线起爆

（2）可在距盲炮孔口不少于10倍炮孔直径处另打平行孔装药起爆。爆破参数由爆破工程技术人员确定并经爆破领导人批准。

（3）所用炸药为非抗水硝铵类炸药，且孔壁完好时，可取出部分填塞物向孔内灌水使之失效，然后做进一步处理。

5. 硐室爆破的盲炮处理

（1）如能找出起爆网路的电线、导爆索或导爆管，经检查正常仍能起爆者，应重新测量最小抵抗线，重划警戒范围，连线起爆。

（2）可沿竖井或平硐清除填塞物并重新敷设网路连线起爆，或取出炸药和起爆体。

第四节　爆破方法

一、浅孔爆破

炮孔深度小于5m，孔径小于75mm的炮孔爆破。

（一）露天浅孔爆破

炮孔布置的主要技术参数为：

1. 最小抵抗线（Wp）

浅孔爆破的最小抵抗线 Wp 通常根据钻孔直径和岩石性质来确定，即

Wp=Kwd

式中 Wp——最小抵抗线（m），通常取药包中心到临空面的最短距离；

Kw——系数，一般采用 15~30。对于坚硬岩石取较小值，中等坚硬岩石取较大值；

D——钻孔最大直径（cm）

2. 台阶爆破中的台阶高度（H）

H=（1.2~2.0）Wp

3. 炮孔深度（h）

在坚硬岩石中 h=（1.1~1.15）H

在松软岩石中 h=（0.85~0.95）H

在中硬岩石中 h=H

4. 炮孔间距（a）及排距（b）

火雷管起爆时

a=（1.2~2.0）Wp

电雷管起爆时

a=（0.8~2.0）Wp 排距一般采用：b=（0.8~1.2）Wp

装药及起爆：

药量计算公式：Q=0.33Kabh

炮孔装药长度通常相当于孔深的 1/3~1/2。当装填散装药时，需用木棍捣实，增大装药密度以提高爆破效果。装药卷时，将雷管装入一个药卷中，制成起爆药卷，放在装药长的 1/3~1/2 处（由上部算起），浅孔爆破中，堵塞长度不能小于最小抵抗线。

二、深孔爆破

孔深大于 5m，孔径大于 75mm 的钻孔爆破叫作深孔爆破。

深孔爆破炮孔布置的主要技术参数：

1. 计算抵抗线 Wp（m）

Wp=HDnd/150

式中 H——阶梯高度（m）

D——岩石硬度系数，一般取 0.46~0.56

n——阶梯高度影响系数，

H（m）	10	12	15	17	20	22	25	27	30
n 值	1.00	0.85	0.74	0.67	0.60	0.56	0.52	0.47	0.42

2. 超钻深度 ΔH（m）

$\Delta H = (0.12 \sim 0.3)H$ 或 $\Delta H = (0.15 \sim 0.35)W_p$

岩石越坚硬超钻深度越大

3. 炮孔间距 a

$a = (0.7 \sim 1.4)W_p$ 或 $a = mW_p$（对于宽孔距爆破 m=2~5）

4. 炮孔排距 b

$b = a\sin 60 = 0.87a$

5. 药包重量 Q（kg）

$Q = 0.33KHW_p a$

6. 堵塞长度

$L = (0.5 \sim 0.7)H$ 或 $L = (20 \sim 30)D$

A 梯段爆破炸药单耗表

f	0.8~2	3~4	5	6	8	10	12	14	16	20
q（kg/m³）	0.4	0.43	0.46	0.5	0.53	0.56	0.6	0.64	0.67	0.7

三、孔眼爆破

根据孔径的大小和孔眼的深度可分为浅孔爆破法和深孔爆破法。前者孔径小于75mm，孔深小于5m；后者孔径大于75mm，孔深大于5m。前者适用于各种地形条件和工作面的情况，有利于控制开挖面的形状和规格，使用的钻孔机具较简单，操作方便，但生产效率低，孔耗大，不适合大规模的爆破工程。而后者恰好弥补了前者的缺点，适用于料场和基坑规模大、强度高的采挖工作。

（一）炮孔布置原则

无论是浅孔还是深孔爆破，施工中均须形成台阶状以合理布置炮孔，充分利用天然临空面或创造更多的临空面。这样不仅有利于提高爆破效果，降低成本，也便于组织钻孔、装药、爆破和出碴的平行流水作业，避免干扰，加快进度。布孔时，宜使炮孔与岩石层面和节理面正交，不宜穿过与地面贯穿的裂缝，以防漏气，影响爆破效果。深孔作业布孔，尚应考虑不同性能挖掘机对掌子面的要求。

（二）改善深孔爆破的效果的技术措施

一般开挖爆破要求岩块均匀，大块率低；形成的台阶面平整，不留残埂；较高的钻孔延米爆落量和较低的炸药单耗。改善深孔爆破效果的主要措施有以下几个方面。

1. 合理利用或创造人工自由面

实践证明，充分利用多面临空的地形，或人工创造多面临空的自由面，有利于降低爆破单位耗药量。适当增加梯段高度或采用斜孔爆破，均有利于提高爆破效率。平行坡面的斜孔爆破，由于爆破时沿坡面的阻抗大体相等，且反射拉力波的作用范围增大，通常可比竖孔的能量利用率提高 50%。斜孔爆破后边坡稳定，块度均匀，还有利于提高装渣效率。

2. 改善装药结构

深孔爆破多采用单一炸药的连续装药，且药包往往处于底部、孔口不装药段较长，导致大块的产生。采用分段装药虽增加了一定施工难度，但可有效降低大块率；采用混合装药方式，即在孔底装高威力炸药、上部装普通炸药，有利于减少超钻深度；在国内外矿山部门采用的空气间隔装药爆破技术也证明是一种改善爆破破碎效果、提高爆炸能量利用率的有效方法。

3. 优化起爆网路

优化起爆网路对提高爆破效果，减轻爆破震动危害起着十分重要的作用。选择合理的起爆顺序和微差间隔时间对于增加药包爆破自由面，促使爆破岩块相互撞击以减小块度，防止爆破公害具有十分重要的作用。

4. 采用微差挤压爆破

微差挤压爆破是指爆破工作面前留有渣堆的微差爆破。由于留有渣堆，从而促使爆岩在运动过程中相互碰撞，前后挤压，获得进一步破碎，改善了爆破效果。微差挤压爆破可用于料场开挖及工作面小、开挖区狭长的场合如溢洪道、渠道开挖等。它可以使钻孔和出渣作业互不干扰，平行连续作业，从而提高工作效率。

5. 保证堵塞长度和堵塞质量

实践证明，当其他条件相同时，堵塞良好的爆破效果及能量利用率较堵塞不良的场合可以大幅提高。

四、光面爆破和预裂爆破

20 世纪 50 年代末期，由于钻孔机械的发展，出现了一种密集钻孔小装药量的爆破新技术。在露天堑壕、基坑和地下工程的开挖中，使边坡形成比较陡峻的表面，使地下开挖的坑道面形成预计的断面轮廓线，避免超挖或欠挖，并能保持围岩的稳定。

实现光面爆破的技术措施有两种：一是开挖至边坡线或轮廓线时，预留一层厚度为炮孔间距 1.2 倍左右的岩层，在炮孔中装入低威力的小药卷，使药卷与孔壁间保持一定的空隙，爆破后能在孔壁面上留下半个炮孔痕迹；另一种方法是先在边坡线或轮廓线上钻凿与壁面平行的密集炮孔，首先起爆以形成一个沿炮孔中心线的破裂面，以阻隔主体爆破时地震波的传播，还能隔断应力波对保留面岩体的破坏作用，通常称预裂爆破。这种爆破的效果，无论在形成光面或保护围岩稳定，均比光面爆破好，是隧道和地下厂房以及路堑和基坑开挖工程中常用的爆破技术。

五、定向爆破

50 年代末和 60 年代初期，在中国推行过定向爆破筑坝，3 年左右时间内用定向爆破技术筑成了 20 多座水坝，其中广东韶关南水大坝（1960），一次装药 1394.3 吨，爆破 226 万米，填成平均高为 62.5 米的大坝，技术上达到了国际先进水平。

定向爆破是利用最小抵抗线在爆破作用中的方向性这个特点，设计时利用天然地形或人工改造后的地形，使最小抵抗线指向需要填筑的目标。这种技术已广泛地应用在水利筑坝、矿山尾矿坝和填筑路堤等工程上。它的突出优点是在极短时期内，通过一次爆破完成土石方工程挖、装、运、填等多道工序，节约大量的机械和人力，费用省，工效高；缺点是后续工程难于跟上，而且受到某些地形条件的限制。

六、控制爆破

不同于一般的工程爆破，对由爆破作用引起的危害有更加严格的要求，多用于城市或人口稠密、附近建筑物群集的地区拆除房屋、烟囱、水塔、桥梁以及厂房内部各种构筑物基座的爆破，因此，又称拆除爆破或城市爆破。

控制爆破所要求控制的内容是：

①控制爆破破坏的范围，只爆破建筑物需要拆除的部位，保留其余部分的完整性；

②控制爆破后建筑物的倾倒方向和坍塌范围；

③控制爆破时产生的碎块飞出距离，空气冲击波强度和音响的强度；

④控制爆破所引起的建筑物地基震动及其对附近建筑物的震动影响，也称爆破地震效应。

爆破飞石、滚石控制。产生爆破飞石的主要原因是对地质条件调查不充分、炸药单耗太大或偏小造成冲炮、炮孔偏斜抵抗线太小、防护不够充分、毫秒起爆网路安排特别是排间毫秒延迟时间安排不合理造成冲炮等。监理工程师会同施工单位爆破工程师，现场严格要求施工人员按爆破施工工艺要求进行爆破施工，并考虑采取以下措施：

①严格监督对爆破飞石、滚石的防护和安全警戒工作，认真检查防护排架、保护物体近体防护和爆区表面覆盖防护是否达到设计要求，人员、机械的安全警戒距离是否达到了规程的要求等。

②对爆破施工进行信息化管理，不断总结爆破经验、教训，针对具体的岩体地质条件，

确定合理的爆破参数。严格按设计和具体地质条件选择单位炸药消耗量，保证堵塞长度和质量。

③爆破最小抵抗线方向应尽量避开保护物。

④确定合理的起爆模式和延迟起爆时间，尽量使每个炮孔有侧向自由面，防止因前排带炮（岳冲）而造成后排最小抵抗线大小和方向失控。

⑤钻孔施工时，如发现节理、裂隙发育等特殊地质构造，应积极会同施工单位调整钻孔位置、爆破参数等；爆破装药前验孔，特别要注意前排炮孔是否有裂缝、节理、裂隙发育，如果存在特殊地质构造，应调整装药参数或采用间隔装药形式、增加堵塞长度等措施；装药过程中发现装药量与装药高度不符时，应说明该炮孔可能存在裂缝并及时检查原因，采取相应措施。

⑥在靠近建（构）筑物、居民区及社会道路较近的地方实施爆破作业，必须根据爆破区域周围环境条件，采取有效的防护措施。常用的飞石、滚石安全防护方法有：a. 立面防护。在坡脚、山体与建筑物或公路等被保护物间搭设足够高度的防护排架进行遮挡防护，在坡脚砌筑防滚石堤或挖防滚石沟；b. 保护物近体防护。在被保护物表面或附近空间用竹排、沙袋或铁丝网等进行防护；c. 爆区表面覆盖防护。根据爆区距离保护物的远近，可采用特种覆盖防护、加强覆盖防护、一般防护等。

⑦由于本工程有多处陡壁悬崖，要及时清理山体上的浮石、危石，确保施工安全。

七、松动爆破

松动爆破技术是指充分利用爆破能量，使爆破对象成为裂隙发育体，不产生抛掷现象的一种爆破技术，它的装药量只有标准抛掷爆破的 40%~50%。松动爆破又分普通松动及加强松动爆破。松动爆破后岩石只呈现破裂和松动状态，可以形成松动爆破漏斗，爆破作用指数 n≤0.75。该项技术已广泛应用于各类工程爆破之中，并取得了显著的经济效益。在煤炭开采中，松动爆破为多种采煤方法的应用起助采作用，属于助采工艺，特别是在煤层中含有夹矸带的开采中，因此，研究松动爆破技术对于提高煤炭开采效果具有重要意义。

松动爆破（looseningblasting）是炸药爆炸时，岩体被破碎松动但不抛掷，它的装药量只有标准抛掷爆破的 40% ~ 50%。松动爆破的爆堆比较集中，对爆区周围未爆部分的破坏范围较小。

（一）爆破机理

1. 煤岩体松动爆破的机理

由钻孔爆破学可知，钻孔中的药卷（包）起爆后，爆轰波就以一定的速度向各个方向传播，爆轰后的瞬间，爆炸气体就已充满整个钻孔。爆炸气体的超压同时作用在孔壁上，压力将达几千到几万 MPa。爆源附近的煤岩体因受高温高压的作用而压实，强大的压力作用结果，使爆破孔周围形成压应力场。压应力的作用使周围媒体产生压缩变形，使压应力场内的煤岩体产生径向位移，在切向方向上将受到拉应力作用，产生拉伸变形。由于煤岩的抗拉伸能力远远低于抗压能力，故当拉应变超过破坏应变值时，就会首先在径向方向上产生裂隙。在径向方向上，由于质点位移不同，其阻力也不同，因此，必然产生剪应力。如果剪应力超过煤岩的抗剪强度，则产生剪切破坏，产生径向剪切裂隙。此外，爆炸是一个高温高压的过程，随着温度的降低，原来由压缩作用而引起的单元径向位移，必然在冷却作用下使该单元产生向心运动，于是单元径向呈拉伸状态，产生拉应力。当拉应力大于煤岩体的抗拉强度时，煤岩体将呈现拉伸破坏，从而在切向方向上形成拉伸裂隙，钻孔附近形成了破碎带和裂隙带。

另外，由于钻孔附近的破碎带和裂隙带的影响，破坏了煤岩体的整体性，使周围的煤岩体由原来的三向受力状态变为双向受力状态，靠近工作而时又变为单向受力状态，从而使煤岩体的抗压强度大为降低，在顶板超前支承压力作用下，增大了煤岩的破碎程度，采煤机的切割阻力减小，加快了割煤速度，从而起到了松动煤体的作用。

2. 不耦合装药的机理

利用耦祸合装药（即药包和孔壁间有环状空隙），空隙的存在削减了作用在孔壁上的爆压峰值，并为孔间提供了聚能的临空，而削减后的爆压峰值不致使孔壁产生明显的压缩破坏，只切向拉力使炮孔四周产生径向裂纹，加之临空而聚能作用使孔间连线产生应力集中，孔间裂纹发展，而滞后的高压气体沿缝产生"气刀"劈裂作用，使周边孔间连线上裂纹全部贯通。

（二）安全要求

1. 凿岩

（1）凿岩前清除石方顶上的余渣，按设计位置清出炮孔位；

（2）凿岩人员应戴好安全帽，穿好胶鞋；

（3）凿岩应按本方案设计，对掏槽眼（辅助眼）、周边眼应根据孔距、排距、孔眼深和孔眼倾斜角进行操作；

（4）孔眼钻凿完毕后，应清除岩浆，并用堵塞物临时封口，以防碎石等杂物掉入孔内。

2. 装药

（1）本工程采用乳化装药，各单孔采用非电毫秒微差雷管，集中后由微差电雷管引爆；

（2）单孔药量和分药量，分段情况应按本设计方案进行，装药后应认真做好堵塞工作，留足堵塞长度，保证堵塞质量。

3. 起爆

（1）各单孔内分段和各单孔间分段应严格按设计施工，严禁混装和乱装；

（2）孔外电雷管均为串联连接，电雷管应使用同厂同批产品，连接前应用爆破欧姆表量测每只电雷管电阻值，并保证在 ±0.2 的偏差内；

（3）起爆电雷管应用胶布扎紧，并将其短路后置于孔边，待覆盖完成后再次导通，并进行全网连接；

（4）网络连接后，应测出网路总电阻，并与计算值相比较，若差值不相符合，应查明原因，排除故障，防止错接、漏接；

（5）起爆电源若为直流电，则通过每只电雷管的电流不得小于2.5A，若为交流电则不少于4A；

（6）起爆前，网络连接好的爆破组线应短路并派专人看管，待警戒好后指挥起爆人员下达命令后方可接上起爆电源，下达起爆指令后方可充电起爆。若发生拒爆，应立即切断电源，并将组线短路；若使用延期雷管，应在短路不少于15分钟方可进入现场，待查出原因，排除故障后再次起爆。

4. 警戒

做好安全警戒工作是保证安全生产的重要措施，所有警戒人员应听从警戒指导小组下达的指令，做好各警点的警戒工作。

具体的安全警戒措施如下：

（1）做好安民告示，向周围单位和居民送发爆破通知书，说明爆破及有关注意事项，并在明显地段张贴公安局、业主、施工单位联合发布的《爆破通知》；

（2）当爆破作业开始警戒时：应吹哨，各警戒人员各就各位，通知工地所有人员撤离到爆破现场以外安全区；

（3）当起爆指挥员接到警戒员已做好警戒工作的通知，起爆员接到指令，应为吹三声长哨，开始充电，后再次吹三声短哨起爆；

（4）起爆后，应过5分钟后，爆破作业员方可进入爆区检查爆破情况确认安全起爆无险情后，吹一声长哨解除警戒放行。

八、硐室爆破

硐室爆破是指将大量炸药集中装填于设计开挖成的药室内，达成一次起爆大量炸药、完成大量土石方开挖或抛填任务的爆破技术。硐室爆破的主要特点是效率高，但对周围环境和地质环境要求较高。通过形成缓冲垫层处理采空区的硐室爆破实践，将单层单排几个硐室爆破方案改进为双层双排层硐室群爆破方案，并拓展采用了纵向立体错位、同向诱导崩塌的硐室群爆破技术；同时改进硐室工程布置和填塞形式，形成了条形药包准空腔装药结构。

（一）技术方案

1. 最小废石缓冲垫层厚度的确定

当采空区上部的岩体发生冒落时，冒落体的势能转化为对空区内部空气压缩做功和对采空区下部结构体的冲击做功。在采空区的底部保留一定厚度的废石缓冲垫层，可以起到消减风速风压和吸收冲击能的作用。

从消减风速风压和吸收冲击能两种角度分别进行了废石缓冲垫层厚度的理论计算，结合矿山 900m 中段以上的空区实际，最终确定废石缓冲垫层厚度最小值为 20m。

2. 硐室爆破方案

根据采空区的形状和位置，基于强制诱导崩落的思路，提出了以空区本身作为自由面，采用硐室爆破崩落上盘围岩使空区顶板处于拉应力状态的技术方案。工程实施中将整个硐室由中心向两翼集中爆破分次完成，先形成散体中心垫层，以防止在空区最大拉应力处产生的零星冒落冲击下部采场顶柱。同时按照拱形冒落原理，选取 980m 水平、950m 中段作为诱导空区冒落的主要水平，采用双层单排混合方式布置硐室。

（二）方案评述

1. 相邻两侧硐室堵塞和清除任务繁重以首次 3 个硐室爆破为例，其爆区相邻两侧的 2 个硐室均位于爆破的地震波破坏范围内，为避免破坏，爆破前必须将其堵塞；而下次爆破前又需将其堵塞料清除，然后再装药、堵塞，如此，加重了堵塞和清除任务。

2. 缓冲垫层形成厚度不均，增加了矿石的贫化损失矿柱回收是在按自然安息角堆积成锥体形状废石缓冲垫层下进行的，采用单层单排几个硐室爆破时，间柱和底柱上部缓冲垫层存在着厚度和块度不均的情形。按照放矿规律，在回收这部分矿石时，同厚度均匀但高差相对较小的台体缓冲垫层相比，锥体形状废石缓冲垫层中块度较小的废石容易首先获得能量向放矿口移动，造成矿石贫化；当矿石贫化到一定程度后放出的矿石品位小于截止放矿品位，导致放矿结束，这样不仅降低了矿石的回收率，也增加了矿石的损失。

3. 施工组织频繁，缓冲垫层形成进度缓慢因硐室爆破使用炸药量较大，为确保爆破成功，从运药、装药、堵塞、模拟试验、安保、警戒等环节安全要求极高；但由于空区处理工作的紧迫性，必须频繁组织实施爆破，势必会与矿山正常生产相互干扰；此外，由于单层单排几个硐室一次爆破时形成的缓冲垫层废石量较小，必将延长了缓冲垫层形成的进度。

正是因为以上不足，需要在后期的爆破实践中对硐室爆破方案进行改进。

（三）方案改进

1. 将几个硐室爆破方案改进为硐室群爆破方案

（1）采用群药包的联合微差爆破，进一步加强应力波的叠加作用，提高缓冲垫层形成的质量采用硐室群的爆破可充分利用微差爆破的原理，相邻、上下药包是在先爆药包的应力波尚未完全消失时起爆的，几组硐室的爆炸应力波相互叠加，形成了极高的复杂应力场，有利于岩石破裂并形成了很强的抛掷能力；同时，岩块在空中相遇，相互碰撞作用加强，产生补充破碎作用。正是上述两种作用，岩石得到充分破碎，可改善爆破效果，降低岩石大块率，提高缓冲垫层形成的质量。

（2）减少爆破次数，实现平行作业，加快缓冲垫层形成进度和前期的单层单排几个硐室爆破方案相比，双层单排硐室群集中爆破时，可减少爆破次数，不需对相邻的硐室进行频繁的堵塞和清除，能有效地降低作业强度；同时，由于双层单排硐室群存在两个独立通道，可实现两个水平的运药和填塞工序平行作业。这样，不仅加快了整体缓冲垫层形成进度，而且有效促进矿山下部开采安全环境的形成。

2. 采用纵向立体错位、同向诱导崩塌的硐室群爆破技术

硐室群爆破时，尽可能使爆破的硐室在纵向上形成立体错位，从而实现同一自由面方向上围岩的诱导崩塌，达到有效增加爆破散体岩量、提高横向上缓冲垫层厚度均匀分布的目的。

（1）能充分发挥药包连心线上裂纹的产生和扩展作用，有利于增加爆破散体岩量。正是在以上分析的基础上，和纵向上下对应的硐室群布置方式相比，采用纵向立体错位的硐室群布置方式，裂纹沿药包连心线开裂和扩展的空间更大，裂纹作用发挥得更充分，有利于增加爆破散体岩量。

（2）有利于增加新的自由面，充分实现硐室群间围岩的诱导崩塌，增加爆破散体岩量由于硐室工程设计时，考虑充分利用地下已有采矿工程和新实施硐室工程的排渣、通风、掘进等因素，选取的两层硐室工程高程相差为 30m，最小抵抗线为 15~19m，但由于硐室剖面形态各异，无法实现两层药包的上下破裂半径方向上相切贯通，导致爆破岩量不能大幅度增加，但分析几个错位对应的硐室剖面，由于其破裂半径之间相互叠加，可利用上层硐室爆破后新形成的爆破漏斗侧边及漏斗体外的裂纹来增加下层后爆硐室的自由面，从而增加爆破散体岩量。此外，由于爆破应力波和爆生气体的作用，错位对应的硐室群间围岩已形成了不同程度的贯穿裂纹，随着时间的推移，这部分围岩已被诱导将会产生失稳冒落，也必然会增加散体岩量。

（3）可提高缓冲垫层横向上厚度分布的均匀性，为覆岩下矿柱的回收创造良好条件由于高程的不同，相同药量条件下，上层硐室群比下层硐室群爆破后岩石抛掷距离远，这将对于缓冲垫层在空区上、下盘间的形成十分有利，但由于硐室间隔的存在和岩石按自然安息角形态堆积的影响，在空区横向上会存在缓冲垫层厚度不连续的情形，而采用纵向立体错位布置硐室群恰好弥补了这一缺陷，可提高缓冲垫层在横向上厚度分布的均匀性，满足放矿时对覆盖层的要求，为矿柱的回收创造良好条件。

3. 改进硐室工程布置和填塞形式，形成条形药包准空腔装药结构

条形药包因具有爆破方量多，能量分布均匀，相对地减少矿岩大块率和过粉碎等特点被广泛采用。由于硐室布置在空区的上盘，为保证施工安全和堵塞方便，无法采用标准的条形药包布置形式。通过改进硐室工程布置，将爆破硐室平行于平巷设计，在横巷和硐室间增加联络道，并将前期的"T"形堵塞改进为"L"形堵塞，可达到有效减少填塞工作量的目的；同时通过控制堵塞长度，达到条形药包的最优空腔比，即硐室体积与药室体积

之比达到 4~5 之间（相当于不耦合系数为 2~2.24），这样便形成了条形药包准空腔装药结构。改进后的条形药包准空腔装药结构在爆破作用过程中，一方面降低了爆炸冲击波的峰值压力，避免了对围岩的过破碎；另一方面延长了应力作用时间，由于冲击波往返的多次作用，使得应力场增强的同时，获得了更大的爆破冲量，提高了爆破有效能量利用率。同时在爆炸作用过程中产生二次和后续系列应力波，使岩体裂隙得到进一步扩展。因此，采用条形药包准空腔装药结构能使岩石块度更加均匀，为进一步提高缓冲垫层质量创造了有利条件。

（四）效果分析

（1）硐室爆破自实施以来，按照"精心设计、严格施工、精细化管理"的要求，没有发生任何事故，爆破有害效应得到了严格的控制。

（2）根据爆破实际散体量统计，900m 中段以上已形成了约 26m 厚的缓冲垫层，大于设计厚度 20m，分析散体岩量增大的原因主要有两点：一是爆破后应力重新分布造成围岩零星冒落。爆破后，由于硐室群药包的作用，距离炸药作用较远区域的围岩会产生部分未完全扩展到围岩断裂的微裂隙，随着时间推移，围岩应力重新分布达到新的平衡，在此过程中，这部分围岩会在重力作用下，产生零星冒落，从而增大散体岩量。二是硐室群空腔布药推动其间围岩移动。炸药爆炸后，上下药室的高压气体独自膨胀，在一定的时间内，气腔膨胀有可能击穿其间的岩石迅速连通成整体气腔，继续推动错位布置硐室间岩石向空区方向做功、移动，不仅改善了爆破质量，还诱导增加了围岩的崩落量，这两点在现场 980m 水平 28 和 950m 中段 26、28 号硐室爆破，表现较为明显。

（3）改进后的硐室群爆破从 2012 年开始，经历了 3 次较大规模的爆破，目前整个工程已基本完成。现场通过放矿统计，大块率基本控制在 7%~10% 之间；缓冲垫层的堆积形状在横向、纵向和空区宽度方向上相对比较平整；900m 中段下盘穿脉口已被废石完全堵塞，这些技术要素均达到了构建空场开采安全工程体系的要求，也为消除空区灾害隐患，营造矿山下部开采安全环境奠定了良好的基础。

（五）总结

通过形成缓冲垫层处理采空区的硐室爆破实践，将单层单排几个硐室爆破方案改进为双层双排层硐室群爆破方案，并拓展采用了纵向立体错位、同向诱导崩塌的硐室群爆破技术，同时改进硐室工程布置和填塞形式，形成了条形药包准空腔装药结构。实践证明，这些技术改进不但改善了爆破效果，增加了围岩的崩落量，提高了缓冲垫层形成的质量，也丰富了硐室爆破技术体系，具有一定的推广价值。

九、毫秒爆破

利用毫秒雷管或其他毫秒延期引爆装置，实现装药按顺序起爆的方法称为毫秒爆破。

毫秒爆破有以下主要优点：

1. 增强破碎作用,减小岩石爆破块度,扩大爆破参数,降低单位炸药消耗量。

2. 减小抛掷作用和抛掷距离,防止周围设备损坏,提高装岩效率。

3. 降低爆破产生的振动,防止对周围建筑物造成破坏。

4. 可以在地下有瓦斯的工作面内使用,实现全断面一次爆破,缩短爆破作业时间,提高掘进速度,并有利于工人健康。

十、水下爆破

水下爆破,指在水中、水底或临时介质中进行的爆破作业。水下爆破常用的方法有裸露爆破法、钻孔爆破法以及洞室爆破法等。水下爆破原理就是利用乳化炸药爆炸时产生的爆轰现象,主要由其中的冲击波能(冲击破坏)和高能量密度气体(能产生破坏力极强的气泡脉动效应)所产生的剧烈破坏作用将船体钢板和结构破坏爆破工程的主要材料是炸药,炸药是易燃易爆物品,在特定条件下,其性能是稳定的,储存、运输、使用时也是安全的。进行爆破作业时,最重要的是怎样使效率提高、完全发生爆炸并且能安全进行操作。

水下爆破原理就是利用乳化炸药爆炸时产生的爆轰现象,主要由其中的冲击波能(冲击破坏)和高能量密度气体(能产生破坏力极强的气泡脉动效应)所产生的剧烈破坏作用将船体钢板和结构破坏,达到能清理沉船的目的。

爆破工程的主要材料是炸药,炸药是易燃易爆物品,在特定条件下,其性能是稳定的,储存、运输、使用时也是安全的。进行爆破作业时,最重要的是怎样使效率提高、完全发生爆炸并且能安全进行操作。参与爆破工程施工作业人员应当要掌握、熟悉所用炸药的性能,在适合的炸药中选择最便宜的炸药,熟悉掌握爆破技术的理论,用最合适的方法进行作业,参与爆破工程施工作业人员应当遵守法律所规定的安全规则,从而积极地按照实际情况进行安全操作。

任何工程,都是以安全第一为目标。所以在现场使用炸药和接触炸药的人员,在从事操作过程中首先必须事事考虑的是安全第一,尽量避免或杜绝爆炸事故的发生。

需要爆破的介质自由面位于水中的爆破技术,主要用于河床和港口的扩宽加深、清除暗礁,水下构筑物的拆除、水下修建隧洞的进水口(见岩塞爆破)等。水下爆破和陆地爆破的原理大致相同,但因水的不可压缩性以及压力、水深、流速的影响,它又具有许多特点,要求爆破器材具有良好的抗水性能,在水压作用下不失效,并不过分降低其原有性能;由于水的传爆能力较大,在爆破参数设计时要注意殉爆影响;施工方法上必须考虑水深、流速、风浪的影响,钻孔定位、操作、装药、连接爆破网路要做到准确可靠都较困难;水能提高裸露药包的破碎效果,但炸药的爆炸威力随水深、水压的增加而降低,爆破效果较差;在等量装药的情况下,水下爆破产生的地震波比陆地爆破要大,水中冲击波的危害较突出。

(一)水下爆破工程作业流程

水下爆破是一项复杂的工程,涉及的因素很多,诸如天气、海水能见度、海潮状况、水流状态、水下作业深度等，特别是爆炸物品均储放在作业船上，其安全性尤为重要。因此进行水下爆破作业时必须严格按照制定的安全规则、作业方案、海情状况进行爆破作业。

（二）水下爆破作业流程

1.资质的审核

立项做水下爆破工程时，首先要对承接爆破作业单位和其工程技术人员的资格进行资质审核（该项工作需要工程甲方单位协助到当地公安部门进行审核），并办理水下爆破工程的相关手续，只有在当地公安部门（县、市级）批准的情况下，才能实施水下爆破工程。在通航的海域进行水下爆破时，一般应在三天之前由港监发布爆破施工通告。

2.探摸

在实施水下爆破工程前，首先要了解需爆破清除船只的有关具体情况（沉船的结构参数、沉船姿态、所处水深、淤泥掩埋状况、沉船海域的海况等一系列相关情况）。

3.制定爆破方案

根据潜水员的水下探摸情况及对清航的要求，制定出切实可行的爆破方案。方案中包括工程所需的爆破器材的需求量和品种、爆破指挥机构和作业人员的组成（包括在爆破技术专业人员指导下参与工作的甲方人员）及分工、安全作业规则等。

4.采购爆炸器材

到当地公安部门批准的单位（指定的商业部门和工厂）预定或采购定制爆破器材（主要是根据水深定制生产相适合的炸药）。爆破器材到位后，应将所有的爆破器材按其功能和危险等级分别放置在作业船舶规定的安全区域内（炸药可以码放在甲板上，并用苫布盖好，起爆器材放到距离炸药安全距离外的专用船舱内的可锁铁皮柜子内），炸药和起爆器材必须严格分离存放，其距离必须符合规定的安全距离之外。

5.爆破作业前的准备工作

到达作业海域后，作业船舶应在有利于爆破作业（探摸和下炸药）的地方定位抛锚停泊。根据爆破方案准备爆破器材（甲方人员可以在爆破技术专业人员的指导下协助捆扎炸药条和其他的准备工作）；按爆破方案潜水员进行水下探摸及布设炸药前期的其他准备工作（如：对布放炸药线路上的船体钢板进行电焊打孔，安放捆扎固定炸药条的物品、安置布设炸药网络的标识物等）。

6.布放炸药作业

在完成所有爆破作业前的准备工作后（尤其是要了解作业海域的天气是否能连续作业多天的可行性。因为一旦布放了炸药就要在最短的时间内进行爆破，炸药长时间在水下浸泡将影响炸药的性能甚至完全失效，这一点非常重要），才能实施布放炸药的作业。布放炸药时，必须严格按照爆破专业技术人员制定的工艺要求进行布放；炸药布放完毕后，需指派有经验的潜水员对安放的炸药进行复查（主要检查炸药条是否按要求进行布放、捆绑；

有无漏捆、断接的地方；炸药网络"T"字型处炸药的搭接方向是否一致等重要部位的情况），在潜水员出水报告布放的炸药达到作业规定要求后，才能安放最终起爆装置（起爆头）实施爆破作业。

7. 点火起爆

作业母船驶离爆破作业点并在安全距离之外巡海等候，爆破现场只留执行爆破点火作业的小船，小船上只留有必要的作业人员。作业母船按照有关规定在爆破海域施放警报，瞭望巡视附近海面确无其他船只航行时，工程总指挥方能下令点火作业人员实施起爆作业。

8. 清除油污

爆破作业实施后，作业母船返回作业地点，如果作业海域有油污的话，则首先需进行油污清除工作。

9. 探摸爆炸效果

等作业海域的海况符合作业条件后（主要指海水能见度达到一定的清晰度），派潜水员下水对爆破效果进行探摸（爆破后沉船体将产生许多锋利破碎钢板，为确保潜水员的安全，严禁重潜人员下水探摸！探摸任务应由背气瓶的轻潜人员担任）。

10. 再次爆破的准备或收工撤场

根据潜水员的探摸情况，制定出下一步的方案：①需进行再次爆破，则需制定出下一步的爆破方案，进行下一轮的爆破准备工作；②已完成爆破工程任务则收工撤离现场返回基地港口。

（三）水下爆破的安全规则

炸药是易燃易爆物品，在特定条件下，其性能是稳定的，储存、运输、使用时也是安全的。由于水下爆破工程的特殊性，爆破器材一般集中存放在作业船上指定的安全区域（炸药和起爆器材必须严格分别放置在规定的安全距离之外），不排除意外的爆炸事件也会发生！所以安全工作特别重要，为确保作业人员和作业船舶的安全，在实施爆破工程过程中，必须严格按照有关的安全规则进行爆破作业。

1. 装载爆破器材的船舶的船头和船尾要按规定悬挂危险品标志，夜间和雾天要有红色安全灯。

2. 遇浓雾、大风、大浪无法作业驶回锚地时，停泊地点距其他船只和岸上建筑物不少于250~500米。

3. 从装药条开始至爆破警报解除的时间内，作业母船需要加强瞭望、注意过往船舶的航向，防止无关船只误入危险区，过往船只不得进入爆破危险区域或靠近爆破作业船。

4. 爆破器材必须按照其功能和危险等级分别存放，与爆破器材无关的杂物不得共同存放。在存放炸药的甲板区域，不得有尖锐的突出物。炸药必须码放整齐并用苫布苫盖，严禁任何人员在该区域抽烟和其他的明火作业；

5. 潜水爆破工程作业时，尤其是在海上作业，为确保作业安全，起爆装置必须采用非电起爆系统。起爆系统必须由专业人员制作，必须放置在离炸药安全距离之外的专用舱室内的可锁铁皮柜子内，由爆破技术专业人员保管；

6. 在水下布设炸药作业时、完成后，禁止进行电氧切割、电焊或其他与爆破无关的水下作业；

7. 必须使用锋利的刀具切割导火索、导爆索，严禁使用钝的刀具进行切割作业；

8. 起爆点火作业船上的人员，作业时必须穿好救生衣，禁止无关人员乘坐起爆点火作业船只；

9. 导火索必须使用暗火（如香烟）或专用点火器具进行点火作业；

10. 盲炮应及时处理，遇有难处理而又危及航行船舶安全的盲炮，应延长警戒时间，继续处理直至排除盲炮。

11. 炸药和起爆器材严禁重摔、拍砸；用于深水区域的爆破器材必须具有足够的抗压性能，或采取有效的抗压措施（起爆器材必须密封防水）；传爆网络的塑料导爆管严禁有打结、压扁、表皮划破、拉抻变细等现象；爆破工程完成后的剩余爆破器材，必须采用适当的方式进行销毁处理，炸药严禁带回作业船舶的基地港口。

十一、岩塞爆破

岩塞爆破形成的进水口常年在水下运行，需要有良好的运行条件。岩塞的位置和几何形状确定后，才能进行爆破设计。岩塞爆破一般有 2 类方法：铜室爆破法和钻孔爆破法，其中铜室爆破法又分为集中药室铜室爆破法和条形药室铜室爆破法；而钻孔爆破法又包括大孔径深孔爆破法和小孔径炮眼爆破法；还有就是上述方法的组合。

1. 岩塞位置的选择

对于岩塞的位置，既要水力学条件好，又要具有良好的爆破条件。因此岩塞位置要求选择在岩性单一、整体性好、构造简单、裂隙不大发育的地方，且岩面平顺，岸坡坡度在30 度 ~ 60 度宜。另外，还要考虑与已成建筑物的关系，尽可能远离已建成的建筑物。

2. 岩塞形状

岩塞的形状有马蹄型、圆形、椭圆形、矩形等等，包括内口形状和外口形状，一般外端呈喇叭状，里端开口尺寸小于外端开口尺寸。岩塞的形状一般是根据隧洞的形状和功能选择，要求满足进水的流态要求。从理论上说，岩塞形状可以任意选择，但实际工程中的岩塞一般为圆形，岩塞轴线与岩塞外的水下地形基本垂直。国内外成功实施的岩塞爆破，也大部分选择圆形岩塞，针对圆形岩塞国内外进行了大量的模型试验和数值计算，属于比较成熟的岩塞体型。

3. 岩塞倾角

岩塞的倾角有上倾角、水平和下倾角 3 种。3 种倾角的爆渣处理方式是不一样的：上倾角岩塞的爆渣一般以集渣或泄渣的方式进入隧洞；下倾角岩塞的爆渣以进入库区水中为主；水平岩塞的爆渣一般部分进入库区，部分进入隧洞。

由于水平岩塞和下倾角岩塞的爆渣要往库区中去，受水压的作用，实现起来有很多不确定因素，因此选择这2种岩塞倾角的工程实例不多，一般还是以上倾角岩塞为主。对于上倾角岩塞方案，上倾角度越陡，越有利于岩渣进入集渣坑，但角度越大，施工难度越大；而坡度越缓，则岩渣滑入集渣坑的难度就越大。

4. 岩塞开口尺寸

岩塞开口尺寸要满足过水断面要求。对于聚渣方案，在岩塞段后方的过渡段断面要适当扩大，使聚渣坑满足积渣容积要求，且过渡平顺，以保证水流顺畅。在满足以上条件的情况下尽量减小岩塞尺寸，以减少爆破振动破坏和贯通难度。

5. 岩塞厚度和体型

岩塞厚度的选定是确保施工安全与设计合理的主要影响因素。岩塞厚度的选取与地质条件、岩塞尺寸、上覆水深度等因素有关，岩层结构越稳定、越完整，则选择的岩塞厚度就可以适当减小。国内几个工程岩塞厚度 H 与岩塞直径（或跨度）D 之比在 1.0 ~ 1.4 之间，国外工程的比值一般也在 1.0 ~ 1.5 之间，个别的也有在 2.0 之上的。当岩塞采用药室爆破方案时，在塞体内开挖导洞和药室具有一定的危险性，为了施工安全，故所选的 H 值较大；对于钻孔爆破的岩塞，施工相对安全，H 值可以适当减小。

6. 集渣坑的设计

对于上倾角岩塞，岩塞体爆破后产生的石渣必随水冲流入隧洞，如果不能通过隧洞泄渣，为保证水流畅通和过水断面，必须在岩塞后方取水洞段挖一集渣坑。集渣坑的容积根据岩塞体体积计算确定，松散系数按 1.6 倍计算，集渣坑体积按松散体的 2 倍计算，同时还必须考虑岩塞外的松渣和岩塞爆破时的超挖因素。

7. 岩塞爆破的设计原则与要求

岩塞爆破形成的进水口常年在水下运行，需要有良好的运行条件。因此，岩塞爆破的设计原则与要求如下：

①必须一次爆破成型，不允许出现拒爆或爆破不完全；

②爆破后岩塞四周的围岩应当有一定的完整性和稳定性，不遗留可能发生滑坡坍塌等隐患；

③岩塞顶部和底部的开口应满足进水流态的要求，具有良好的水力学条件；

④岩塞爆破时必须确保周围保护物的安全；

⑤岩塞厚度应满足岩塞体在水压力作用下的稳定，保证爆破施工安全；

⑥泄渣时应尽力减轻岩渣对隧洞结构产生的磨损；

⑦岩塞体底部集渣坑的容积应满足爆落岩渣顺畅下泄，不允许岩渣在洞内发生瞬时堵塞事故。

8. 岩塞爆破方法的设计

岩塞的位置和几何形状确定后，才能进行爆破设计。岩塞爆破一般有 2 类方法：铜室爆破法和钻孔爆破法，其中铜室爆破法又分为集中药室铜室爆破法和条形药室铜室爆破法；而钻孔爆破法又包括大孔径深孔爆破法和小孔径炮眼爆破法；还有就是上述方法的组合。这里需要强调一点，岩塞不能采用水下裸露药包爆破，这种爆破办法是不能爆通岩塞的，充其量仅使岩塞体表面产生一些裂缝和零星破碎而已，原因是爆炸能量大部分转化为水中冲击波了。因此，只能将药包置于岩体内部去实现"爆通"和"成型"。

（1）铜室爆破法。在岩塞体内开挖铜室，装药爆破，根据装药的集中程度，分为集中药室铜室爆破法和条形药室铜室爆破法。铜室爆破的优点是装药集中，抛掷能力强，相应的计算公式也较多，起爆网路简单；缺点是开挖药室安全性差，爆破漏斗破裂线不易控制，爆破振动影响较大。铜室爆破适用于直径较大的岩塞工程，如国内 211 工程、310 工程及 250 工程及汾河水库等岩塞爆破工程。

（2）钻孔爆破法。包括深孔和炮孔爆破法 2 种（孔径 D ）75mm、孔深 h，4m 的称为深孔，小于以上数值的称为炮孔。钻孔爆破优点是：施工安全，机械操作施工方便，药量分散，爆破振动影响小，爆破的岩石块度均匀；同时，它还可以通过试探钻孔打穿岩塞，更清楚地确定岩塞真实厚度。但是钻孔爆破法的孔位布置、炮孔装药、网路连接等工作量较大，施工技术要求高。

（3）铜室和钻孔爆破相结合的方法。有的设计将岩塞体分为 2 部分，前部分用铜室爆破，后部分用钻孔爆破。有的很明确，以铜室爆破为主，钻孔装药仅作为辅助手段。

除了上述 3 种方法外，就铜室爆破而言，还有集中药室铜室爆破和条形药室铜室爆破的组合，钻孔爆破里面也有大孔径深孔爆破和小孔径炮眼爆破的组合。上述大部分方法在国内外工程中均有实施，在实际设计中应根据工程规模大小、施工设备条件和人员开挖经验等各种因素，经过综合比较确定具体的爆破方法。

十二、拆除爆破

拆除爆破是指将爆破技术应用于建筑物的拆解。与以岩石为工程对象的各种其他爆破技术相比，拆除爆破工程对象的结构与力学性质均有显著差异，工程的环境条件与要求，以及对爆破效果的要求，都会产生一定的变化。因此，从事拆除爆破，如何选择爆破的方法，科学制定爆破方案，合理选取爆破技术参数，都是需要学习和讨论的问题。

拆除爆破是一门跨学科的工程技术，它需要对爆炸力学、材料力学、结构力学和断裂力学等工程学科有深入了解，在设计施工中要同时解决好这对矛盾，拆除爆破必须要达到五项基本技术要素：

一是控制炸药用量、拆除爆破一般在城市复杂环境中进行，炸药释放的多余能量往往会对周围环境造成有害影响。因此拆除爆破尽可能少用炸药，将其能量集中于结构失稳，而充分利用剪切和挤压冲击力，使建（构）筑结构解体。

二是控制爆破界限。拆除爆破必须视具体工程要求进行设计与施工，例如对于需要部分保留、部分拆除的建筑物，则需要严格控制爆破的边界，既要达到拆除目的，同时又要确保被保留部分不受影响。

三是控制倒塌方向—拆除爆破一般环境比较复杂，周围空间有限，特别是对于高层建（构）筑物，如烟囱、水塔等，往往只能有一个方向的夺地可供倾倒。这就要求定向非常准确，因为发生侧偏或反向都将造成严重事故，因此准确定向是拆除爆破成功的前提。

四是控制堆渣范闸随着拆除建（构）筑物越来越高，体量越来越大，爆破解体后碎渣的堆积范围远大于建（构）筑物原先的占地面积；另外，高层建筑爆破后，重力作用下的挤压冲击力很大，其触地后的碎渣具有很大的能量，爆破解体后渣堆超出允许范围，将导致周边被保护的建（构）筑物、设施的严重破坏。

五是有害效应控制。上述关键技术要素，并非每一项拆除爆破都会碰到。要依据爆破的对象、环境、外部条件和保护要求逐一针对性地解决，但爆破本身对环境产生的影响，也称为"爆破的负效应"，即爆破产生的振动、飞石、噪声、冲击波和粉尘，以及建（构）筑物解体时的触地振动，却是每一个工程都会遇到的，必须加以严格控制。

1. 一般特点

拆除爆破的对象都是人工建构筑物。与岩体开挖爆破相比，拆除爆破的特点主要体现在两个方面：一是工程所处的环境；二是爆破对象物自身的结构与力学性质。前者对爆破安全提出了更高的要求，飞石和震动等爆破有害效应必须控制在可以接受的程度，而后者则对爆破方法及爆破技术参数的选取提出了要求。

2. 环境特点

与矿山爆破相比，拆除爆破的对象往往是位于城镇或工业厂区。在城镇或工业厂区内进行爆破作业，必须充分考虑爆破对周围环境内的人身财产安全的影响及可能对环境产生的消极影响，这些影响可包括：

（1）飞石。所谓飞石是指爆破可能产生的砖石和混凝土碎块在爆破作用下的飞散、抛散现象。飞石现象是爆破作业导致人身伤亡事故和设备设施、建构筑物破坏的首要因素。因此，拆除爆破，特别是在人口密集区，必须极力避免出现飞石现象，并在爆破时划定足够大的警戒区。除必要的爆破工程技术及相关人员外，其他人员须在爆破警戒期间疏散至警戒区外。

（2）爆破震动。爆破震动可对一定距离范围内的建构筑物造成某种程度的破坏，且这种震动效应可对周围人造成惊扰和不适。

特别是在邻近医院、学校和居民区等较敏感区域，爆破震动尤其容易引起人们的反感和抱怨。但是，一般无法彻底避免爆破震动。为避免或降低爆破震动使人（尤其是心脏病人等对突然的震动和声响敏感的人群）产生的不适，应在实施拆除爆破之前若干天将准确的爆破日期和时间书面通知相关单位，并予确认。必要时，须在实施爆破之前若干小时当面知会医院、学校、教堂等对突然的震动和声响敏感的人群。当然，这些工作并不能取代起爆前的鸣笛示警等其他安全警戒措施。

（3）噪声。噪声是拆除爆破时无法真正避免的另一有害效应。与震动类似，特别是在邻近医院、学校和居民区等较敏感区域，噪声也很容易引起人们的反感和抱怨。

（4）烟尘与有害气体。拆除爆破过程中一般很难避免烟尘与有害气体的产生，而烟尘和有害气体对周围环境都是有害的，会对周围一定范围内人们的工作和生活产生有害影响。因此，拆除爆破时也须尽量减少烟尘与有害气体的生成量，将其对周围环境的危害降低到最低程度。

（5）落地冲击效应。当待拆对象具有一定高度时，爆落物将在自重作用下落地，且伴有一定程度的水平向运动。爆落物落地瞬间将对地表产生一定的冲击力，若此时此处的地表以下有涵管、线缆等地下设施，即有可能对这些设施造成破坏。爆落物的水平向运动，则有可能使紧邻的建构筑物产生破坏。

总之，在拆除爆破工程实践中，准确全面地获取待拆对象一定距离范围内的地表与地下各种建筑与设施的相关信息和数据，对实现安全爆破和人性化爆破，具有极为重要的意义。

3. 结构特点

拆除爆破工程的对象一般是人造的墙、柱、梁、筒等结构体。与矿山爆破时的矿体和岩体相比，这些结构体的几何特征与力学性质一般都是可知的，这一点对拆除爆破十分重要，利于爆破技术方案的科学制定和技术参数的准确计算，利于实现对爆破效果的精确控制。换句话说，在拆除爆破工程实践中，准确全面地获取待拆对象本身的结构特点和物理力学性质，是科学进行爆破设计和严格控制爆破效果的重要前提。

4. 理论

各种建构筑物作为拆除爆破的对象，其结构的几何要素和材料的物理力学性质往往都是基本准确、具体、全面和可知的。因此，相对于岩体爆破，拆除爆破可以做到基本的准确量化，实现所谓的"精确爆破"，而在拆除爆破实践中真正实现精确爆破，需要在爆破设计与施工中科学运用以下原理。

（1）最小抵抗线原理

最小抵抗线是指药包中心到自由面的最小距离。最小抵抗线的方向则是该药包爆破时周围介质破碎后发生抛掷的主导方向。

在设计药包位置和确定药量大小时合理和充分地利用最小抵抗线的作用，其目的有两个：一是控制爆破破坏和抛掷的方向与范围；二是避免最小抵抗线指向需保护的目标，保证爆破安全。

（2）等能原理

在设计的爆破破坏范围内，炸药量的大小与实际需要相符，既能保证介质的破碎充分，同时尽量减小或避免飞石、震动、噪声、烟尘等有害效应。换言之，所谓的等能原理，是指药包爆炸产生的能量正好与药包抵抗线范围内介质破坏所需要的能量相等。

（3）分散化原理

所谓分散化，是指炸药在爆破范围内尽量分散，尽量"多钻孔，少装药"，且鉴于介质的均质性，均布药包和药量，使炸药能量的分布更为均匀，其作用有二：一是保证范围内介质的破碎均匀，破坏范围边界规整，利于实现精确爆破；二是利于减小飞石等有害效应。

（4）失稳原理

在建筑物的承重部位钻孔爆破，之后利用建筑物的自重使之失去原有的稳定性，在自重作用下倾倒坍塌，最终触地解体，达至拆除爆破的效果。

显然，在进行拆除爆破时，准确判定建筑物的承重部位，合理确定布孔范围，是确保获得预期爆破工程效果的重要根本。

（5）缓冲原理

拆除爆破，特别是具有一定高度的建构筑物的拆除爆破，其主要特征之一是建筑物本身在自重作用下以一定速度与地表发生碰撞冲击而发生一定程度的解体效应。当地表坚硬平整时，触地瞬间的冲击作用可极为强烈，从而可能引起若干块体的飞溅，导致触地震动和飞石两种现象的发生，不利于周围其他建构筑物、设备设施及人身的安全。因此，实践中一般需要在预定倾倒坍塌的范围内采取相应的缓冲措施，用以减弱塌落体与地表的碰撞冲击作用，降低震动和减弱块体飞溅，保证爆破安全。

5. 工序

拆除爆破工程包括以下程序：

（1）了解情况。了解工程内容、工期要求和安全要求；了解爆破可能影响的房屋、地下管线及构筑物、空中线路、线杆、道路、桥梁、设备、仪器、居民、学校、医院等情况；了解建筑物本身的结构、材料、完好程度、欠缺点、影响解体的内外部构造；了解当地公安部门对拆除爆破的有关规定和要求。

（2）可行性分析。合同签订之前，一定要对以下几点做到心里有数：1）拆除方案：用钻孔、水压还是其他爆破方式以及采用何种倒塌方式；2）工程量：预拆除工程量及钻孔与防护工程量；3）周围环境的难点问题；4）可能发生的意外及风险费用；5）工程等级；6）工程总价及工期。

（3）签署工程合同。与甲方商谈并签订工程合同。

（4）工程技术设计及上报。一般在工程技术设计之前应详细了解拆除对象的现状，有许多建筑物经多次改造其尺寸乃至形态与图纸不符，要现场绘制有关图纸，在详细勘察的基础上做出的设计才能保证设计质量，完成技术设计后，再做出施工组织设计。全部设计完成后，按《爆破安全规程》（GB6722）的规定和当地公安部门的要求报批。

（5）组织施工。组织施工主要包括钻孔和防护工程两大部分。

（6）爆破。应在现场指挥部领导下进行施工。主要内容包括：装药、堵塞、连接起爆网路、警戒、防护工程、起爆及爆后检查、解除警戒等。

第五节　爆破器材

爆破器材 demolition equipments and materials 是用于爆破的炸药、火具、爆破器、核爆破装置、起爆器、导电线和检测仪表等的统称。

1. 炸药

常用的有梯恩梯、硝铵炸药、塑性炸药等。为便于使用，可制成各种不同规格的药块、药柱、药片、药卷等。

2. 火具

包括导火索、导爆索、导爆管、雷管、电雷管、拉火管、打火管等。

3. 爆破器

有爆破筒、爆破罐、单人掩体爆破器、炸坑爆破器、火箭爆破器等，它们是根据不同用途专门设计制造的制式爆破器材，如爆破筒主要用于爆破筑城工事和障碍物；爆破罐和炸坑爆破器主要用于破坏道路、机场跑道、装甲工事和钢筋混凝土工事及构筑防坦克陷坑等；单人掩体爆破器供单兵随身携带，用于构筑单人掩体；火箭爆破器主要用于在障碍物中开辟通路。核爆破装置，通常是由一个弹头（核装药）和控制装置组成，主要用于爆破大型目标和制造大面积障碍等。

4. 起爆器

有普通起爆器（即点火机）和遥控起爆器。普通起爆器是一种小型发电机，有电容器式和发电机式两种，用于给点火线路供电起爆电雷管。遥控起爆器用于远距离遥控起爆装药，主要有靠发送无线电波或激光引爆地面装药的遥控起爆器和靠发送声波引爆水中装药的遥控起爆器等。

5. 导电线

有双芯和单芯工兵导电线，用于敷设电点火线路。

6. 检测仪表

主要有欧姆表（工作电流不大于 30 毫安），用于导通或精确测量电雷管、导电线和电点火线路的电阻，此外还有电流表、电压表等。为便于携带和使用，一些国家已将点火机和欧姆表组装成一个整体。

第六节　爆破安全控制

一、爆破安全保障措施

（一）技术措施

1.方案设计：严格依据《爆破安全规程》中的有关规定，精心设计、精确计算并反复校核，严格控制爆破震动和爆破飞石在爆破区域以外的传播范围和力度，使其恒低于被保护目标的安全允许值以下，确保安全；

2.施工组织：严格依据本设计方案中的各种设计计算参数进行施工，工程技术人员必须深入施工现场进行技术监督和指导，随时发现并解决施工中的各种安全技术问题，确保方案的贯彻和落实。

3.针对爆破震动和爆破飞石对铁路、高压线的影响，在施工中从北侧开始进行钻孔并向北90度钻孔，控制飞石的飞散方向；孔排距采用多打孔、少装药的方式进行布孔，控制单孔药量；填塞采用加强填塞方式，控制填塞长度；起爆方式采用单排逐段起爆方式，减小爆破震动；开挖减震沟，阻断地震波的传播。

（二）戒和防护措施：

爆破飞石的大规模飞散，虽然可以通过技术设计进行有效控制，但个别飞石的窜出则难以避免，为防止个别飞石伤人毁物，将采取以下措施确保安全：

1.设定警戒范围：以爆破目标为中心，以300m为半径设置爆破警戒区，封锁警戒区域内所有路口，禁止车辆和行人通过（和交通管理部门进行协调，由交警进行临时道路封闭）。

2.密切和业主之间的协调工作，划定统一的爆破时间，利用各个施工作业队中午休息的时间进行爆破施工，尽量排除爆破施工对其他施工队的影响。

3.爆破安全警戒措施

1）爆破前所有人员和机械、车辆、器材一律撤至指定的安全地点。安全警戒半径，室内200m，室外300m。

2）爆破安全警戒人员，每个警戒点甲、乙双方各派一人负责。警戒人员除完成规定的警戒任务外，还要注意自身安全。

3）爆破的通讯联络方式为对讲机双向联系。

4）爆破完毕后，爆破技术人员对现场检查，确认无险情后，方可解除警戒。

5）爆破提前通知，准时到位，不得擅自离岗和提前撤岗。

6）统一使用对讲机，开通指定频道，指挥联络。

7）各警戒点、清场队、爆破人员要准确清楚迅速报告情况，遇有紧急情况和疑难问题要及时请示报告。

8）各组人员要认真负责，服从命令听指挥，不得疏忽遗漏一个死角，确保万无一失，在执行任务中哪一个环节出了差错或不负责任引起后果，要追究责任，严肃处理。

4.装药时的警戒

装药及警戒：装药时封锁爆破现场，无关人员不得进入。

装药警戒距离：距爆破现场周围100米，具体由爆破公司负责。

5.警戒程序

表 3-1　警戒程序表

时间	任务	备注
起爆前30分钟	清理现场 由爆破公司负责清理爆破装药现场，并由爆破指挥部清理警戒区内人员、机械及车辆	
起爆前15分钟	预告警报 各警戒人员到位，汇报情况，并进行第二次清理	
起爆前1分钟	点火警报 总指挥确认警戒完毕后，下达允许点火的指令，发出"点火准备，五、四、三、二、一，起爆！"命令，起爆站点火起爆	
爆后经检查无险情	解除警报 撤除警戒人员	

6.警戒信记号及联络方式

信记号：

预告信号，警报器一长一短声

起爆信号，警报器连续短声

解除信号，警报器连续长声

7.警戒要求

a警戒人员应熟悉爆破程序和信记号，明确各自任务并按要求完成。

b警戒人员头戴安全帽，站在通视好又便于隐蔽的地方。

c起爆前，遇到紧急情况要按预定的联络方式向指挥部汇报。

d爆破后，在未发出解除警报前，警戒人员不得离岗。

（三）组织指挥措施

爆破时的人员疏散和警戒工作难度大，为统一指挥和协调爆破时的安全工作，拟成立一个由建设单位、施工单位共同参加的现场临时指挥部，负责全面指挥爆破时的人员撤离、车辆疏散、警戒布置、相邻单位通知及意外情况处理等安全工作，指挥部的机构设置如下：

（四）炸药、火工品管理

1. 炸药、火工品运输

雷管、炸药等火工品均由当地民爆公司按当天施工需要配送至爆破现场。

2. 炸药、火工品保管

炸药等火工品运到爆破现场后，由两名保管员看管。装药开始后，由专人负责炸药、火工品的分发、登记，各组指定人员专门领取和退还炸药、火工品，分发处设立警戒标志。

由专人检查装药情况，专人统计爆炸物品实用数量和领用数量是否一致。

装药完毕，剩余雷管、炸药等火工品分类整理并由民爆公司配送返回仓库。

3. 炸药、火工品使用

（1）严格按照《爆破安全规程》管理部门要求和设计执行。

（2）各组由组长负责组织装药。

（3）现场加工药包，要保管好雷管、炸药，多余的火工品由专人退库。

（4）向孔内装填药包，用木质填塞棒将药包轻轻送入孔底，填土时先轻后重，力求填满捣实，防止损伤脚线。

二、事故应急预案

结合本工程的施工特点，针对可能出现的安全生产事故和自然灾害制定本工程施工安全生产应急预案。

（一）基本原则

1. 坚持"以人为本，预防为主"，针对施工过程中存在的危险源，通过强化日常安全管理，落实各项安全防范措施，查堵各种事故隐患，做到防患于未然。

2. 坚持统一领导，统一指挥，紧急处置，快速反应，分级负责，协调一致的原则，建立项目部、施工队、作业班组应急救援体系，确保施工过程中一旦出现重大事故，能够迅速、快捷、有效的启动应急系统。

（二）应急救援领导组职责

应急救援协调领导组是项目部的非常设机构。负责本标段施工范围内的重大事故应急救援的指挥、布置、实施和监督协调工作，及时向上级汇报事故情况，指挥、协调应急救援工作及善后处理，按照国家、行业和公司、指挥部等上级有关规定参与对事故的调查处理。

应急救援领导小组共设应急救援办公室、安全保卫组、事故救援组、医疗救援组、后勤保障组、专家技术组、善后处理组、事故调查处理组等八个专业处置组。

（三）突发事故报告

1. 事故报告与报警

施工中发生重特大安全事故后，施工队迅速启动应急预案和专业预案，并在第一时间内向项目经理部应急救援领导小组报告，火灾事故同时向 119 报警。报告内容包括：事故发生的单位、事故发生的时间、地点，初步判断事故发生的原因，采取了哪些措施及现场控制情况，所需的专业人员和抢险设备、器材、交通路线、联系电话、联系人姓名等。

2. 应急程序

（1）事故发生初期，现场人员采取积极自救、互救措施，防止事故扩大，指派专人负责引导指挥人员及各专业队伍进入事故现场。

（2）指挥人员到达现场后，立即了解现场情况及事故的性质，确定警戒区域和事故应急救援具体实施方案，布置各专业救援队任务。

（3）各专业咨询人员到达现场后，迅速对事故情况作出判断，提出处置实施办法和防范措施；事故得到控制后，参与事故调查及提出整改措施。

（4）救援队伍到达现场后，按照应急救援小组安排，采取必要的个人防护措施，按各自的分工开展抢险和救援工作。

（5）施工队严格保护事故现场，并迅速采取必要措施抢救人员和财产。因抢救伤员，防止事故扩大以及疏通交通等原因需要移动现场时，必须及时做出标志、摄影、拍照、详细记录和绘制事故现场图，并妥善保存现场重要痕迹、物证等。

（6）事故得到控制后，由项目经理部统一布置，组织相关专家，相关机构和人员开展事故调查工作。

（四）突发事故的应急处理预案

1. 非人身伤亡事故

（1）事故类型

根据本行业的特点以及对相关事故的统计，主要有以下几种：

1）漏联、漏爆，拒爆；

2）爆破震动损坏周围建筑物和有关管线；

3）爆破飞石损坏周围建筑物和有关管线；

（2）预防措施

1）严密设计，认真检查；

2）利用微差起爆技术降低爆破震动；

3）对爆破部位加强覆盖，合理选择堵塞长度；

4）爆破前，通过爆破危险区域的供电、供水和煤气线路必须停止供给 30 分钟，以防爆破震动引起供电线路短路，造成大面积停电或发生电器火灾，或供水、供气管道泄漏事故。

2. 应急措施

出现非人身伤亡事故，采取以下应急措施：

1）现场技术组及时将情况向爆破指挥部报告；

2）警戒组立即在事故外围设置警戒，阻止无关人员进入，防止事故现场遭到破坏，为现场实施急救排险创造条件；

3）现场急救排险组立即开始工作，在不破坏事故现场的情况下进行排险；

4）后勤组按既定方案进行物资和材料供应，将备用物资和材料及时运送到位，并安排好其他各项后勤工作；

5）判断事故严重程度以确定应急响应类别，超过本公司范围时应申请扩大应急，申请甲方、街道甚至区级支援，并与甲方、区级应急预案接口启动。

3. 人身伤亡事故

（1）事故类型

1）爆破飞石伤及人或物；

2）火工品加工、装填过程中，如不按规程操作，可能发生意外爆炸伤人事故；

（2）预防措施

1）进入施工现场的工作人员必须戴安全帽；

2）爆破施工前对工作人员进行安全教育，逐一指出施工现场的危险因素；

3）火工品现场加工现场拉警戒线，非施工人员不得靠近；

4）请求公安和有关部门配合爆破警戒、交通阻断工作，同时做好应对不测情况的安全保卫工作；

5）请求医疗急救中心配合爆破时的紧急救护工作。

4. 应急措施

发生人身伤亡事故，立即报警戒、报告，同时展开援救工作：

1）现场技术立即报警，并向甲方、爆破公司报告，并由甲方和爆破公司逐级上报有关主管部门。

2）警戒组立即在事故外围设置警戒，阻止无关人员进入，防止事故现场遭到破坏，为现场实施急救排险创造条件；

3）现场急救排险组立即开始工作，在不破坏事故现场的情况下进行排险抢救，并与当地公安机关和医疗急救机构保持密切联系，将事故进行控制，防止事故进一步扩大。

5. 预防火灾事故的应急处理预案

发生火灾时，先正确确定火源位置，火势大小，及时利用现场消防器材灭火，控制火势，组织人员撤出火区；同时拨打 119 火警电话和 120 抢救电话寻求帮助，并在最短时间内报告项目经理部值班室。

6. 食物中毒应急救援措施

1）发现异常情况及时报告。

2）由项目副经理立即召集抢救小组，进入应急状态。

3）由卫生所长判明中毒性质，初步采取相应排毒救治措施。

4）经工地医生诊断后如需送医院救治，联络组与医院取得联系。

5）由项目副经理组织安排使用适宜的运输设备（含医院救护车）尽快将患者送至医院。

6）由项目副经理组织对现场进行必要的可行的保护。

7. 突发传染病应急救援措施

1）发现疫情后，项目副经理等人立即封锁现场，及时报告项目经理和所在地区卫生防疫站。

2）项目经理召集救护组进入应急状态。

3）由卫生所长组织调查发病原因，查明发病人数。

4）项目经理部由项目副经理负责控制传染源，对病人采取隔离措施，并派专人管理，及时通知就近医院救治。

5）断传播途径，工地医生对病人接触过的物品，要用 84 消毒液进行消毒，操作时要戴一次性口罩和手套，避免接触传染。

护易感染人群，发生传染病暴发流行时，生活区要采取封闭措施，禁止人员随便流动，防止疾病蔓延。

第四章　地基处理与基础工程施工技术

第一节　概　述

地基处理（foundation treatment）一般是指用于改善支承建筑物的地基（土或岩石）的承载能力或改善其变形性质或渗透性质而采取的工程技术措施。

一、处理目的

地基所面临的问题主要有以下几个方面：1）承载力及稳定性问题；2）压缩及不均匀沉降问题；3）渗漏问题；4）液化问题；5）特殊土的特殊问题。当天然地基存在上述五类问题之一或其中几个时，需采用地基处理措施以保证上部结构的安全与正常使用。通过地基处理，达到以下一种或几种目的。

（1）提高地基土的承载力

地基剪切破坏的具体表现形式有建筑物的地基承载力不够，由于偏心荷载或侧向土压力的作用使结构失稳；由于填土或建筑物荷载，使邻近地基产生隆起；土方开挖时边坡失稳基坑开挖时坑底隆起。地基土的剪切破坏主要因为地基土的抗剪强度不足，因此，为防止剪切破坏，就需要采取一定的措施提高地基土的抗剪强度。

（2）降低地基土的压缩性

地基的压缩性表现在建筑物的沉降和差异沉降大，而土的压缩性和土的压缩模量有关。因此，必须采取措施提高地基土的压缩模量，以减少地基的沉降和不均匀沉降。

（3）改善地基的透水特性

基坑开挖施工中，因土层内夹有薄层粉砂或粉土而产生管涌或流沙，这些都是因地下水在土中的运动而产生的问题，故必须采取措施使地基土降低透水性或减少其动水压力。

（4）改善地基土的动力特性

饱和松散粉细砂（包括部分粉土）在地震的作用下会发生液化在承受交通荷载和打桩时，会使附近地基产生振动下降，这些是土的动力特性的表现。地基处理的目的就是要改善土的动力特性以提高土的抗振动性能。

（5）改善特殊土不良地基特性

对于湿陷性黄土和膨胀土，就是消除或减少黄土的湿陷性或膨胀土的胀缩性。

二、处理分类

地基处理主要分为：基础工程措施、岩土加固措施。

有的工程，不改变地基的工程性质，而只采取基础工程措施；有的工程还同时对地基的土和岩石加固，以改善其工程性质。选定适当的基础形式，不需改变地基的工程性质就可满足要求的地基称为天然地基；反之，已进行加固后的地基称为人工地基。地基处理工程的设计和施工质量直接关系到建筑物的安全，如处理不当，往往发生工程质量事故，且事后补救大多比较困难。因此，对地基处理要求实行严格的质量控制和验收制度，以确保工程质量。

三、处理方法

常用的地基处理方法有：换填垫层法、强夯法、砂石桩法、振冲法、水泥土搅拌法、高压喷射注浆法、预压法、夯实水泥土桩法、水泥粉煤灰碎石桩法、石灰桩法、灰土挤密桩法和土挤密桩法、柱锤冲扩桩法、单液硅化法和碱液法等。

1. 换填垫层法

适用于浅层软弱地基及不均匀地基的处理。其主要作用是提高地基承载力，减少沉降量，加速软弱土层的排水固结，防止冻胀和消除膨胀土的胀缩。

2. 强夯法

适用于处理碎石土、砂土、低饱和度的粉土与黏性土、湿陷性黄土、杂填土和素填土等地基。强夯置换法适用于高饱和度的粉土，软—流塑的黏性土等地基上对变形控制不严的工程，在设计前必须通过现场试验确定其适用性和处理效果。强夯法和强夯置换法主要用来提高土的强度，减少压缩性，改善土体抵抗振动液化能力和消除土的湿陷性。对饱和黏性土宜结合堆载预压法和垂直排水法使用。

3. 砂石桩法

适用于挤密松散砂土、粉土、黏性土、素填土、杂填土等地基，提高地基的承载力和降低压缩性，也可用于处理可液化地基。对饱和黏土地基上变形控制不严的工程也可采用砂石桩置换处理，使砂石桩与软黏土构成复合地基，加速软土的排水固结，提高地基承载力。

4. 振冲法

分加填料和不加填料两种，加填料的通常称为振冲碎石桩法，振冲法适用于处理砂土、粉土、粉质黏土、素填土和杂填土等地基，对于处理不排水抗剪强度不小于20kPa的黏性土和饱和黄土地基，应在施工前通过现场试验确定其适用性；不加填料振冲加密适用于处理黏粒含量不大于10%的中、粗砂地基。振冲碎石桩主要用来提高地基承载力,减少地基沉降量,还可用来提高土坡的抗滑稳定性或提高土体的抗剪强度。

5. 水泥土搅拌法

分为浆液深层搅拌法(简称湿法)和粉体喷搅法(简称干法)。水泥土搅拌法适用于处理正常固结的淤泥与淤泥质土、黏性土、粉土、饱和黄土、素填土以及无流动地下水的饱和松散砂土等地基。不宜用于处理泥炭土、塑性指数大于25的黏土、地下水具有腐蚀性以及有机质含量较高的地基。若需采用时必须通过试验确定其适用性,当地基的天然含水量小于30%(黄土含水量小于25%)、大于70%或地下水的pH值小于4时不宜采用于法。连续搭接的水泥搅拌桩可作为基坑的止水帷幕,受其搅拌能力的限制,该法在地基承载力大于140kPa的黏性土和粉土地基中的应用有一定难度。

6. 高压喷射注浆法

适用于处理淤泥、淤泥质土、黏性土、粉土、砂土、人工填土和碎石土地基。当地基中含有较多的大粒径块石、大量植物根茎或较高的有机质时,应根据现场试验结果确定其适用性。对地下水流速度过大、喷射浆液无法在注浆套管周围凝固等情况不宜采用。高压旋喷桩的处理深度较大,除地基加固外,也可作为深基坑或大坝的止水帷幕,目前最大处理深度已超过30m。

7. 预压法

适用于处理淤泥、淤泥质土、冲填土等饱和黏性土地基,按预压方法分为堆载预压法及真空预压法。堆载预压分塑料排水带或砂井地基堆载预压和天然地基堆载预压。当软土层厚度小于4m时,可采用天然地基堆载预压法处理,当软土层厚度超过4m时,应采用塑料排水带、砂井等竖向排水预压法处理。对真空预压工程,必须在地基内设置排水竖井。预压法主要用来解决地基的沉降及稳定问题。

8. 夯实水泥土桩法

适用于处理地下水位以上的粉土、素填土、杂填土、黏性土等地基。该法施工周期短、造价低、施工文明、造价容易控制,在北京、河北等地的旧城区危改小区工程中得到不少成功的应用。

9. 水泥粉煤灰碎石桩(CFG桩)法

适用于处理黏性土、粉土、砂土和已自重固结的素填土等地基。对淤泥质土应根据地区经验或现场试验确定其适用性。基础和桩顶之间需设置一定厚度的褥垫层,保证桩、土共同承担荷载形成复合地基。该法适用于条基、独立基础、箱基、筏基,可用来提高地基承载力和减少变形。对可液化地基,可采用碎石桩和水泥粉煤灰碎石桩多桩型复合地基,达到消除地基土的液化和提高承载力的目的。

10. 石灰桩法

适用于处理饱和黏性土、淤泥、淤泥质土、杂填土和素填土等地基。用于地下水位以上的土层时，可采取减少生石灰用量和增加掺合料含水量的办法提高桩身强度，该法不适用于地下水下的砂类土。

11. 灰土挤密桩法和土挤密桩法

适用于处理地下水位以上的湿陷性黄土、素填土和杂填土等地基，可处理的深度为5~15m。当用来消除地基土的湿陷性时，宜采用土挤密桩法；当用来提高地基土的承载力或增强其水稳定性时，宜采用灰土挤密桩法；当地基土的含水量大于24%、饱和度大于65%时，不宜采用这种方法。灰土挤密桩法和土挤密桩法在消除土的湿陷性和减少渗透性方面效果基本相同，土挤密桩法地基的承载力和水稳定性不及灰土挤密桩法。

12. 柱锤冲扩桩法

适用于处理杂填土、粉土、黏性土、素填土和黄土等地基，对地下水位以下的饱和松软土层，应通过现场试验确定其适用性，地基处理深度不宜超过6m。

13. 单液硅化法和碱液法

适用于处理地下水位以上渗透系数为0.1~2m/d的湿陷性黄土等地基，在自重湿陷性黄土场地，对Ⅱ级湿陷性地基，应通过试验确定碱液法的适用性。

14. 综合比较法

在确定地基处理方案时，宜选取不同的多种方法进行比选。对复合地基而言，方案选择是针对不同土性、设计要求的承载力提高幅质、选取适宜的成桩工艺和增强体材料。

地基基础其他处理办法还有：砖砌连续墙基础法、混凝土连续墙基础法、单层或多层条石连续墙基础法、浆砌片石连续墙（挡墙）基础法等。

以上地基处理方法与工程检测、工程监测、桩基动测、静载实验、土工试验、基坑监测等相关技术整合在一起，称之为地基处理的综合技术。

四、处理步骤

地基处理方案的确定可按下列步骤进行：

1. 搜集详细的工程质量、水文地质及地基基础的设计材料。

2. 根据结构类型、荷载大小及使用要求，结合地形地貌、土层结构、土质条件、地下水特征、周围环境和相邻建筑物等因素，初步选定几种可供考虑的地基处理方案。另外，在选择地基处理方案时，应同时考虑上部结构、基础和地基的共同作用；也可选用加强结构措施（如设置圈梁和沉降缝等）和处理地基相结合的方案。

3. 对初步选定的各种地基处理方案，分别从处理效果、材料来源及消耗、机具条件、施工进度、环境影响等方面进行认真的技术经济分析和对比，根据安全可靠、施工方便、即经济合理等原则，从而因地制宜地循着最佳的处理方法。值得注意的是，每一种处理方法都有一定的适用范围、局限性和优缺点，没有一种处理方案是万能的，必要时也可选择两种或多重地基处理方法组成的综合方案。

4. 对已选定的地基处理方法，应按建筑物重要性和场地复杂程度，可在有代表性的场地上进行相应的现场试验和试验性施工，并进行必要的测试以验算设计参数和检验处理效果。如达不到设计要求时，应查找原因、采取措施或修改设计以达到满足设计的要求为目的。

5. 地基土层的变化是复杂多变的，因此，确定地基处理方案，一定要有经验的工程技术人员参加，对重大工程的设计一定要请专家们参加。当前有一些重大的工程，由于设计部门的缺乏经验和过分保守，往往使很多方案确定的不合理，浪费也是很严重的，必须引起有关领导的重视。

五、基础工程

1. 浅基础

通常把埋置深度不大，只需经过挖槽、排水等普通施工程序就可以建造起来的基础称为浅基础。它可扩大建筑物与地基的接触面积，使上部荷载扩散。浅基础主要有：①独立基础（如大部分柱基）；②条形基础（如墙基）；③筏形基础（如水闸底板）。当浅层土质不良，需把基础埋置于深处的较好地层时，就要建造各种类型的深基础，如桩基础、墩基础、沉井或沉箱基础、地下连续墙等，它将上部荷载传递到周围地层或下面较坚硬地层上。

2. 桩基础

一种古老的地基处理方式。中国隋朝的郑州超化寺塔和五代的杭州湾海堤工程都采用桩基。按施工方法不同，桩可分为预制桩和灌注桩。预制桩是将事先在工厂或施工现场制成的桩，用不同沉桩方法沉入地基；灌注桩是直接在设计桩位开孔，然后在孔内浇灌混凝土而成。

3. 沉井和沉箱基础

沉井又称开口沉箱。它是将上下开敞的井筒沉入地基，作为建筑物基础。沉井有较大的刚度，抗震性能好，既可作为承重基础，又可作为防渗结构。1945年美国蒙哥马利闸采用沉井作为承重防渗基础。沉箱又称气压沉箱，其形状、结构、用途与沉井类似，只是在井筒下端设有密闭的工作室，下沉时，把压缩空气压入工作室内，防止水和土从底部流入，工人可直接在工作室内干燥状态下施工，如1937年中国钱塘江铁路桥的桥墩采用沉箱基础；1963年日本杨川闸用沉箱作为闸的承重防渗基础。

4. 地下连续墙

利用专门机具在地基中造孔、泥浆固壁、灌注混凝土等材料而建成的承重或防渗结构物。它可做成水工建筑物的混凝土防渗墙；也可作一般土木建筑的挡土墙、地下工程的侧墙等，墙厚一般40~130cm。世界上最深的混凝土防渗墙达131m（加拿大马尼克三级坝）。

5. 土基加固

采取专门措施改善土基的工程性质。土基加固方法很多，如置换法、碾压法、强夯法、爆炸压密、砂井、排水法、振冲法、灌浆、高压喷射灌浆等。

6. 置换法

置换法是将建筑物基础地面以下一定范围内的软弱土层挖除，置换以良好的无侵蚀性急低压缩性的散粒材料（土、砂、碎石）或与建筑物相同的材料，然后压实或夯实。一般用基用砂或碎石置换，称砂垫层或碎石垫层。

7. 强夯法

用几十吨重的夯锤，从几十米高处自由落下，进行强力夯实的地基处理方法。夯锤一般重 10~40t，落距 6~40m，处理深度可达 10~20m。采用强夯法要注意可能发生的副作用及其对邻近建筑物的影响。

8. 排水法

排水法是采取相应措施如砂垫层、排水井、塑料多孔排水板等，使软基表层或内部形成水平或垂直排水通道，然后在土壤自重或外界荷载作用下，加速土壤中水分的排出，使土壤固结的方法。

如排水井法：在地基内按一定的间距打孔，孔内灌注透水性良好的砂，缩短排水路径，并在上部施加预压荷载的处理方法。它可加速地基固结和强度增长，提高地基稳定性，并使基础沉降提前完成。砂井直径一般 25~50cm，间距 2~3m。砂井一般用射水法造孔，也可采用袋砂井、排水纸板等，还可采用真空预压法，即用抽真空的办法加压，可取得相应于 80kPa 的等效荷载。

9. 振冲法

用振冲器加固地基的方法，即在砂土中加水振动使砂土密实。用振冲法造成的砂石桩或碎石桩，都称振冲桩（见桩工）。

10. 灌浆

借助于压力，通过钻孔或其他设施将浆液压送到地基孔隙或缝隙中，改善地基强度或防渗性能的工程措施，主要有固结灌浆、帷幕灌浆、接触灌浆、化学灌浆以及高压喷射灌浆。

（1）固结灌浆

是通过面状布孔灌浆，以改善基岩的力学性能，减少基础的变形和不均匀沉降；改善工作条件，减少基础开挖深度的一种方法，特点是：灌浆面积较大、深度较浅、压力较小。

（2）帷幕灌浆

是在基础内，平行于建筑物的轴线，钻一排或几排孔，用压力灌浆法将浆液灌入到岩石的缝隙中去，形成一道防渗帷幕，截断基础渗流，降低基础扬压力的一种方法，特点是：深度较深、压力较大。

（3）接触灌浆

是在建筑物和岩石接触面之间进行灌浆，以加强二者之间的结合程度和基础的整体性，提高抗滑稳定，同时也增进岩石固结与防渗性能的一种方法。

（4）化学灌浆

是以一种高分子有机化合物为主题材料的灌浆方法。这种浆材成溶液状态，能灌入0.10mm以下的细微管缝，浆液经过一定时间起化学作用，可将裂缝粘合起来形成凝胶，起到堵水防渗以及补强的作用。

（5）高压喷射灌浆

通过钻入土层中的灌浆管，用高压压入某种流体和水泥浆液，并从钻杆下端的特殊喷嘴以高速喷射出去的地基处理方法。在喷射的同时，钻杆以一定速度旋转，并逐渐提升；高压射流使四周一定范围内的土体结构遭受破坏，并被强制与浆液混合，凝固成具有特殊结构的圆柱体，也称旋喷桩。如采用定向喷射，可形成一段墙体，一般每个钻孔定喷后的成墙长度为3~6m。用定喷在地下建成的防渗墙称为定喷防渗墙。喷射工艺有三种类型：①单管法，只喷射水泥浆液；②二重管法，由管底同轴双重喷嘴同时喷射水泥浆液及空气；③三重管法，用三重管分别喷射水、压缩空气和水泥浆液。

11. 水泥土搅拌桩

水泥土搅拌桩地基系利用水泥作为固化剂，通过深层搅拌机在地基深部，就地将软土和固化剂（浆体或粉体）强制拌和，利用固化剂和软土发生一系列物理、化学反应，使凝结成具有整体性、水稳性好和较高强度的水泥加固体，与天然地基形成复合地基。

12. 岩基加固

少裂隙、新鲜、坚硬的岩石，强度高、渗透性低，一般可以不加处理作为天然地基，但风化岩、软岩、节理裂隙等构造发育的岩石，须采取专门措施进行加固。岩基加固的方法，有开挖置换、设置断层混凝土塞、锚固、灌浆等。

13. 开挖置换

类似土基加固的换土法，将设计规定的建筑物建基高程以上的风化岩全部开挖，用混凝土置换。

14. 设置断层混凝土塞

将断层内断层角砾岩、断层泥挖除至一定深度，回填混凝土，形成混凝土塞。

15. 锚固

在岩石内埋设锚索，用以抵抗侧向力或向上的力；通常锚索为被水泥浆或其他固定剂所包裹的高强度钢件（钢筋、钢丝或钢束），锚固法也可以加固土基。

16. 灌浆

主要有帷幕灌浆和固结灌浆。

六、综合技术

1. 地基处理前

利用软弱土层作为持力层时，可按下列规定执行：1）淤泥和淤泥质土，宜利用其上覆较好土层作为持力层，当上覆土层较薄，应采取避免施工时对淤泥和淤泥质土扰动的措施；2）冲填土、建筑垃圾和性能稳定的工业废料，当均匀性和密实度较好时，均可利用作为持力层；3）对于有机质含量较多的生活垃圾和对基础有侵蚀性的工业废料等杂填土，未经处理不宜作为持力层。局部软弱土层以及暗塘、暗沟等，可采用基础梁、换土、桩基或其他方法处理。在选择地基处理方法时，应综合考虑场地工程地质和水文地质条件、建筑物对地基要求、建筑结构类型和基础型式、周围环境条件、材料供应情况、施工条件等因素，经过技术经济指标比较分析后择优采用。

2. 地基处理设计时

地基处理设计时，应考虑上部结构，基础和地基的共同作用，必要时应采取有效措施，加强上部结构的刚度和强度，以增加建筑物对地基不均匀变形的适应能力。对已选定的地基处理方法，宜按建筑物地基基础设计等级，选择代表性场地进行相应的现场试验，并进行必要的测试，以检验设计参数和加固效果，同时为施工质量检验提供相关依据。

3. 地基处理后

经处理后的地基，当按地基承载力确定基础底面积及埋深而需要对地基承载力特征值进行修正时，基础宽度的地基承载力修正系数取零，基础埋深的地基承载力修正系数取1.0；在受力范围内仍存在软弱下卧层时，应验算软弱下卧层的地基承载力。对受较大水平荷载或建造在斜坡上的建筑物或构筑物，以及钢油罐、堆料场等，地基处理后应进行地基稳定性计算。结构工程师需根据有关规范分别提供用于地基承载力验算和地基变形验算的荷载值；根据建筑物荷载差异大小、建筑物之间的联系方法、施工顺序等，按有关规范和地区经验对地基变形允许值合理提出设计要求。地基处理后，建筑物的地基变形应满足现行有关规范的要求，并在施工期间进行沉降观测，必要时尚应在使用期间继续观测，用以评价地基加固效果和作为使用维护依据。复合地基设计应满足建筑物承载力和变形要求，地基土为欠固结土、膨胀土、湿陷性黄土、可液化土等特殊土时，设计要综合考虑土体的特殊性质，选用适当的增强体和施工工艺。复合地基承载力特征值应通过现场复合地基载荷试验确定，或采用增强体的载荷试验结果和其周边土的承载力特征值结合经验确定。

第二节　清基处理

一、新堤清基

（1）堤基处理属隐蔽工程，直接影响堤的安全。一旦发生事故，较难补救，因此，必须按设计要求认真施工，清基厚度不小于 0.3m，直至清到原状土为止，清基的范围大于设计边线 5m。

（2）根据设计要求，充分研究工程地质和水文地质资料，制订有关技术措施，对于缺少或遗漏的部分，会同设计单位补充勘探和试验。

（3）清理堤基及铺盖地基时，将树木、草皮、树根、乱石、坟墓以及各种建筑物等全部消除，并认真做好水井、泉眼、地道、洞穴等的处理。

（4）堤基表层的粉土、细砂、淤泥、腐殖土、泥炭均应按设计要求清除。

（5）工程范围内的地质勘探孔、竖井、平洞、试坑均按图逐一检查，彻底处理。

（6）清基结束，进行碾压并经联合验收合格后方进行下一道施工工序。

序连续进行为原则合理确定。

场抽水站，用水泵排至河道内，填筑面内的零星积水，用人工及时清除，以缩短雨后恢复时间。

二、质量控制措施

（1）在施工中应积极推行全面质量管理，并加强人员培训，建立健全各级责任制，以保证施工质量达到设计标准、工程安全可靠与经济合理。

（2）施工人员必须对质量负责，做好质量管理工作，实行自检、互检、交接班检，并设立主要负责人领导下的专职质量检查机构。

（3）质检人员与施工人员都必须树立"预防为主"和"质量第一"的观点，双方密切配合，控制每一道工序的操作质量，防止发生质量事故。

（4）质量控制按国家和部颁的有关标准、工程的设计和施工图、技术要求以及工地制定的施工规程制度，质量检查部门对所有取样检查部位的平面位置、高程、检验结果等均应如实记录，并逐班、逐日填写质量报表，分送有关部门和负责人。质检资料必须妥善保存，防止丢失，严禁自行销毁。

（5）质量检查部门应在验收小组领导下，参加施工期的分部验收工作，特别隐蔽工程，应详细记录工程质量情况，必要时应照相或取原状样品保存。

（6）施工过程中，对每班出现的质量问题、处理经过及遗留问题，在现场交接班记录本上详细写明，并由值班负责人签署。针对每一质量问题，在现场做出的决定，必须由主管技术负责人签署，作为施工质控的原始记录。

（7）发生质量事故时，施工部门应会同质检部门查清原因，提出补救措施，及时处理，并提出书面报告。

（8）质量检验的仪器及操作方法，按照部颁发的《土工试验规程》（SD128－87）进行。

（9）试验及仪器使用建立责任制，仪器应定期检查与校正，并作如下规定：

①环刀每半月校核一次重量和容积，发现损坏时即停止使用。

②铝盒每月检查一次重量，检查时应擦洗干净并烘干。

③天平等衡器每班应校正一次，并随时注意其灵敏度。

三、堤基处理质量控制

（1）堤基处理过程中，必须严格按设计和有关规范要求，认真进行质量控制，并应事先明确检查项目和方法。

（2）填筑前按有关规范对堤基进行认真检查。

四、洒水湿润情况

①铺土厚度和碾压参数。

②碾压机具规格、重量。

③随时检查碾压情况，以判断含水量、碾重等是否适当。

④有无层间光面、剪力破坏、弹簧土、漏压或欠压土层、裂缝等。

⑤堤坡控制情况。

第三节　岩石地基灌浆

一、灌浆方法

基岩灌浆有多种方法，按照浆液流动的方式分，有纯压式灌浆和循环式灌浆；按照灌浆段施工的顺序分有自上而下灌浆和自下而上灌浆等。它们各有优缺点，各自适应不同的情况。

（一）纯压式和循环式灌浆

1. 纯压式灌浆

将浆液灌注到灌浆孔段内，不再返回的灌浆方式称为纯压式灌浆为纯压式灌浆的灌浆设备、管路布置安装形式。

很显然，纯压式灌浆的浆液在灌浆孔段中是单向流动的，没有回浆管路，灌浆塞的构造也很简单，施工工效也较高，这是它的优点；它的缺点是，当长时间灌注后或岩层裂隙很小时，浆液的流速慢，容易沉淀，可能会堵塞一部分裂隙通道，解决这一问题的办法是提高浆液的稳定性，如在浆液中掺加适量的膨润土，或者使用稳定性浆液。

2. 循环式灌浆

浆液灌注到孔段内，一部分渗入岩石裂隙；一部分经回浆管路返回储浆桶，这种方法称为循环式灌浆。为了达到浆液在孔内循环的目的，要求射浆管出口接近灌浆段底部，规范规定其距离不大于50cm。

循环式灌浆时，无论何时灌浆孔段内的浆液总是保持着流动状态，因而可最大限度地减少浆液在孔内的沉淀现象，不易过早地堵塞裂隙通道，因而有利于提高灌浆质量，这是其优点；它的缺点是比纯压式灌浆施工复杂、浆液损耗量大、工效也低一些，在有的情况下，如灌注浆液较浓，注入率较大，回浆很少，灌注时间较长等，可能会发生孔内浆液凝住射浆管的事故。

在国外，纯压式灌浆采用比较普遍。我国灌浆规范规定"帷幕灌浆方式宜采用循环式灌浆，也可采用"纯压式灌浆""浅孔固结灌浆可采用纯压式灌浆"。各个工程应根据工程具体情况选用。

（二）自上而下和自下而上灌浆

1. 自上而下灌浆

自上而下灌浆法（也称下行式灌浆法）是指自上而下分段钻孔、分段安装灌浆塞进行的灌浆。在孔口封闭灌浆法推广以前，我国多数灌浆工程采用此法。

采用自上而下灌浆法时，各灌浆段灌浆塞分别安装在其上部已灌灌浆段的底部。每一灌浆段的长度通常为5m，特殊情况下可适当缩短或加长，但最长也不宜大于10m，其他各种灌浆方法的分段要求也是如此。灌浆塞在钻孔中预定的位置上安装时，有时候由于钻孔工艺或地质条件的原因，可能达不到封闭严密的要求，在这种情况下，灌浆塞可适当上移，但不能下移。自上而下灌浆法可适用于纯压式灌浆和循环式灌浆，但通常与循环式灌浆配套采用。

2. 自下而上灌浆

自下而上灌浆法（也称上行式灌浆法）就是将钻孔一次钻到设计孔深，然后自下而上逐段安装灌浆塞进行灌浆的方法。这种方法通常与纯压式灌浆结合使用，很显然，采用自下而上灌浆法时，灌浆塞在预定的位置塞不住，其调整的方法是适当上移或下移，直至找到可以塞住的位置。如上移时就加大了灌浆段的长度，《水工建筑物水泥灌浆施工技术规范》规定，当灌浆段长度大于10m时,应当采取补救措施。补救的方法一般是在其旁布置检查孔，通过检查孔发现其影响程度，同时可进行补灌。

3. 综合灌浆法

综合灌浆法是在钻孔的某些段采用自上而下灌浆，另一些段采用自下而上灌浆的方法。这种方法通常在钻孔较深、地层中间夹有不良地质段的情况下采用。

4. 全孔一次灌浆

全孔一次灌浆法是指整个灌浆孔不分段一次进行的灌浆。《水工建筑物水泥灌浆施工技术规范》规定，这种方法一般在孔深不超过 6m 的浅孔灌浆时采用，也有的工程放宽到 8m~10m。全孔一次灌浆法可采用纯压式灌浆，也可采用循环式灌浆。

各种灌浆方法的特点及适用范围见表 4-1。

灌浆方法	优点	缺点	适用范围
自上而下灌浆法	灌浆塞置于已灌段底部，易于堵塞严密，不易发生绕塞返浆；各段压水试验和水泥注入量成果准确；灌浆质量比较好	钻孔、灌浆工序不连续，工效较低；孔内灌浆塞和管路复杂	可适用于较破碎的岩层和各种岩层
自下而上灌浆法	钻孔、灌浆作业连续，工效较高	岩层陡倾角裂隙发育时，易发生绕塞返浆；不便于分段进行裂隙冲洗	适用较完整的或缓倾角裂隙的地层
综合灌浆法	介于自上而下灌浆法和自下而上灌浆法之间	介于自上而下灌浆法和自下而上灌浆法之间	可适用于较破碎和完整性基岩地层
全孔一次灌浆法	工序少，工效高	适用范围窄	浅孔固结灌浆
孔口封闭法	能可靠地进行高压灌浆，不存在绕塞返浆问题，事故率低；能够对已灌段进行多次复灌，对地层的适应性强，灌浆质量好，施工操作简便，工效较高	每段均为全孔灌浆，全孔受压，近地表岩体抬动危险大。孔内占浆量大，浆液损耗多，灌后扫孔工作量大，有时易发生铸灌浆管事故	适宜于较高压力和较深钻孔的各种灌浆。水平层状地层慎用

（三）孔口封闭灌浆法

孔口封闭法是我国当前用得最多的灌浆方法，它是采用小口径钻孔，自上而下分段钻进，分段进行灌浆，但每段灌浆都在孔口封闭，并且采用循环式灌浆法。

1. 设备配置

孔口封闭灌浆法的管路连接形式如图 4-1，主要设备配置及要求见表 4-2。

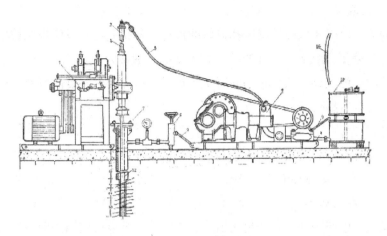

图 1　孔口封闭灌浆法的管路连接形式

1—钻机；2—高压灌浆泵；3—送液器；4—灌浆管（钻杆）；5—高压胶管；6—高压阀门；
7—孔口封闭器；8—吸浆管；9—回浆管；10—储浆桶；11—压力表；12—供浆管

图 4-2 孔口封闭灌浆法的主要设备配置

主要设备	主要技术要求
岩芯钻机	各种规格的回转式岩芯钻机
钻具、钻杆（灌浆管）	Φ46~76 各类钻头及配套钻具
高压灌浆泵	工作压力 ≥8MPa
高压胶管	钢丝编制胶管，工作压力 ≥8MPa
高压阀门	耐磨阀门，工作压力 ≥8MPa
孔口封闭器	工作压力 ≥8MPa，不漏浆，钻杆可活动
高速制浆机	200L，搅拌轴转速 ≥1200r/min
储浆搅拌机	200L，搅拌轴转速 30~50r/min
自动记录仪	满足本章第九节 1.2.2 要求
压力表	最大量程 20MPa

2. 工艺流程

孔口封闭灌浆法单孔施工程序为：孔口管段钻进→裂隙冲洗兼简易压水→孔口管段灌浆→镶铸孔口管→待凝 72h →第二灌浆段钻进→裂隙冲洗兼简易压水→灌浆→下一灌浆段钻孔、压水、灌浆→……直至终孔→封孔。

3. 技术要点

孔口封闭法是成套的施工工艺，施工人员应完整地掌握其技术要点，而不能随意肢解，各取所需。

（1）钻孔孔径

孔口封闭法适宜于小口径钻孔灌浆，因此钻孔孔径宜为 Φ46mm~Φ76mm。与 Φ42mm 或 Φ50mm 的钻杆（灌浆管）相配合，保持孔内浆液能较快地循环流动。

（2）孔口段灌浆

灌浆孔的第一段即孔口段是镶铸孔口管的位置，各孔的这一段应当先钻出，先进行灌浆。孔口段的孔径要比灌浆孔下部的孔径宜大 2 级，通常为 76mm 或 91mm。孔口段的深度应与孔口管的长度一致。灌浆时在混凝土盖板与岩石界面处安装灌浆塞，进行循环式或纯压式灌浆，直至达到结束条件。

（3）孔口管镶铸

镶铸孔口管是孔口封闭法的必要条件和关键工序。孔口管的直径应与孔口段钻孔的直径相配合，通常采用 Φ73mm 或 Φ89mm。孔口管的长度应当满足深入基岩 1m~2.5m 和高出地面 10cm，灌浆压力高或基岩条件差时，深入基岩应当长一些。孔口管的上端应当预先加工有螺纹，以便于安装孔口封闭器。孔口段灌浆结束后应当随即镶铸孔口管，即将孔口管下至孔底，管壁与钻孔孔壁之间填满 0.5：1 的水泥浆，导正并固定孔口管，待凝 72h。

（3）孔口封闭器

由于灌浆孔很深，灌浆管要深入到孔底，所以必须确保在灌浆过程中灌浆管不被浆液凝固铸死，因此孔口封闭器的作用十分重要。规范要求，孔口封闭器应具有良好的耐压和密封性能，在灌浆过程中灌浆管应能灵活转动和升降。

（4）射浆管

孔口封闭法的射浆管即孔内灌浆管，也就是钻杆。射浆管必须深入灌浆孔底部，离孔底的距离不得大于 50cm，这是形成循环式灌浆的必要条件。

（5）孔口各段灌浆

孔口段及其以下 2~3 段段长划分宜短，灌浆压力递增宜快，这样做的目的一方面是为了减少抬动危险，另方面是尽快达到最大设计压力。通常孔口三段按 2m、1m、2m 段长划分，第四段恢复到 5m 长度，并升高到设计最大压力。

（6）裂隙冲洗及简易压水

除地质条件不允许或设计另有规定外，一般孔段均合并进行裂隙冲洗和简易压水。

需要注意的是各段压水虽然都在孔口封闭，全孔受压，但在计算透水率时，试段长度只取未灌浆段的段长，已灌浆段视为不透水。

（7）活动灌浆管和观察回浆

采用孔口封闭法进行灌浆，特别是在深孔（大于 50m）、浓浆（小于 0.7：1）、高压力（大于 4MPa）、大注入率和长时间灌注的条件下必须经常活动灌浆管和十分注意观察回浆。灌浆管的活动包括转动和上下升降，每次活动的时间 1min~2min，间隔时间 2min~10min，视灌浆时的具体情况而定，回浆应经常保持在 15L/min 以上。这两条措施都是为了防止在灌浆的过程中灌浆管被凝住。

（8）灌浆结束条件

孔口封闭法的灌浆结束条件比其他灌浆方法严格一些，主要表现在达到设计压力和足够小的注入率以后的持续时间稍长。这样做的目的是使灌入岩体的浆液受到更充分的挤压、脱水、密实，从而可以紧接着进行以下孔段的钻灌作业，而不必待凝。

（9）不待凝

一个灌浆段灌浆结束以后，不待凝，立即进行下一段的钻孔和灌浆作业。孔口封闭灌浆法诞生以前，灌浆后的待凝大大影响灌浆工效的提高，此问题曾长期困扰灌浆工程界。孔口封闭法的实践成功地解决了这一问题，它的技术保证就是上述的灌浆结束条件。

（四）GIN 灌浆法

20 世纪 90 年代，15 届国际大坝会议主席、瑞士学者隆巴迪（Lombardi）等人提出了一种新的设计和控制灌浆工程的方法——灌浆强度值（Grout Intersity Number，缩写GIN）法。这种方法在美洲的一些国家应用，取得了较好的效果。我国有一些工程进行了灌浆试验，黄河小浪底水利枢纽部分帷幕灌浆工程采用了 GIN 法灌浆。

1. 基本原理

隆巴迪认为，对任意孔段的灌浆，都是一定能量的消耗，这个能量消耗的数值，近似等于该孔段最终灌浆压力 P 和灌入浆液体积 V 的乘积 PV，PV 就叫作灌浆强度值，即GIN。灌入浆液的体积可用单位孔段的注入量 L/m 表示，也可以用注入干料量 kg/m 表示，灌浆压力用大气压或 MPa 表示。

GIN 法就是根据选定的灌浆强度值控制灌浆过程，控制的目标是使 PV=GIN= 常数，这在 P—V 直角坐标系里是一条双曲线，如图 4-2 中的 AB 弧线。为了避免在注入量小的细裂隙岩体中使用过高的灌浆压力，导致岩体破坏，还需确定一个压力上限 Pmax（AE 线）；为了避免在宽大裂隙岩体中注入过的的浆液，同样需要确定一个累计极限注入量 Vmax（BF线）。这样一来，灌浆结束条件受三个因素制约：或灌浆压力达到压力上限，或累计注入量达到规定限值，或灌浆压力与累计注入量的乘积达到 GIN。AE、AB、BF 三条线称作包络线。

由上述可知，严格地说 GIN 法不是一种工艺方法，而是一种控制灌浆过程的规定或程序。

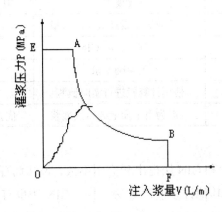

图 4-2　典型 GIN 灌浆包络线

2. 技术要点

（1）使用稳定的、中等稠度的浆液，以达到减少沉淀，防止过早地阻塞渗透通道和获得紧密的浆液结石的目的。

（2）整个灌浆过程中尽可能只使用一种配合比的浆液，以简化工艺，减少故障，提高效率。

（3）用 GIN 曲线控制灌浆压力，在需要和条件允许的地方，如裂隙细微、岩体较完整的部位，尽量使用较高的压力。在岩体破碎或裂隙宽大的地方避免使用高压力，避免浪费浆液。隆巴迪认为这种方法几乎自动地考虑了岩体地质条件的实际不均匀性。

（4）用电子计算机监测和控制灌浆过程，实时地控制灌浆压力和注入率，绘制 P—V 过程曲线和灌浆压力与时间（P—t）、注入率与时间（F—t）、累计注入量与时间（V—t）、可灌性与时间（F/P—t）、可灌性与累计注入量（F/P—V）、灌浆压力与累计注入量（P—V）共计 6 种过程曲线。根据 P—V 曲线的发展情况和逼近 GIN 包络线的程度，控制灌浆进程中施工参数的调节和决定结束灌浆的时机。

此外，所采用的灌浆方式多是自下而上和纯压式灌浆。

3. GIN 灌浆法与我国常规灌浆方法的异同

GIN 灌浆法与我国《水工建筑物水泥灌浆施工技术规范》中规定的、工程界通常采用的灌浆方法与工艺要求得比较见表 4-3。

表 4-3　GIN 灌浆法与我国常用灌浆方法的比较

项目		GIN 灌浆法	我国常用灌浆法
浆液		稳定浆液	各种浆液
灌浆过程	水灰比变换	不变换	一般应变换
	灌浆压力	缓慢升高	尽快升至设计压力
	注入率	以稳定的中低流量灌注	根据压力选择最优注入率
结束条件	灌浆压力	小于或等于最大设计压力	达到最大设计压力
	注入率	无要求	达到很小（如小于 1L/min）
	累计注入量	小于或等于设计最大注入量	无要求
	灌浆强度值	达到规定的 GIN	无
	持续时间	无明确要求	持续一定时间
计算机监测		使用计算机进行实时监测	不用，也可用
灌浆方法		一般为自下而上纯压式灌浆	优先采用自上而下循环式灌浆

4. GIN 法的缺陷

由于灌浆技术的复杂性和 GIN 法提出和应用不久，该法尚存在一些值得商榷的地方。

（1）隆巴迪承认，像其他许多使用方法一样，GIN 法也有其局限性，它不适用于细微裂隙和宽大裂隙（包括岩溶地层）的灌浆处理。当在细微裂隙地层灌浆时，大多数孔段的灌浆过程很快甚至一开始就会达到压力上限（①线）而结束。当在宽大裂隙地层灌浆时，大多数孔段又会很快地达到注入量极限（②线）而过早地结束灌浆。

（2）保持 GIN 为一个常量，不仅在一个坝址的不同地段是不适宜的，而且即使在同一地段或一个孔的上部和下部也是有疑问的。因为这样，宽大裂隙的灌浆可能成为薄弱环节：第一，可能在最大注入量的限制下不能充填饱满；第二，可能在较低的压力下不能充填饱满；第三，在较低的灌浆压力下浆液结石不够密实，这都将导致隐患。

（3）国内外有的专家认为该法有将复杂的工程技术问题过于简单化的倾向。有的认为该法不适宜于建造防渗标准高（如 q≤1Lu）的帷幕。

5. 我国技术人员对 GIN 法的改进

我国灌浆技术人员在引进 GIN 法的同时，对它的不足之处进行了因地制宜的改进。

（1）先堵后灌。湖南江垭水利枢纽 GIN 法灌浆试验时对岩溶化石灰岩地层涌水、透水率大的层间溶蚀部位先进行堵漏灌浆，待达到注入率足够小，灌浆压力不小于 1MPa 后，再按 GIN 法要求灌浆；

（2）根据不同地段和灌浆深度，规定不同的灌浆强度值；

（3）用孔口封闭灌浆法取代自下而上纯压式灌浆法；

（4）各段灌浆要求在达到规定的灌浆强度值之后，还必须达到注入率、灌浆压力和持续时间的结束条件。

我国许多工程进行了 GIN 法灌浆的现场试验，但用于施工生产的仅有黄河小浪底水利枢纽的部分帷幕灌浆。从实践看，GIN 法采用计算机控制灌浆过程，具有科学性和先进性，但该法也还有一些不完善的地方值得改进。

二、灌浆压力

（一）灌浆压力的构成和计算

准确地说，灌浆压力是指灌浆时浆液作用在灌浆段中点的压力，它是由灌浆泵输出压力（由压力表指示）、浆液自重压力、地下水压力和浆液流动损失压力的代数和。

浆液在灌浆管和钻孔中流动的压力损失 P_4 包括沿程损失和局部损失。此项数值与管路长度、管径、孔径、糙率、接头弯头的多少与形式、浆液黏度、流动速度等有关，可以通过计算或试验得出，但由于计算比较复杂，试验也不易作得准确，且这项数值相对较小，因此为简便起见一般予以忽略。

在灌浆施工实践中，特别是现今多采用的高压灌浆施工中，由于灌浆压力很大（大于3MPa），浆柱压力、地下水压力、管路损失相对都较小，因此习惯上常常就采用表压力作为灌浆压力。

由于大多数灌浆泵都是柱塞泵或活塞泵，它们输出浆液的压力是波动的，压力表或记录仪指示的压力也是波动的，有的时候波动还很大。控制和记录灌浆压力宜以波动的中值为准。我国乌江渡和龙羊峡等工程的帷幕灌浆也曾以压力波动的峰值作为压力控制的标准。

（二）灌浆压力的控制

灌浆过程中，灌浆压力的控制主要有以下两种方法：

一次升压法。灌浆开始后，尽快地将灌浆压力升到设计压力。

分级升压法。在灌浆过程中，开始使用较低的压力，随着灌浆注入率的减少，将压力分阶段逐步升高到设计值。

一次升压法适用于透水性不大、裂隙不甚发育的岩层灌浆。分级升压法适用于裂隙发育，透水率较大的地层。

灌浆压力应当根据注浆率的变化进行控制。灌浆压力和注浆率是相互关联两个参数，在施工中应遵循这样的原则：当地层吸浆量很大、在低压下即能顺利地注入浆液时，应保持较低的压力灌注，待注浆率逐渐减小时再提高压力；当地层吸浆量较小、注浆困难时，应尽快将压力升到规定值，不要长时间在低压下灌浆。

高压灌浆应当特别注意控制灌浆压力和注入率。平缝模型试验表明，上抬力与最大灌浆压力和最大注入量成正比，而注入量与注入率有关，因此为防止上抬力过大而引起地面抬动，必须协调控制灌浆压力和注入率。

$$F_{max}=P_{max}V_{max}/6t$$

式中 F_{max}——最大上抬力；

P_{max}——最大灌浆压力；

V_{max}——最大注入量，即平缝中尚未发生沉淀的浆液体积；

t——缝宽的一半。

不同的工程灌浆压力与注入率的匹配情况是不一样的。国内几个工程在不同的灌浆压力下控制注入率的情况如表4-4。

表4-4　灌浆压力与注入率的协调控制关系实例

灌浆压力（MPa）	1~2	2~3	3~4	>4
注入率（L/min）	30	30~20	20~10	<10

（三）灌浆压力趋向的判断

在灌浆过程中，根据实际情况合理地控制灌浆压力是灌浆成功的关键，施工人员必须对灌浆压力趋向进行正确判断，并采取相应措施。表4-5为灌浆过程中各种压力变化趋向及其应对措施。

表 4-5　压力趋向判断与控制措施

压力趋向	物理描述	控制措施
压力不变，吸浆量逐渐减少	表明浆液逐渐充填在有许多细裂隙的岩层中，通常吸浆量是低至中等	灌浆情况基本正常。当总注入量较大且注入率递减不快时，可适当改浓浆液，控制浆液扩散
压力不变，吸浆量逐渐减少，接着突然减少	裂隙过早堵塞	进行冲洗。改稀浆液或谨慎提高灌浆压力
在设计压力下，在较长时间内保持不变压力和中等吸浆量	可能存在漏浆或串浆，或扩散范围较大，常发生在 I 序孔中	如无表面渗漏，可逐渐加浓浆液。如灌注一定量的水泥后，吸浆率仍未减少，可停灌待凝后再复灌
压力不变，吸浆量突然增大	局部岩体变形，或无变形而裂隙变宽。	加浓浆液或降低压力，直到吸浆量有减少趋势
压力不变，吸浆量突然减少之后又逐渐减少	受局部地层限制，浆液先充填空穴，然后逐渐充填微细裂隙	可改稀一级的浆液，如使用稳定性浆液，可增加减水剂用量
在低压下，使用浓浆灌注，仍能保持最大泵量的吸浆量	浆液自由流入了严重破碎的岩层、溶洞，持续灌注，浆液扩散广，材料消耗大	浆液中加入填料，灌入一定量后暂停灌浆，之后在同一孔或相邻孔复灌
在低压或缓慢升高压力情况下，吸浆量很大但逐渐减少	浆液一般是在中等破碎地层中扩散，通常发生在 I 序孔，当泵量超过吸浆率时，可达到设计压力	灌浆情况正常。浆液不再加浓，继续灌注到结束条件
压力迅速增加，吸浆量迅速减少	由于浆液加浓太快，提前堵塞裂隙	冲孔，改用稀浆灌注
吸浆量由减少变为增大，使用较浓浆液时仍不改变	岩体发生大范围的缓慢变形，或在有充填的大裂隙中，冲刷出了通道	降低压力
压力和吸浆率脉动变化，趋于无规律地减少	破碎或层状岩层中的裂隙逐渐堵塞	灌浆情况正常
压力和吸浆量不稳定地增减脉动，没有固定的变化趋势	岩体表面、岩块或灌浆区浆液打开了新通道，发生局部变形，通常与严重破碎岩层和大吸浆量有关	尽快加浓浆液到最大浓度，至出现吸浆率减少趋势，或在灌注一定量的浆液后停止灌浆，避免浆液过度扩散，待凝后恢复灌浆

三、基岩帷幕灌浆

帷幕灌浆通常布置在靠近坝基面的上游，是应用最普遍、工艺要求较高的灌浆工程。

（一）施工的条件与施工次序

基岩帷幕灌浆通常应当在具备了以下条件后实施：

（1）灌浆地段上覆混凝土已经浇筑了足够厚度，或灌浆隧洞已经衬砌完成。上覆混凝土的具体厚度各工程规定不一，龙羊峡水电站要求为30m；也有的工程要求为15m，应视灌浆压力的大小而定。

（2）同一地段的固结灌浆已经完成。

（3）基岩帷幕灌浆应当在水库开始蓄水以前，或蓄水位到达灌浆区孔口高程以前完成。

基岩帷幕灌浆通常由一排孔、二排孔或多排孔组成。由二排孔组成的帷幕，一般应先进行下游排的钻孔和灌浆，然后再进行上游排的钻孔和灌浆；由多排孔组成的帷幕，一般应先进行边排孔的钻孔和灌浆，然后向中间排逐排加密。

单排孔组成的帷幕应按三个次序施工，各次序孔按"中插法"逐渐加密，先导孔最先施工，接着顺次施工Ⅰ、Ⅱ、Ⅲ次序孔，最后施工检查孔。由两排孔或多排孔组成的帷幕，每排可以分为二个次序施工。

原则上说，各排各序都要按照先后次序施工，也就是说应当先序排、先序孔施工完成以后，方可以开始后序排、后序孔的施工。但是，为了加快施工进度，减少窝工，灌浆规范规定，当前一序孔保持领先15m的情况下，相邻后序孔也可以随后施工。

坝体混凝土和基岩接触面的灌浆段应当先行单独灌注并待凝。

（二）帷幕灌浆孔钻孔的要求

帷幕灌浆孔钻孔的钻机最好采用回转式岩芯钻机、金刚石或硬质合金钻头。这样钻出来的孔孔型圆整，孔斜较易控制，有利于灌浆，以往，经常采用的是钢粒或铁砂钻进，但在金刚石钻头推广普及之后，除有特殊需要外，钻粒钻进一般就用得很少了。

为了提高工效，国内外已经越来越多地采用冲击钻进和冲击回转钻进。但是由于冲击钻进要将全部岩芯破碎，因此，岩粉较其他钻进方式多，故应当加强钻孔和裂隙冲洗。另外，在同样情况下冲击钻进较回转钻进的孔斜率大，这也是应当加以注意的。

在各种灌浆中帷幕灌浆孔的孔斜要求是较高的，因此应当切实注意控制孔斜和进行孔斜测量。

（三）灌浆压力的确定

1.决定灌浆压力的因素

灌浆压力是灌浆能量的来源，一般地说使用较大的灌浆压力对灌浆质量有利，因为较大的灌浆压力有利于浆液进入岩石的裂隙，也有利于水泥浆液的泌水与硬结，提高结石强度；较大的灌浆压力可以增大浆液的扩散半径，从而减少钻孔灌浆工程量（减少孔数）。但是，过大的灌浆压力会使上部岩体或结构物产生有害的变形，或使浆液渗流到灌浆范围以外的地方，造成浪费；较高的灌浆压力对灌浆设备和工艺的要求也更高。

决定灌浆压力的主要因素有：

（1）防渗帷幕承受水头的大小。通常建筑物防渗帷幕承受的水头大，帷幕防渗标准也高，因而灌浆压力要大，反之，灌浆压力可以小一些。

我国《混凝土板的重力坝设计规范》DL5108—1999规定，防渗帷幕"灌浆压力应通过试验确定，通常在帷幕孔顶段取（1.0~1.5）倍坝前静水头，在孔底段取（2~3）倍坝前静水头，但不得抬动岩体。"

（2）地质条件。通常岩石坚硬、完整，灌浆压力可以高一些，反之灌浆压。

2. 用经验公式拟定灌浆压力

如何定量地确定灌浆压力，20世纪80年代以前我国多采用一些经验公式进行初步计算，其中使用较多的公式是：

$P = P_0 + mh$

式中 P—灌浆压力，MPa；

P_0—基岩地表段允许灌浆压力，MPa；

m—基岩每增加1m深度可增加的压力，MPa/m；

h—灌浆段深度，m。

其中，P_0和m由表4-6查得，当考虑灌浆方法和灌浆次序因素时由表2.6.7查得。

表4-6 P0与m值选用表

岩石类别	岩层特性	P0（MPa）	m（MPa/m）	常用压力（MPa）
I	具有陡倾裂隙及低透水性的坚固大块结晶岩石与岩浆岩	0.3~0.5	0.2~0.5	4~6
II	中等风化的块状结晶岩，变质岩或大块体少裂隙的沉积岩	0.2~0.3	0.1~0.2	1.5~4.0
III	坚固的半岩性岩石、砂岩、黏土页岩、凝灰岩、强或中等裂隙的成层的岩浆岩	0.15~0.2	0.05~0.1	0.5~1.5
IV	半岩性岩石、软质石灰岩、胶结弱的砂岩及泥灰岩，裂隙很发育的较坚固的岩石	0.05~0.15	0.025~0.05	0.25~0.5
V	松软的、未胶结的泥沙土壤、砾石、砂、砂质黏土	0	0.015~0.025	0.05~0.25

注：1. 采用自下而上分段灌浆时，m取低限值；

2. V类岩石，应在有盖重条件下方可进行有效的灌浆。

表 4-7　P0 与 m 值选用表

岩石类别	岩层特征	P0（MPa）	m（MPa/m）				
			灌浆方式		灌浆孔次序系数		
			自上而下	自下而上	Ⅰ	Ⅱ	Ⅲ
Ⅰ	具有陡倾裂隙及低透水性的坚固大块结晶岩石与岩浆岩	0.15~0.3	0.2	0.1~0.12			1~1.5
Ⅱ	中等风化的块状结晶岩，变质岩或大块体少裂隙的沉积岩	0.05~0.15	0.1	0.05~0.06	1.0	1~1.25	
Ⅲ	坚固的半岩性岩石、砂岩、黏土页岩、凝灰岩、强或中等裂隙的成层的岩浆岩	0.025~0.05	0.05	0.025~0.03			

注：m 值为灌浆方式对应数值与灌浆孔次序系数的乘积。

（四）先导孔施工

1. 先导孔的作用

一项灌浆工程在设计阶段通常难以获得最充分的地质资料，因此在施工之初，利用部分灌浆孔取得必要的补充地质资料或其他资料，用以检验和核对设计及施工参数，这些最先施工的灌浆孔就是先导孔。

先导孔的工作内容主要是获取岩芯和进行压水试验，同时要完成作为Ⅰ序孔的灌浆任务。

2. 先导孔的布置

先导孔应当在Ⅰ序孔中选取，通常 1~2 个单元工程可布置一个，或按本排灌浆孔数的 10% 布置。双排孔或多排孔的帷幕先导孔应布置在最深的一排孔中并最先施工，先导孔的深度一般应比帷幕设计孔深深 5m。

设计阶段资料不足或有疑问的地段可重点布置先导孔。

但应注意，虽然先导孔具有补充勘探的性质，非不得已也不要把勘探设计阶段的任务任意或大量地转移到先导孔来完成。这是因为在施工阶段来进行的先导孔施工受工期、技术和预算等条件的影响，通常不易做得很细，难以满足设计的要求。

3.先导孔施工的方法

先导孔通常使用回转式岩芯钻机自上而下分段钻孔，采取岩芯，分段安装灌浆塞进行压水试验。压水试验的方法为三级压力五个阶段的五点法。

先导孔各孔段的灌浆宜在压水试验后接着进行。这样灌浆效果好，且施工简便，压水试验成果的准确性可满足要求。也有在全孔逐段钻孔、逐段进行压水试验直到设计深度后，再自下而上逐段安装灌浆塞进行纯压式灌浆直至孔口的。除非钻孔很浅，不允许对先导孔采取全孔一次灌浆法灌浆。

（五）浆液变换

在灌浆过程中，浆液浓度的使用一般是由稀浆开始，逐级变浓，直到达到结束标准。过早地换成浓浆，常易将细小裂隙进口堵塞，致使未能填满灌实，影响灌浆效果；灌注稀浆过多，浆液过度扩散，造成材料浪费，也不利于结石的密实性。因此，根据岩石的实际情况，恰当地控制浆液浓度的变换是保证灌浆质量的一个重要因素。一般灌浆段内的细小裂隙多时，稀浆灌注的时间应长一些；反之，如果灌浆段中的大裂隙多时，则应较快换成较浓的浆液，使灌注浓浆的历时长一些。

灌浆过程中浆液浓度的变换应遵循如下原则：

当灌浆压力保持不变，吸浆量均匀地减少时，或当吸浆量不变，压力均匀地升高时，不需要改变水灰比；

当某一级水灰比浆液的灌入量已达到某一规定值（例如300L）以上，或灌浆时间已达到足够长（例如30min），而灌浆压力及吸浆量均无显著改变时，可改换浓一级浆液灌注；

当其注入率大于30L/min时，可根据具体情况越级变浓。

改变水灰比后，如灌浆压力突增或吸浆率锐减，应立即查明原因。

每一种比级的浆液累计吸浆量达到多少时才允许变换一级，这个数值要根据地质条件和工程具体情况而定，一般情况下可采用300L，原则是尽量使最优水灰比的浆液多灌入一些（最优水灰比通过灌浆试验得出）。

对于"无显著改变"的理解可以量化为，某一级浓度的浆液在灌注了一定数量之后，其注入率仍大于初始注入率的70%，就属于"无显著改变"。

固结灌浆的浆液比级与变换原则可参照帷幕灌浆。

近些年来，欧洲兴起了一种采用稳定浆液灌浆的方法，只使用一种水灰比的浆液，不进行浆液变换。

（六）抬动观测

1.抬动观测的作用

在一些重要的工程部位进行灌浆，特别是高压灌浆时，有时要求进行抬动观测。抬动观测有两个作用：

（1）了解灌浆区域地面变形的情况，以便分析判断这种变形对工程的影响；

（2）通过实时监测，及时调整灌浆施工参数，防止上部构筑物或地基发生抬动变形。

2.抬动观测的方法

常用的抬动观测方法有：

（1）精密水准测量

即在灌浆范围内埋设测桩或建立其他测量标志，在灌浆前和灌浆后使用精密水准仪测量测桩或标点的高程，对照计算地面升高的数值，必要时也可在灌浆施工的中期进行加测。这种方法主要用来测量累计抬动值。

（2）测微计观测

建立抬动观测装置，安装百分表、千分表或位移传感器进行监测。浅孔固结灌浆的抬动观测装置的埋置深度应大于灌浆孔深度，深孔灌浆抬动观测装置的深度一般不应小于20m。这种方法用来监测每一个灌浆段在灌浆过程中的抬动值变化情况，指导操作人员实时控制灌浆压力，防止发生抬动或抬动值超过限值。

这种抬动观测在压水和灌浆过程中应连续进行，时间间隔可为5~10min，但当抬动速率较快时，时间间隔应当缩小至1~2min。

根据观测的目的要求可以选用其中的一种观测方法，但在灌浆试验时或对抬动敏感地带，应当同时采用上述两种方法进行观测。

（七）特殊情况处理

灌浆施工过程中经常会遇到一些特殊情况，使得灌浆施工无法按正常的方法进行，这时必须针对不同的情况采取处理措施。

1.冒浆

冒浆是指某一孔段灌浆时在其周围的地面或其他临空面，或结构物的裂缝冒出浆液。

轻微的冒浆，可让其自行凝固封闭；严重者，可变浓浆液、降低灌浆压力或间歇中断待凝，必要时应采取堵漏措施，如用棉纱、麻刀、木楔等嵌填漏浆的缝隙。

2.串浆

串浆是指正在灌浆的孔段与相邻的钻孔串通，浆液在邻孔中串漏出来。

对这种情况，应争取将所有互串孔同时进行灌浆。如其总的注入率不大于泵的正常排浆能力，可用一台泵以并联法作群孔灌浆，否则应用多台泵分别灌浆。若因条件限制，不能采用多台泵灌浆时，可暂将被串孔塞住，待灌浆孔灌完后再将被串孔内的浆液清理出来进行补灌。应用一台泵或多台泵进行群孔灌浆时，应当密切注意防止地面抬动。

3. 灌浆中断

一个孔段的灌浆作业应连续进行直到结束，尽量避免中断。实际施工中发生的中断有两种情况：一是被迫中断，如机械故障、停电、停水、器材问题等；二是有意中断，如实行间歇灌浆，制止串冒浆等。

发生前一种中断情况，应立即采取措施排除故障，尽快恢复灌浆。恢复时一般应从稀浆开始，如注入率与中断前接近，则可尽快恢复到中断前的浆液稠度，否则应逐级变浓。若恢复后的注入率减少很多，且短时间内停止吸浆，这说明裂隙因中断被堵塞，应起出栓塞进行扫孔和冲洗后再灌。

有意待凝后的中断，之后应先扫孔至原深度后再进行复灌。

4. 绕塞渗漏

绕塞渗漏是指浆液沿着孔壁或基岩裂隙绕过灌浆塞渗漏到孔口外面来。在进行自下而上分段灌浆时，由于灌浆孔孔壁不圆整、岩石陡倾角裂隙发育或灌浆塞阻塞封闭不严等原因，浆液绕流到灌浆塞上面，时间一长，灌浆塞就会被凝固在孔里。

为避免发生这种现象，在灌浆前进行压水试验时应当注意检查，看有无绕塞返水现象，如果发现压水时孔口返水，应再度压紧灌浆塞或移动位置重新安装灌浆塞。

当灌浆时发现浆液绕过栓塞从孔口流出时，应立即松开栓塞，并通过栓塞注水冲洗，直至孔口返出清水为止。如果孔径较大，灌浆塞位置不深、绕流出的浆液流量不大时，也可以在孔中下入水管至灌浆塞的上面，通水冲洗，直至灌浆结束。

从根本上预防绕塞返浆的措施是：

（1）采用孔口封闭灌浆法；

（2）采用自上而下分段灌浆法；

（3）采用金刚石或合金钻头钻进灌浆孔；

（4）采用膨胀量大、适应孔型好的灌浆塞。

5. 孔口涌水

灌浆孔孔口涌水有两个原因：一是钻孔与地层中承压水穿透；二是灌浆孔孔口高程低于地下水或河水、库水水位。灌浆孔孔口涌水轻则影响灌浆效果，涌水压力大时甚至导致灌浆难以进行。

第一种情况通常在钻孔时很容易发现，这时无论原计划是采用自上而下还是自下而上灌浆方法，无论已经钻进的孔段长度是否已经达到5m或其他规定的长度，都应当停止钻进，先对本段进行灌浆处理。灌浆前可以使钻孔充分排水。有时承压水量不大，排水一段时间后，压力释放了，之后就可以按常规办法灌浆；有时承压水量很大，长时间排水也无济于事，这时应当测量承压水的压力和流量，有针对性地采取如下处理措施：

（1）使用最浓级浆液灌注，必要时浆液中可加入速凝剂；

（2）使用纯压式灌浆方式；

（3）提高灌浆压力；

（4）进行屏浆、闭浆和待凝。

有时候，一次处理不行还需要反复处理多次，直到能达到正常结束条件后再进行以下孔段的钻孔和灌浆。

第二种情况较常遇见，当涌水压力和流量较大时也应按上述方法处理。当涌水压力和流量不大时，则在常规灌浆方法的基础上适当提高灌浆压力和增加闭浆待凝措施即可。

所谓屏浆，是指灌浆段的灌浆达到结束条件后（压力、注入率、持续时间满足要求），再继续使用灌浆泵对灌浆孔段灌注稀浆，施加压力的措施。这实际上也是将结束条件中的"持续时间"延长。

所谓闭浆，是指灌浆段的灌浆结束后，不卸除灌浆塞，继续保持灌浆孔段的封闭状态的措施。

6. 浆液失水变浓

在细微裂隙发育的岩层中灌浆，常常会遇到浆液失水变浓的情况。通常可以采取的措施是：

（1）将已经变浓的浆液弃除，换用新浆灌注。实践证明换用新浆以后还可以注入一部分浆液，原浆加水没有作用。

（2）适当提高灌浆压力，进一步扩张裂隙，增大注入量，但应防止岩体抬动。

（3）当大面积发生失水变浓现象时，说明灌浆材料不适用该地层，应当改换灌浆材料，如使用细水泥、超细水泥或湿磨水泥等。

7. 岩体抬动

灌浆工程中有时会发生地面隆起、岩体劈裂或建筑物抬升裂缝等现象，这种情况除了可以通过肉眼观察或仪器观测发现之外，还可以从灌注压力和注入率的异常发觉，如灌浆压力突降、注入率陡增等都是建筑物或岩体可能发生变形的征兆。这时应当立即降低灌浆压力或停灌待凝，同时调查变形的部位及其可能造成的危害，复灌时要以低压浓浆小流量灌注。

抬动变形通常限制在 0.2mm 以内，超过此限被认为是有害变形，必须防止。抬动一般是不可逆的，既要限制一次抬动量，也要限制累计抬动量。有的工程要求累计抬动值不超过 2mm。

8. 微渗漏孔段的灌浆

有的灌浆段灌前压水试验透水率很低，已经低于设计要求的防渗标准（3Lu、1Lu 或更低），对这种情况是否需要灌浆？《水工建筑物水泥灌浆施工技术规范》已经规定仍应当进行灌浆。这是因为灌前压水试验使用的压力通常较低，而灌浆压力较高，实践表明许多灌前透水率小的孔段实际灌浆时仍然注入了不少的浆液。二滩工程规定遇此情况时，可与下一个灌浆段合并灌浆，但不许超过两段。

9. 大渗漏通道和地下动水

这种情况常发生在岩溶地层灌浆时，处理方法可参见本节相关方法。

10. 复灌

即在灌浆段已经进行过灌浆的基础上，重复进行灌浆。一般情况下，复灌前应当进行扫孔，除非有明显迹象证明原灌浆孔畅通。复灌采用的压力、浆液水灰比等参数应视前一次灌浆的情况而定，有的可采用前次灌浆结束时的参数，有的应采用灌浆开始时的参数。复灌应当达到规定的结束条件，一次达不到结束条件时应当再次或多次复灌。

11. 铸管

铸管，即灌浆管（钻杆）被水泥浆凝固在孔中。这种情况一般发生在孔口封闭灌浆法施工中，可以采取以下措施预防：

（1）当灌浆进入持续时间阶段以后，改用水灰比为 1 : 1 的较稀水泥浆进行循环。在持续时间内，由于高压、高流速和高温的作用，浆液极易失水变浓，甚至发生假凝，这时应及时将浆液调稀；

（2）如持续时间已经超过 20min，可适当上提部分灌浆管（钻杆），或者改循环式灌浆为纯压式灌浆。

如已经发现铸管征兆，应立即采取如下措施：

（1）立即放开回浆阀门，使用稀浆或清水进行冲孔。如此时钻杆尚能转动，应继续保持转动不停；

（2）使用钻机油缸、卷扬或其他起吊设备强力提升钻杆。

如无效，就要按孔内事故处理或报废该孔了。

（八）灌浆结束条件

灌浆结束条件对于灌浆施工十分重要，它对灌浆工程的质量、工效和成本都有较大影响。

我国水利行业标准《水工建筑物水泥灌浆施工技术规范》SL62—1994 规定：帷幕灌浆采用自上而下分段灌浆法时，在规定压力下，当注入率大于 0.4L/min 时，继续灌注 60min；或不大于 1L/min 时，继续灌注 90min，灌浆可以结束。

采用自下而上分段灌浆法时，继续灌注的时间可相应地减少为 30min 和 60min，灌浆可以结束。

当采用孔口封闭灌浆法时，灌浆应同时满足两个条件：（1）在设计压力下，注入率不大于 1L/min，延续灌注时间不少于 90min；灌浆全过程中，在设计压力下的灌浆时间不少于 120min，方可结束。

电力行业标准《水工建筑物水泥灌浆施工技术规范》DL/T5148—2001 稍有调整：采用自上而下分段灌浆法时，灌浆段在最大设计压力下，注入率不大于 1L/min 后，继续灌注 60min，可结束灌浆；

采用自下而上分段灌浆法时，在该灌浆段最大设计压力下，注入率不大于 1L/min 后，继续灌注 30min，可结束灌浆。

当采用孔口封闭灌浆法时，在该灌浆段最大设计压力下，注入率不大于 1L/min，继续灌注 60min~90min，可结束灌浆。

我国的大多数工程采用了上述结束条件。少数工程，主要是利用外资的工程采用的灌浆结束条件不大相同，如二滩工程规定：灌浆应灌到孔中不显著吸浆为止。不显著吸浆的含义是指灌浆段长 3~6m 或其他规定长度的孔段，在设计最大压力下每 10min 吸浆不大于 10L，在压力降到允许最大压力的 75% 时，10min 内吸浆为 0。小浪底工程规定：进行帷幕灌浆时，在设计压力下，灌浆段吸浆率小于 1L/min，继续灌注 30min 后可以结束；采用自下而上分段灌浆时，继续灌注的时间缩短为 15min。

（九）封孔

各灌浆孔、测试孔（检查孔）完成灌浆或测试检查任务后，均应很好地将孔回填封堵密实。《水工建筑物水泥灌浆施工技术规范》DL/T 5148—2001 提出了三种封孔方法。

1. 导管注浆法

全孔灌浆完毕后，将导管（胶管、铁管或钻杆）下入到钻孔底部，用灌浆泵向导管内泵入水灰比为 0.5 的水泥浆。水泥浆自孔底逐渐上升，将孔内余浆或积水顶出孔外。在泵入浆液过程中，随着水泥浆在孔内上升，可将导管徐徐上提，但应注意务使导管底口始终保持在浆面以下。工程有专门要求时，也可注入砂浆。这种封孔方法适用于浅孔和灌浆后孔口没有涌水的钻孔。

值得注意的是切忌：不用导管，径直向孔口注入浆液。那样因为孔内的水或稀浆不能被置换出来，会在钻孔中留下通道。

2. 全孔灌浆法

全孔灌浆完毕后，先采用导管注浆法将孔内余浆置换成为水灰比 0.5 的浓浆，而后将灌浆塞塞在孔口，继续使用这种浆液进行纯压式灌浆封孔。封孔灌浆的压力可根据工程具体情况确定，采用尽可能大的压力，一般不要小于 1MPa。当采用孔口封闭法灌浆时，可使用最大灌浆压力，灌浆持续时间不应小于 1h。经验表明，当采用这种方法封孔时，孔内水泥浆液结石密度都可达到 2.0g/cm3 以上，抗压强度 20MPa 以上，孔口无渗水。

当采用自下而上灌浆法，一孔灌浆结束后，通常全孔已经充满凝固或半凝固状态的浓稠浆体，在这种情况下可直接在孔口段进行封孔灌浆。

3. 分段灌浆封孔法

全孔灌浆完毕后，自下而上分段进行纯压式灌浆封孔，分段长度 20m~30m，使用浆液水灰比 0.5，灌浆压力为相应深度的最大灌浆压力，持续时间一般为 30min，孔口段为

1h。这种方法适用于采用自上而下分段灌浆、孔深较大和封孔较为困难的情况。

4. 其他注意事项

（1）当进行封孔灌浆时出现较大的注入量（如大于 1L/min）时，应按正常灌浆过程进行灌浆，直至达到要求的结束条件，如封孔前孔口仍有涌水或渗水，则应当适当延长封孔灌浆持续时间，或采取闭浆措施。

（2）采用上述方法封孔，待孔内水泥浆液凝固后，灌浆孔上部空余部分，大于 3m 时，应继续采用导管注浆法进行封孔；小于 3m 时，可使用干硬性水泥砂浆人工封填捣实，孔口压抹齐平。

（3）封孔的浆液材料通常情况下采用纯水泥浆，当灌浆后孔口仍有细微渗水时，封孔水泥浆和砂浆中宜加入膨胀剂。

四、坝基固结灌浆

（一）坝基固结灌浆的特点

1. 固结灌浆的特点

在混凝土重力坝或拱坝的坝基、混凝土面板堆石坝趾板基岩以及土石坝防渗体坐落的基岩等通常都要进行固结灌浆。坝基固结灌浆的目的之一是用来提高基岩中软弱岩体的密实度，增加它的变形模量，从而减少大坝基础的变形和不均匀沉陷；目的之二是弥补因爆破松动和应力松弛所造成的岩体损伤。固结灌浆还可以提高岩体的抗渗能力，因此有的工程将靠近防渗帷幕的固结灌浆适当加深作为辅助帷幕。

与帷幕灌浆不同，固结灌浆有如下特点：

（1）固结灌浆要在整个或部分坝基面进行，常常与混凝土浇筑交叉作业，工程量大，工期紧，施工干扰大，特别需要做好多工种、多工序的统筹安排；

（2）固结灌浆主要用于加固大坝建基面浅表层的岩体，因而通常孔深较浅，灌浆压力较低。

固结灌浆孔通常采用方格形或梅花形布置，各孔按分序加密的原则分为二序或三序施工。

2. 固结灌浆的盖重

为了增强固结灌浆的效果，通常固结灌浆应尽可能在浇筑了一定厚度的混凝土（盖重混凝土）后施工。以下部位必须在浇筑了盖重混凝土后施工：

（1）防渗帷幕上游区的固结灌浆以及兼作辅助帷幕的固结灌浆；

（2）规模较大的地质不良地段的固结灌浆；

（3）结构上有特殊要求部位的固结灌浆。

固结灌浆区浇筑的盖重混凝土的厚度一般不宜小于 3m，特殊情况下不应小于 1.5m。

当盖重混凝土的强度达到设计强度的 50% 后，可以进行钻孔灌浆施工。

盖重混凝土也不宜太厚，否则加大了混凝土中的钻孔深度，对工程不利。

3.无盖重灌浆

有的时候，由于某些原因难以做到在浇筑盖重混凝土以后再进行固结灌浆，这就需要在无盖重条件下灌浆。无盖重灌浆又有两种情况：浇筑找平混凝土后灌浆和在裸露基岩上灌浆。找平混凝土也可以用喷混凝土代替。我国许多工程在尽量坚持有盖重灌浆时，也把无盖重灌浆作为一个重要的补充措施。

长江三峡工程的部分坝基固结灌浆采取了浇筑"找平混凝土"的方法。找平混凝土的浇筑应在建基面开挖达到设计高程并经验收合格后进行，找平混凝土的强度等级与大坝基础混凝土相同。浇筑厚度一般为 30cm~40cm，以填平低洼坑槽为主，新鲜完整岩体可部分外露。待找平混凝土强度达到 70% 的设计强度后，固结灌浆的钻灌作业可以开始。

黄河小浪底水利枢纽进水塔基岩进行的无盖重固结灌浆在基岩面上浇筑了 20cm~50cm 的"垫层混凝土"，在垫层混凝土的保护下，先进行表层 3m 岩体的固结灌浆，在岩石里形成"盖板"，而后进行以下岩体的灌浆。

四川二滩拱坝坝基固结灌浆原则上自无盖重灌浆开始，至有盖重灌浆结束。无盖重灌浆在岩石裸露条件施工，主要进行 3m 孔深以下岩体的灌浆，3m 以上通过接管引自坝后集中地点在浇筑坝体基础混凝土后再行灌注。

（二）固结灌浆孔地钻进

固结灌浆孔的孔径不小于 38mm 即可，几乎可以使用各种钻机钻进，包括风动或液动凿岩机、潜孔锤和回转钻机。工程上可以根据固结灌浆孔的深度、工期要求和设备供应情况选用。一般说来，孔深不大于 5m 的浅孔可采用凿岩机钻进，5m 以上的中深孔可用潜孔锤或岩芯钻机钻进。

固结灌浆钻孔的孔位偏差对于有盖重灌浆通常要求不大于 10cm 即可，无盖重灌浆常常应当根据现场条件在适当范围内选择调整。钻孔方向以垂直孔居多，无盖重灌浆时，可以适当向主裂隙面垂直方向倾斜。为施工方便钻孔斜度用钻机的钻杆方向控制，有的工程规定孔斜不大于 5°。

在盖重混凝土上进行固结灌浆时，为了避免钻孔时损坏混凝土内的结构钢筋、冷却水管、止水片、监测仪器和锚杆等，除在设计时妥善布置固结灌浆孔位外，重要部位应当采取预埋导管等措施，预埋管可用 PVC 塑料管。

（三）裂隙冲洗

一般情况下固结灌浆孔不需要采取特别的冲洗方法。但对不良地质地段灌浆时常常要求进行裂隙冲洗，有时要求强力冲洗（高压压水冲洗、脉动冲洗、风水联合冲洗或高压喷射冲洗），详见本章第五节。

（四）灌浆方法和压力

1. 固结灌浆的方法

《水工建筑物水泥灌浆施工技术规范》规定，孔深小于 6m 的固结灌浆孔可以采用全孔一次灌浆法，有的工程规定 8m 或 10m 孔深以内可以进行全孔一次灌浆。对于较深孔，自下而上纯压式灌浆和自上而下循环式灌浆都可采用。

2. 灌浆压力

固结灌浆的压力应根据坝基岩石状况、工程要求而定。在不使水工建筑物及岩体产生有害变形的前提下尽量采用较高的压力，如上部混凝土盖重小，必须特别注意防止基岩及混凝土上抬。

固结灌浆压力，有盖重灌浆时，可采用 0.4MPa~0.7MPa；无盖重灌浆时可采用 0.2MPa~0.4MPa。对缓倾角结构面发育的基岩，可适当降低灌浆压力。长江三峡工程（坝基岩石花岗岩）在找平混凝土上进行固结灌浆第一段灌浆压力一般为Ⅰ序孔 0.3MPa，Ⅱ序孔 0.5MPa。以下各段压力按（0.025~0.05）MPa/m 递增（破碎岩体系数取低值），盖重混凝土厚度为 3m 时，Ⅰ序孔灌浆压力 0.3MPa，Ⅱ序孔 0.5MPa，盖重混凝土厚度每增加 1m，压力相应增加 0.025MPa。

有些工程坝基固结灌浆采用了如下方法：在混凝土浇筑前进行Ⅰ序孔固结灌浆，灌浆压力稍低，当混凝土浇筑到一定高度后，再用较大的压力进行Ⅱ序孔的灌浆。

对于岩体抬动敏感部位，施工时应严格监测抬动变形，及时调整灌浆压力。

3. 结束条件

固结灌浆各灌浆段的结束条件为在该灌浆段最大设计压力下，当注入率不大于 1L/min 后，继续灌注 30min。

（五）深孔固结灌浆

在坝基面或较深的岩体中，常常有一些软弱岩带需要进行固结灌浆，这就是深孔固结灌浆，也称深层固结灌浆。现在深孔固结灌浆使用灌浆压力都较高，与帷幕灌浆无异。

在有些地质复杂地段，在高压水泥灌浆完成后还要进行化学灌浆。

高压固结灌浆的施工方法基本可依照帷幕灌浆的工艺进行，但二者也有区别，后者一般对裂隙冲洗要求不严或不要求，前者有的要求严格；另外，高压固结灌浆工程的质量检查，除可进行压水试验以外，宜以弹性波测试或岩体力学测试为主。

国内若干工程深孔固结灌浆情况见表 4-8。

表 4-3-8 国内若干工程深孔固结灌浆情况

工程名称及灌浆部位	地质简况	施工概况	施工年份
陈村大坝坝基	石英砂岩、泥质砂岩砂页岩互层，F32 断层糜棱岩及夹泥较厚，强度低，工程建成后进行补强加固	在地面向断层部位钻深孔，进行固结灌浆，最大压力 2.0~3.0MPa。灌后经检测，变模明显提高，大坝安全状况得到改善	1984
龙羊峡大坝坝基	花岗岩，F18、F73、F120 等断层破碎带，规模较大，风化严重	部分置换，其余高压水泥灌浆加固，最大灌浆压力 6.0MPa	1985
	G4 伟晶岩劈理带，蓄水后可能拉裂	进行 6.0MPa 高压水泥灌浆，再进行环氧树脂或聚氨酯化学灌浆	1986
铜街子大坝坝基	玄武岩，C5 层间错动带及 F3 断层等，为坝基抗滑稳定主要控制面	对灌浆部位先进行 30MPa 高压喷射冲洗，然后进行 3MPa 压力置换灌浆	1987
李家峡大坝坝基	黑云母混合岩、角闪斜长片岩，河床岩体片理发育受断层切割，完整性差，力学强度低	钢筋混凝土封闭，6MPa 高压灌浆压密	1995
二滩大坝坝基	玄武岩，D—1、E—3、P2β0、P2β21 岩体相对软弱	使用超细水泥进行 3.5MPa 固结灌浆	1996
长江三峡升船机基岩	闪云斜长花岗岩，f215 等断层岩体较破碎，风化较严重	先灌注湿磨水泥浆，最大压力 5.0MPa，在高压水泥灌浆后再进行环氧树脂化学灌浆	2000

五、岩溶地层灌浆

自从乌江渡水电站建设成功以来，我国已在岩溶地层修建了越来越多的高坝，积累了较多的施工经验。岩溶地层的灌浆与非岩溶地层的灌浆，除一般工艺基本相同外，还有一些重要的特点。

（一）岩溶地层灌浆的特点

与非岩溶地层的灌浆相比较，岩溶地层灌浆有如下一些特点：

（1）地质条件复杂，灌浆前常常不可能将施工区的地质情况勘探得十分详尽，因而在施工过程中往往会发现各种地质异常，设计和施工就要及时变更调整。

（2）施工技术较为复杂。施工、勘探、试验三者并行的特点更突出，要求施工人员有丰富的经验。

（3）灌浆工程量通常较大，水泥注入量很大，工程费用较高。这些量在施工完成以前常常不可能预计得很准，因此必须留有余地。

（二）岩溶地层灌浆的技术要点

（1）充分利用勘探孔、先导孔和灌浆孔资料对岩溶成因、发育规律、分布情况、岩溶类型以及大型溶洞的规模尺寸了解清楚，只有情况明，方能措施对。

（2）对已经揭露的溶洞，尽量清除充填物，回填混凝土，也可以回填毛石、块石或碎石，并作回填灌浆和固结灌浆。湖南江垭水库帷幕灌浆发现厅堂式大溶洞，通过在地面钻大口径孔灌注混凝土；我国云南五里冲水库在施工过程中发现特大溶洞群，为此在帷幕轴线上开挖残留岩体，清除充填物，浇筑了一道长 59m、高 100.4m、厚 2m~2.5m 的地下混凝土防渗墙。

（3）认真灌好 Ⅰ 序孔。即使在强岩溶地区，除了溶蚀裂隙、洞穴发育的地段以外，大部分完整或较完整的石灰岩透水性很弱。如以双排孔帷幕计，仅占工程量 1/8 的先灌排 Ⅰ 序孔所注入的水泥量通常为注入总量的 50%~80%。因此在施工初期要有足够的物资和技术准备。

（4）恰当地使用灌浆压力。在渗透通道畅通，注入率很大的孔段应避免使用高压力，防止浆液流失过远；但当注入率降低到相当小以后，则必须尽早升高到设计最大灌浆压力。

（5）对于岩溶帷幕灌浆，一般不需要进行裂隙冲洗。实践和理论研究表明，溶洞充填物质通过高压灌浆的挤压密实，具有良好的渗透稳定性，它和周围岩体完全可以构成防渗帷幕的一部分。

（三）大渗漏通道的灌浆

岩溶地区经常有大的裂隙通道，灌浆时如不采取措施，浆液会流失的很远，造成浪费。下列措施有助于限制浆液过远流失：

（1）增加浆液浓度直至最浓级，降低灌浆压力，限制注入率。乌江渡帷幕灌浆规定注灰量大于 10 吨以后实行限流灌注。

（2）当浓浆、限流尚无效果，可采取限量和间歇灌注措施。乌江渡帷幕灌浆规定总注灰量超过 20 吨以后，可改为间歇灌浆，每灌入 5 吨水泥间歇一次，间歇时间 4h~6h。

（3）在水泥浆中掺入速凝剂，如水玻璃、氯化钙等。

为了节约灌浆材料，当发现裂隙通道很大时，视情况可以改灌水泥砂浆、黏土水泥浆、粉煤灰水泥浆等。

（四）大型溶洞的灌浆

溶洞的充填情况不同，采取的措施也不尽相同。

1.无充填或半充填溶洞的灌浆

对于没有充填满的溶洞，一般说来必须要将它灌注充满。施工的目标是如何采用相对廉价的材料和便捷的措施。

（1）创造条件，例如利用已有钻孔或扩孔，或专门钻孔，向溶洞中灌筑流态混凝土，也可以先填入级配骨料，再灌入水泥砂浆或水泥浆。钻孔孔径不宜小于150mm，混凝土骨料最大粒径不得大于40mm，塌落度18cm~22cm。级配骨料的最大粒径也不得大于40mm。直至不能继续灌入为止。

（2）在上述工作的基础上，扫孔灌注水泥砂浆、粉煤灰水泥浆或水泥粘土浆等，达到设计灌浆压力而后改灌普通水泥浆液，直至达到规定的结束条件。

许多工程都采用过这样的方法。

2.充填型溶洞的灌浆

有许多溶洞洞内充满了砾、砂、淤泥等，灌浆的任务主要是将这些松散软弱物质相对地固结起来，或在其间形成一道帷幕。在这样的溶洞中灌浆就相当于在覆盖层中灌浆一样，常会遇到钻进成孔的困难。

（1）采用循环钻灌法，缩短段长，泥浆固壁成孔，高压灌浆。

（2）穿过溶洞充填物，进行高压旋喷灌浆处理。

（五）地下动水条件下的灌浆

有的岩溶通道中存在流速很大的地下水流，它使灌入的浆液稀释并随水流走，轻则浪费大量的灌浆材料，长时间达不到结束条件，严重影响灌浆效果；重则使灌浆无法进行。遇到这样的情况首先要尽可能地探明溶洞的特征、大小和地下水流速，有针对性地采取措施。

1.各种浆液对动水流速的适应性

根据地下水流速的大小，应当选用不同的浆液，各种浆液可适应的最大流速见表4-3-9。

表4-9　各种浆液对动水流速的适应性

浆液种类	灌浆工艺	可灌最大流速（cm/s）
浓水泥浆	常规设备与工艺	<0.15
水泥黏土膏状浆液	混凝土拌和机搅浆，螺杆泵灌浆，纯压式	<12
级配料加黏土浆	水力充填级配料，而后灌注黏土浆	<12
级配料加速凝水泥浆	水力充填级配料，而后灌注双液速凝浆	动水下可瞬凝

2.级配料灌浆

（1）首先应创造条件向溶洞或通道中填入级配料，根据地下水的流速所用级配料的粒径应当尽量大一些，使用水力冲填，干填很容易堵塞，一旦堵塞，要重新扫孔，级配料大小宜分开，先填大料，后填小料。

（2）填料完成以后，可进行膏状浆液或浓浆的灌浆。膏状浆液的材料和配制可参见本章第二节。一般说来，级配料填妥以后，地下水已经减速，灌浆就可以进行。如仍有困难，可改灌速凝浆液，包括双液浆液。

3.膜袋灌浆

膜袋灌浆是中国水利科学研究院和贵阳勘测设计研究院研制的解决地下动水灌浆难题的一项专利技术。这项技术的大意是：

（1）充分探明地下渗水通道或溶洞的位置、形态、大小和地下水流量流速；

（2）向溶洞或通道钻孔，通过钻孔向其中下设特制的、大小与溶洞通道相适应的膜袋；

（3）向膜袋中注入速凝浆液。

六、灌浆工程质量检查

灌浆工程是隐蔽工程，灌浆施工过程是特殊过程，其工程质量不能进行直观地和完全的检查，质量缺陷常常要在运行中才能真正暴露出来。保证灌浆工程质量最好的办法就是搞好施工过程质量，严格工艺过程，加强对工序质量的检验。

另一方面，灌浆工程的质量（效果）除受施工质量的影响之外，也还取决于地质条件的适应性和设计方案的正确性。

因此在灌浆施工过程中，施工、监理和设计人员应当密切配合，掌握情况，发现问题，必要时及时调整设计，改进工艺，确保设计方案和施工工艺的针对性和有效性，取得工程的优良效果。

（一）帷幕灌浆质量检查

1.帷幕灌浆质量检查的原则

（1）检查项目

帷幕灌浆工程的质量应以检查孔压水试验成果为主，结合对施工记录、成果资料和检验测试资料的分析，进行综合评定。

（2）检查孔的布置

帷幕灌浆检查孔应在分析施工资料的基础上布置在下述部位：①帷幕中心线上；②断层、岩体破碎、裂隙发育、强岩溶等地质条件复杂的部位；③末序孔注入量大的部位；④钻孔偏斜过大、灌浆过程不正常等经分析资料认为可能对帷幕质量有影响的部位。

检查孔的方向一般与灌浆孔相同，也有采用与灌浆孔交叉布置的。

总的来说，灌浆工程的检查孔布置不完全是"随机取样"的方法，而是有意选择在地质条件较差和灌浆质量有疑问的部位，因此其检查结果是偏于安全的；同时，这些检查孔还是补充灌浆孔，如果这些部位的灌浆质量尚不能完全满足设计要求，那么，经过检查孔补充灌浆以后，就起到了加强作用。如果检查孔的合格率低得很多，那就应当深入研究原因，加密布孔或调整工艺。

这一原则也适用于固结灌浆和其他灌浆工程。

（3）检查数量和时间

帷幕灌浆检查孔的数量规定为帷幕灌浆孔数的10%左右，重要和地质复杂的工程可多一点，例如长江三峡工程有的地段检查孔数量达到灌浆孔的15%~20%，一般的和地质条件好的可少一点，但一个坝段或一个单元工程内，至少应布置一个检查孔。

帷幕灌浆进行检查孔压水试验的时间应在该部位灌浆结束7~14d以后，在工程实践中由于工期紧迫也有提前一些时间的。

2. 检查孔施工

（1）施工程序

检查孔施工可采取三种方法：

①自上而下分段钻孔，采取岩芯，分段安装灌浆塞进行压水试验；一段完成以后再接着进行下一段钻进、取芯、压水……直至终孔，然后由孔底自下而上分段灌浆，封孔。

②与①做法基本相同，但每段压水试验之后即进行灌浆，直至终孔。

③一次钻进到孔底，然后使用双灌浆塞分段进行压水试验，最后自下而上分段灌浆。

在实际工程中，①、②种方法均有应用，③法使用较少。

（2）采取岩心

岩心是地质资料的主要物质凭据，帷幕灌浆检查孔应当采取岩芯。施工单位应制定一套必要的、确保检查孔取心有最高采取率的技术措施。应使用双管单动取心钻具进行检查孔的取心，除原始地层较完整的情况外一般不应使用普通钻具对检查孔取心。操作人员应从岩心管中小心地取出岩心，并按正确的方位放置在岩心箱内。每个回次岩心的末端应用岩心牌做出标记，表明深度和采取岩心的长度、岩芯块数。岩心要做地质描述，绘制钻孔柱状图，尤其要把地质缺陷的位置、裂隙的产状和发育程度、水泥结石充填的情况详细记录下来。

典型岩芯应当留有照片资料，岩芯至少应保存到工程验收以后。

（3）压水试验

检查孔压水试验在试段钻进完成，钻孔冲洗干净以后即可进行，不要进行裂隙冲洗，试验按《水工建筑物水泥灌浆施工技术规范》附录A执行。

一般情况下可采用单点法。因为通常帷幕灌浆检查孔的透水率都很小，试验中水流处于层流状态，单点法与五点法的结果是一致的。

压水试验使用的压力：对于中低坝，通常为 1.0MPa 并不大于该部位灌浆压力的 80%；对于坝高大于 100m 的高坝，其河床部位帷幕检查孔的压水试验压力可为 1.5H（H 为帷幕所在部位的坝前水深）并不大于 2.0MPa。

压水试验的段长通常与灌浆施工保持一致，一般采用 5m。孔口封闭法的孔口段也可以采用 5m，即对应于 3 个灌浆段。

由于检查孔是布置在帷幕的中心线上，所以这样检查得出的是半帷幕的防渗性能。

（4）封孔质量检查

针对有些工程部分封孔质量不好的情况，《水工建筑物水泥灌浆施工技术规范》制定了应对灌浆孔封孔质量进行抽样检查的规定。检查方法为对已封孔的灌浆孔沿原孔钻孔取芯，取出的水泥结石芯样应当连续、密实或比较密实。取样的数量规范未作具体要求，应视施工情况而定，施工过程控制比较严格的工程可以少作。

（5）灌浆与封孔

帷幕幕体范围内的检查孔完成检查任务后应按（1）所述程序进行灌浆、封孔，帷幕线以外测试孔可直接封孔。

3. 其他检验试验

对于大型工程或复杂地层的灌浆试验来说，为了充分论证试验成果，常常还安排了多种试验检测手段：

耐久性压水试验：选择一、二个检查孔，先进行常规压水试验，之后将试验压力提高到 1.5~2 倍水头，对全孔持续进行 48h~72h 的压水试验；

破坏性压水试验：在耐久性压水试验的基础上，分级提高试验压力，直至达到帷幕发生劈裂破坏（试验流量明显增加）；

弹性波测试：进行声波或地震波测试，检测弹性波在帷幕幕体基岩的传播速度，从而反映其密实度；

孔内电视录像：对重点部位的检查孔或其他指定孔段的孔壁进行电视录像，观察岩体裂隙发育及其被灌注充填情况；

大口径钻孔、竖井或平洞检查：在幕体范围内钻直径 1m 的钻孔，或开挖 2m×2m 的竖井（平洞），在钻孔或竖井内直观检查岩体被灌注的情况或进行大型力学试验。

岩芯试验：取检查孔岩芯进行磨片试验，检验灌浆浆液对岩石裂隙的充填情况；将岩芯加工成试件进行力学和渗透试验，检测被灌注后的岩石试样的性能。

4. 合格标准

DL/T5148—2001《水工建筑物水泥灌浆施工技术规范》规定，帷幕灌浆质量检查的合格标准为：经检查孔压水试验检查，坝体混凝土与基岩的接触段及其下一段的透水率的合格率为 100%，其余各段的合格率不小于 90%；当设计防渗标准小于 2Lu 时，不合格试段的透水率不超过设计规定的 200%；当设计防渗标准大于或等于 2Lu 时，不合格试段的透水率不超过设计规定的 150%；不合格试段的分布不集中。

所谓分布不集中是指，不合格试段在高低、左右以及上下游的三个方向上均不连续、不靠近。

（二）固结灌浆质量检查

1. 固结灌浆质量检查的要求

（1）检查项目

固结灌浆工程质量的检查可采用检测岩体弹性波波速或岩体静弹性模量的方法，也可采用检查孔压水试验的方法。

（2）检查数量和时间

固结灌浆压水试验检查孔的数量不宜少于灌浆孔总数的 5%，弹性波测试孔的数量也可按照 5% 的比例布置。检查孔布置的原则可参照帷幕灌浆，各项检测的试验时间：压水试验可在灌浆结束 3d 或 7d 以后，弹性波测试可在灌浆结束 14d 以后，静弹模测试可在灌浆结束 28d 以后。

2. 压水试验检查

（1）检查孔压水试验采用单点法。要求试段合格率在 85% 以上，不合格试段的透水率不超过设计规定的 150%，且不集中，灌浆质量可评为合格。

3. 弹性波测试

弹性波测试包括声波法和地震波法，用地震仪或声速仪测定岩石弹性波的传播速度，再根据弹性波波速计算出岩石的动弹模（E_d），必要时再转换为静弹模或变模。弹性波测试常用的仪器有岩石声波参数测定仪、12 道和 24 道地震仪等。

重要的和地质条件复杂地段的高压固结灌浆也有使用声波、地震波或电磁波 CT 层析成像法测试的。这种方法通过大量的波射线对两个钻孔间的岩体的约束，建立并求解大型线性方程组，绘制岩体波速等值线，直观评价岩体及其灌浆质量。

在固结灌浆工程中应用弹性波法检查灌浆效果（包括 CT 测试）经常需要进行灌浆前和灌浆后的对比测试，以检查经过灌浆以后岩体性能比灌浆前的改善程度。

进行弹性波测试的技术要求可遵照《水利工程物探规程》DL5010—1992 执行。坝基岩体经固结灌浆后弹性波应当提高的比例或应达到的指标，因岩石性质和工程要求各有不同，应当具体工程具体确定。

4. 岩体变形试验和强度试验

用于检测固结灌浆效果的岩体变形试验和强度试验，常用的有钻孔变形测试，有的大型灌浆试验也进行岩体承压板法试验和直剪试验。

钻孔变形测试目前使用较多的是钻孔膨胀计法。它是对下入钻孔中的钻孔膨胀计的膨胀胶囊加压，使钻孔孔壁受压变形，然后依据变形和压力的关系求得该处岩体的弹性模量或变形模量。一些单位使用的钻孔膨胀计有 ZY—110 型钻孔压力计（水科院制）、ZT—1 型钻孔弹模计（长科院制）、200 型孔内弹力计（日本制）、PROBES—1 型孔弹仪（加拿大制）等。

岩体变形和强度试验的技术要求可遵照《工程岩体试验方法标准》GB/T50266—1999 和《水利工程岩石试验规程》SL264—2001 执行。

5. 钻孔取芯、开挖竖井或平洞检查

对于重要部位的高压固结灌浆，在灌浆试验阶段也常常利用检查孔所采取的岩芯，观察水泥结石充填及胶结情况，对岩芯做必要的物理力学性能试验；或开挖井洞或钻设大口径钻孔，进行实地直观检查，同时在井、洞内还可做原位岩石力学性能试验。

（五）检查成果的计算

采用岩体弹性波试验、钻孔变形试验、承压板法变形试验和岩体直剪试验测得的成果可按表 4-10 所列公式计算。

岩体经过固结灌浆后，力学性能的改善情况大致有如下规律：弹性模量会有所提高，提高程度的最大值将和岩石在完整、坚实状态下测得的弹性模量值相近似，但不可能超过；弹性模量提高幅度一般为 30%~100%，灌浆效果很好的，可以提高 50%~200%，甚至更高一些；裂隙清洁的坚硬岩石，经过良好冲洗并灌浆后，效果最好；裂隙中若充填有黏土、泥质等杂物时，灌浆效果降低；弹性模量低，裂隙又多的岩石，灌浆后改进的程度大；弹性模量高的岩石（如纵波速度大于 3500~4000m/s，动弹模大于 25~30GPa，或静弹模大于 15GPa），灌浆后改善程度将不会很大。

表 4-10 检查试验成果资料计算公式一览表

测试方法	计算公式	方法说明
岩体声波速度试验	$V_P = \dfrac{L}{t_0 - t_a}$ $V_S = \dfrac{L}{t_s - t_a}$ $V_P = \dfrac{L}{t_2 - t_1}$	适用于单孔和双孔穿透测试。式中 L—换能器中心间的距离，m；tp—纵波在岩体中传播的时间，s；ts—横波在岩体中传播的时间，s；t1、t2——发双收单孔平透直达波法测孔时，两接收点收到的首波到达时间，s；t0—仪器系统的零延时，s
	$Ed = \dfrac{v_p^2 \rho (1+\mu)(1-2\mu)}{1000(1-\mu)}$	适用于动力法的弹性模量试验。式中 Ed—动弹性模量，MPa；VP—纵波速度，m/s；ρ—岩石密度，g/cm3；μ—岩体的泊松比

测试方法	计算公式	方法说明
钻孔变形试验	$$E = \frac{P(1+\mu)d}{\delta}$$	钻孔变形试验适用于软岩和中坚硬性岩体。式中 E—岩体弹性（变形）模量，MPa；当以总变形 δt 代入式中计算得变形模量 EO，当以弹性变形 δe 代入式中计算得弹性模量 E；P—计算压力，为试验压力与初始压力之差，MPa；d—实测点钻孔直径，cm；μ—泊松比；δ—岩体径向变形，cm
承压板法岩体变形试验	$$E = \frac{\pi}{4} \cdot \frac{(1-\mu^2)PD}{W}$$	当采用刚性承压板法量测岩体表面变形时应用此公式计算。式中 E—岩体弹性（变形）模量，MPa；当以总变形 W0 代入式中计算的为变形模量 EO，当以弹性变形 W 代入式中计算的为弹性模量 E；W—岩体表面变形，cm；P—按承压板面积计算的压力，MPa；D—承压板直径，cm；μ—岩体的泊松比
	$$E = 2(r_1 - r_2) \cdot \frac{(1-\mu^2)P}{W}$$	当采用环形枕法量测岩体表面变形时应用此公式计算。式中 r1、r2—环形承压面的外半径和内半径，cm；W—环形枕中心岩体表面的变形，cm；P—按承压面积计算的压力，MPa
	$$E = \frac{2(1-\mu^2)p}{W_z}\left(\sqrt{r_1^2 + Z^2} - \sqrt{r_2^2 + Z^2}\right) + \frac{(1+\mu)p}{W_z}\left(\frac{Z^2}{\sqrt{r_2^2 + Z^2}} - \frac{Z^2}{\sqrt{r_1^2 + Z^2}}\right)$$	当采用柔性环形枕法量测中心孔深部变形时应用此公式计算。式中 WZ—深度为 Z 处的岩体变形 cm；Z—测点深度 cm；P—按承压面积计算的压力，MPa；P—按承压面积计算的压力，MPa；r1、r2—环形承压面的外半径和内半径，cm
岩体直剪试验	$\sigma = $ ___ $\tau = $ ___	式中 σ—作用于剪切面上的法向应力，MPa；τ—作用于剪切面上的剪应力，MPa；P—作用于剪切面上的总法向荷载，N；Q—作用于剪切面上的总剪切荷载，N；A—剪切面积，mm2

第四节　砂砾石地层灌浆

并不是所有的软土地基都适合灌浆，砂砾石的可灌性是指砂砾石地层能否接受灌浆材料灌入的一种特性。砂砾石地基的可灌性灌浆材料的细度、灌浆的压力和灌浆工艺等因素。

砂砾石地基是比较松散的地层，其空隙率大，渗透性强、L 壁易坍塌等。因而在灌浆施工中，为保证灌浆质量和施工的进行，还需要采取一些特殊的施工工艺措施。

一、可灌性

可灌性指砂砾石地基能接受灌浆材料灌入的一种特性。可灌性主要取决于地基的颗粒级配、灌浆材料的细度、浆液的稠度、灌浆压力和施工工艺等因素。砂砾石地基的可灌性一般常用以下几种指标衡量。

1）可灌比值 M：

$$M = \frac{D_{15}}{d_{85}}$$

式中 D——受灌沙砾石层的颗粒级配曲线上相应于含量为 15% 粒径，mm；

——灌注材料的颗粒级配曲线上相应于含量为 85% 粒径，mm。

M 值愈大，可灌性就愈好。一般认为，当 M≥15 时，可灌水泥浆；M=10~15 时，可灌水泥粘土浆；M=5~10 时，宜灌含水玻璃的高细度水泥粘土浆。

2）沙砾石层中粒径小于 0.1mm 的颗粒含量百分数愈高，则可灌性愈差。

二、灌浆材料

砂砾石地基灌浆，多用于修筑防渗帷幕，很少用于加固地基，一般多采用水泥粘土浆。有时为了改善浆液的性能，可掺少量的膨润土和其他外加剂。

砂砾石地基经灌浆后，一般要求帷幕幕体内的渗透系数能够降低到 10~10cm/s 以下；浆液结石 28d 的强度能够达到 0.4~0.5MPa。

水泥粘土浆的稳定性和可灌性指标，均优于水泥浆；其缺点是析水能力低，排水固结时间长，浆液结石强度不高，黏结力较低，抗掺和抗冲能力较差等。

要求黏土遇水以后，能迅速崩解分散，吸水膨胀，并具有一定的稳定性和黏结力。

浆液配比，视帷幕的设计要求而定，一般配比（重量比）为水泥：黏土 =1：2~1：4，浆液的稠度为水：干料 =6：1：~1：1。

有关灌浆材料的选用，浆液配比的确定以及浆液稠度的分级等问题，均需根据沙砾石层特性和灌浆要求，通过室内外的试验来确定。

钻灌方法编辑

沙砾石层中的灌浆孔都是铅直向的钻孔，除打管灌浆法外，其造孔方式主要有冲击钻进和回转钻进两大类；就使用的冲洗液来分，则有清水冲洗钻进和泥浆固壁钻进两种。

沙砾石层防渗帷幕灌浆，可分为以下四种基本方法。

三、打管灌浆

灌浆管由厚壁的无缝钢管、花管和锥形体管头所组成，用吊锤夯击或振动沉管的方法，打入到砂砾石受灌地层设计深度，打孔和灌浆在工序上紧密结合。每段灌浆前，用压力水通过水管进行冲洗，把土砂等杂质冲出管外或压入地层中去，使射浆孔畅通，直至回水澄清。可采用自流式或压力灌浆，自下而上，分段拔管分段灌浆，直到结束。

此法设备简单，操作方便，一般适用于深度较浅，结构松散，空隙率大，无大孤石的沙砾石层，多用于临时性工程或对防渗性能要求不高的帷幕。

四、套管灌浆

施工程序是：边钻孔边下护壁套管（或随打入护壁套管，随冲淘管内砂砾石），直到套管下到设计深度。然后将钻孔冲洗干净，下入灌浆管，再起拔套管至第一灌浆段顶部，安好阻塞器，然后注浆。如此自下而上，逐段提升灌浆管和套管，逐段灌浆，直至结束。也可自上而下，分段钻孔灌浆，缺点是施工控制较为困难。

采用这种方法灌浆，由于有套管护壁，不会产生塌孔埋钻事故；但压力灌浆时，浆液容易沿着套管外壁向上流动，甚至产生表面冒浆，还会胶结套筒造成起拔困难，甚至拔不出。

五、循环灌浆

循环灌浆，实质上是一种自上而下，钻一段、灌一段，无需待凝，钻孔与灌浆循环进行的一种施工方法。钻孔时用黏土浆或最稀一级水泥粘土浆固壁。钻灌段的长度，视孔壁稳定情况和砂砾石渗漏大小而定，一般为 1~2m，逐段下降，直到设计深度。这种方法灌浆，没有阻塞器，而是采用孔口管顶端的。

1. 封闭器阻浆

用这种方法灌浆，在灌浆起始段以上，应安装孔口管，其目的是防止孔口坍塌和地表冒浆，提高灌浆质量，同时也兼起钻孔导向的作用。

2. 孔口管的安装方法有两种

六、埋管法

（1）在孔位处先挖一个深 1~1.5m，半径大于 0.5m 的坑。由底用干钻向下钻进至沙砾石层 1~1.5m，把加工好的孔口管下入孔内，孔口管下端 1~1.5m 加工成花管，孔口管管径要与钻孔孔径相适应，上端应高出地面 20cm 左右。在浅坑底部设止浆环，防止灌浆时浆液沿管壁向上窜冒，浅坑用混凝土回填（或粘、壤土分层夯实），待凝固后，通过花管灌注纯水泥浆，以便固结孔口管的下部，并形成密实的防止冒浆的盖板。

（2）打管法钻机钻孔，孔口管插入钻孔用吊锤打至预定位置，然后再向下钻深 30~50cm，并清除孔内废渣，灌注水泥浆。

七、预埋花管灌浆

在钻孔内预先下入带有射浆孔的灌浆花管，管外与孔壁的环形空间注入填料，后在灌浆管内用双层阻塞器（阻塞器之间为灌浆管的出浆孔）进行分段灌浆，其施工程序是：

（1）钻孔及护壁常使用回转钻机钻孔至设计深度，接着下套管护壁或用泥浆固壁。

（2）清孔钻孔结束后，立即清除孔底残留的石渣，将原固壁泥浆更换为新鲜泥浆。

（3）下花管和下填料若套管护壁时，先下花管后下填料（若泥浆固壁时，则先下填料后下花管）。花管直径为 75~110mm，沿管长每隔 0.3~0.5cm 环向钻一排（4个）孔径为 10mm 的射浆孔。射浆孔外面用弹性良好的橡胶圈箍紧，橡胶圈厚度为 1.5~2mm，宽度 10~15cm。花管底部要封闭严密、牢固。安设花管要垂直对中，不能偏在套管（或孔壁）的一侧。

用泵灌注花管与套管（或孔壁）之间环形空间的填料，边下填料，边起拔套管，连续浇注，直到全孔填满将套管拔出为止。填料配比为水泥∶黏土 =1∶2~1∶3；水∶干料 =1∶1~3∶1；浆体密度 1.35~1.36t/m³；黏度 25s；结石强度 R=0.1~0.2MPa，R≤0.5~0.6MPa。

八、开环

孔壁填料待凝 5~15d，达到一定强度后，可进行开环。在花管中下入双层阻塞器，灌浆管的出浆孔要对准花管上准备灌浆的射浆孔，然后用清水或稀浆逐渐升压至开环为止。压开花管上的橡皮圈，压裂填料，形成通路，称为开环，为浆液进入沙砾石层创造条件。

九、灌浆

开环以后，继续用清水或稀浆灌注 5~10min，再开始灌浆。花管的每一排射浆孔就是一个灌浆段，灌完一段，移动阻塞器使其出浆孔对准另一排射浆孔，进行另一灌浆段的开环和灌浆。

由于双层阻塞器的构造特点，可以在任一灌浆段进行开环灌浆，必要时还可重复灌浆，比较机动灵活。灌浆段长度一般为 0.3~0.5m，不易发生串浆、冒浆现象，灌浆质量比较均匀，质量较有保证。国内外比较重要的沙砾石层灌浆多采用此法，其缺点是有时有不开环的现象，且花管被填料胶结后，不能起拔回收，耗用钢材较多，工艺复杂，成本较高。

前三种灌浆方法的灌浆结束后，应立即封孔，以防坍孔冒浆；预埋花管法则可在帷幕检查后集中进行封孔，但要孔口加盖进行保护。砂砾石地基灌浆，应根据各工程的具体条件和灌浆应达到的要求，通过灌浆试验，提出需要掌握的控制标准，用以指导灌浆施工。

十、高压喷射注浆法

高压喷射注浆法（High Pressure Jet Grouting）在 1968 年创始于日本。70 年代初我国铁路、煤炭、水电等系统相继引进并开始研究这项技术。80 年代以来，其他国家也开始大规模采用这项技术。我国水利系统于 1980 年首先将此技术应用于山东白浪河土坝工程。根据喷嘴的喷射范围，高压喷射注浆分为旋喷、摆喷和定喷。

近年来，高压喷射注浆技术作为一个日趋成熟的地基基础处理方法，已被广泛地应用于砂、土质地层的河道、堤坝、工业民用建筑基础防渗和地基加固中。但在砂砾石地层的应用因其成孔困难、成墙效果不理想等原因，并未被广泛采用。由水电十一局承建的九甸峡水电站厂房工程砂砾石围堰截渗应用了高压旋喷灌浆，取得了成功，现对之进行总结，形成本施工工法。

沙砾石层主要由细砂及砂卵石等粗颗粒组成，其透水性较强，透水率较大，对于该类型地层防渗，一般采用帷幕灌浆处理，但帷幕灌浆施工速度慢，投资大，防渗效果并不十分明显。采用高压旋喷灌浆进行防渗处理可达到帷幕灌浆处理所达不到的效果。但高压喷射灌浆存在其不可回避的弊端，一是砂砾石地层成孔过程中的塌孔问题，二是地层中的孤石能否有效被水泥浆包裹问题。

本工法从九甸峡水电站厂房基础防渗中总结出来。为了解决高压旋喷防渗墙处理方案在沙砾石层中的可施工性，在常规施工方法的基础上采取了有效改进措施。针对砂砾石地层成孔难、易塌孔、钻进速度慢等技术难题，采取了大扭矩风动回转式液压钻机跟管钻进，PVC 套管护壁成孔方法。这种钻孔方法与传统泥浆、水泥浆护壁钻孔方法相比，具有成孔快、不塌孔、工艺简单等优点。针对注浆过程中的孤石能否有效被水泥浆包裹及水泥浆与砂砾石充分搅拌问题，在注浆施工方法上选用高压水孔内切割，风动搅拌，水泥固结的三管法。在参数选择上尽量选择大水压，加大高压水对地层冲击、切割力度；在遇有孤石时，采取在孤石上、下 50cm 加大喷嘴旋转速度、慢速提升的办法，充分将孤石用水泥浆包住，从而使固结后的柱体达到连续完整的目的。工程所取得的成功经验值得类似工程借鉴和使用。

1. 适用范围

高压喷射注浆法防渗和加固技术主要适用于砂类土、黏性土、黄土、和淤泥等软弱土层，本工法主要介绍其在砂砾石中的应用。

2. 工艺原理

高压喷射注浆是利用钻机成孔后，由高压喷射注浆台车（简称高喷台车）把前端带有喷嘴的注浆管置入沙砾石层预定深度后，以30~40Mpa压力把浆液或水从喷嘴中喷射出来，形成喷射流切割破坏沙砾石层，使原沙砾石层被破坏并与高压喷射进来的水泥浆按一定的比例和质量大小，有规律地重新排列组合，浆液凝固后，便在沙砾石层中形成一个柱状固结体，无数个柱状固结体的连接便形成一道屏蔽幕墙。

因从喷嘴中喷射出来的浆液或水能量很大，能够置换部分碎石土颗粒，使浆液进入碎石土中，从而起到加固地基和防渗的作用。

3. 施工工艺及特殊情况处理

（1）高压旋喷施工参数确定

高压旋喷渗墙施工前期，首先进行试验孔施工，试验孔施工主要确定孔深、孔距、水气浆压力、浆液密度、注浆率、旋转及提升速度，试验孔施工结束后，进行钻孔取芯、注水试验和开挖检查。计算出透水率并通过试验得出芯体的抗压强度，从开挖检查看，旋喷墙厚度及成墙连续性。

在九甸峡水电站厂房下游沿河围堰高压旋喷渗墙施工前，在防渗墙体一端选取了两个孔位进行了高压旋喷试验。根据试喷试验资料，得出的沙砾石层旋喷防渗墙施工参数为：

孔距：1.0m

水压：≥40Mpa

气压：≥0.6Mpa

浆压：≥0.4~0.7Mpa

注浆率：≥70L/min

提升速度：6~8cm/min

旋转速度：8~10r/min

浆液密度：≥1.65g/cm³

浆液灰水比：0.8：1

试验段成墙14d后，采用地质钻机分别在旋喷桩中心和连接部位进行了钻孔取芯和压水试验。取芯试验表明，桩体及连接部位水泥浆与砂砾石胶结效果较好，取得芯样最大长度1.1m，芯体28d平均抗压强度4.6Mpa。桩体中心和连接部位压水试验计算所得透水率分别为6.3Lu和4.4Lu。

（2）高压旋喷防渗墙施工工法

高压旋喷防渗墙钻孔注浆分两序施工，先施工Ⅰ序孔，后施工Ⅱ序孔，相邻孔施工间隔时间不少于24小时。注浆采用同轴三管法高压旋喷灌浆，同轴三管法即以浆、气、水三种介质同时作用于地层，使浆液与地层颗粒成分混合、搅拌、置换、充填渗透形成固结体。

施工程序为：场地平整压实→造孔（跟管钻进）→下PVC管护壁→跟管拔出→高喷

台车就位→试喷→下喷具→喷灌→封孔→高喷台车移位。

1）造孔：针对砂砾石地层成孔难、易塌孔、钻进速度慢等技术难题，采取了大扭矩液压工程钻机跟管钻进。一是采用 YGJ—80 风动液压钻机配偏心式冲击器冲击跟管钻进；二是采用 QLCN—120 履带式多功能岩土钻机跟管钻进。钻孔直径均为 φ140mm，造孔效率可达 6.0m/h。钻机就位后，用水平尺校正机身，使钻杆轴线垂直对准钻孔中心位置，孔位偏差不大于 5cm。钻孔达到设计深度后，将钻杆提出，在跟管内下设小于跟管口径的 PVC 套管取代跟管。PVC 护壁套管下至孔底后，再用液压拔管器分节拔出钢质护壁跟管。PVC 护壁套管滞留在孔中，待喷射灌浆时通过高压水切割破碎，通过水泥浆与砂砾石固结在一起。

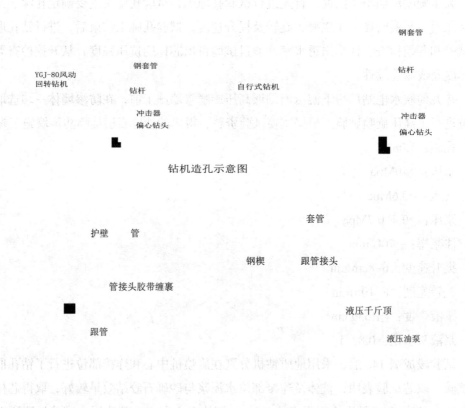

钻机造孔示意图

成孔护壁管安装示意图   拔管机拔管示意图

2）护壁：造孔结束，将钻杆提出，下设底端透水无纺布包扎 φ120PVC 护壁管，进行成孔护壁，护壁套管接头用塑料密封带连接。护壁套管下至孔底后，采用 YGB 液压拔管机将套管分节拔出。

3）喷具组装及检查：喷具由水、气、浆三管并列组成，采用专用螺栓连接，自下而上由喷头、喷管、旋喷三叉管组成，连接处用尼龙垫密封。喷具组装后试运行水、气、浆管的畅通和承压情况，当水压达到设计压力的 1.5 倍时，管路无泄漏后再试喷 15min 后结束检查。

4）试喷检查结束后，使喷嘴喷射方向与高喷轴线一致，并设置好旋喷转速下入喷具至设计孔深。为防止在下喷具过程中因意外而堵塞喷嘴，可送入低压水、气、浆并开始喷浆。在初始喷浆时只喷转不提，静喷 3~5min，待孔口返浆浓度接近 1.3g/cm³ 时，按参数要求的提升速度和旋转速度自下而上喷射灌浆到设计高程，喷射浆液为灰水比 0.8∶1 的纯水泥浆。

三管法施工示意图

（3）特殊情况处理

1）漏浆处理

在砂砾石围堰高喷灌浆防渗墙的施工中，可能会有部分孔发生漏浆现象，说明围堰基础存在一定的集中渗流区，对工程施工安全十分不利。因此在发生漏浆时，视严重程度应采取停止提升或放慢提升速度的办法，尽可能使漏浆地层充分灌满水泥浆，从而达到充分固结的目的。

2）孤石处理

针对注浆过程中的孤石能否有效被水泥浆包裹及水泥浆与砂砾石充分搅拌问题，在注浆施工方法上应选用高压水孔内切割、风动搅拌、水泥固结的三管法。在参数选择大水压，加大高压水对地层冲击、切割力度，在遇有孤石时，采取在孤石上、下 50cm 加大喷嘴旋转速度、慢速提升的办法，充分将孤石用水泥浆包住，从而使固结后的柱体达到连续完整的目的。

3）事故停喷

在高喷过程中发生停电、停喷事故，均采取重新扫孔、复喷的办法，扫孔底至停喷段以下 1.2m，解决因停喷造成的柱体连续性问题。

4.机具设备

序号	名称	规格型号	数量	备注
1	回转式液压工程钻机	YGJ—80	3	
2	空压机	VHP750	3	
3	高喷台车	JT1500	1	
4	注浆泵	2SNS200/10	2	
5	泥浆泵	HB—8／10	3	
6	制浆机	NJ—600	2	
7	高压水泵	HSZ—Ⅱ	2	

5.劳动组织

施工现场根据实际情况配备专业技术人员2名,专业技师1名,熟练工12名,普工25名。

6.质量要求

在施工过程中,应着重对钻孔和灌浆两道工序进行控制以及对防渗墙质量进行检查,主要有以下几方面:

(1)钻孔

要经常检查钻孔孔位有无偏差,及时予以纠正。孔斜一般要钻孔孔斜小于0.5%~1.5%的孔深。

检测喷浆管的旋转和提升速度,以设计要求为准或通常将旋转速度控制在5~20r/min,提升速度为5~20cm/min。

当因拆卸钻杆或其他原因暂停喷射时,再喷射时应使新旧固结体搭接10cm以上,防止断桩。

(2)灌浆

要检查灌浆浆液的比重和流动度指标以及灌浆压力和流量等指标,并及时进行调整,使其满足要求。利用灌浆自动记录仪记录灌浆过程,随时核算灌入浆液总量是否满足要求。要及时观察和检测冒浆,在高喷施工过程中,往往有一定数量的土粒随着一部分浆液冒出地面,通过对冒浆现象的观察,及时了解地层的变化情况、喷射灌浆效果以及各项施工参数是否合理,以便适时做出适当调整。

(3)防渗墙质量检验

对高喷防渗墙固结体的质量检验可采用开挖检查、钻取岩芯、压(注)水试验等多种方法来进行。检验主要内容为:固结体的整体性和均匀性;固结体的几何特性,包括有效直径、深度和偏斜度;固结体的水力学特性,包括渗透系数和水力坡降等。

质量检验一般在高喷工作结束后 4 周进行，根据检验结果采取适当措施以确保达到预期要求。对防渗墙应进行渗透试验，一般做法为：在高喷固结体适当部位钻孔（取芯），然后在孔内进行压水或注水试验，判断其抗渗透能力。

7. 安全措施

（1）施工前对风、水、浆、电及施工顺序进行详细规划，保证作业面规范整齐。

（2）加强施工人员安全教育，建立各种设备操作规程。

（3）设置醒目的安全标志，人员上下机架要系安全带。

（4）电动机械设备应设置安全防护设施和安全保护措施。

（5）施工前必须检查防水电缆是否完好，防止电伤人。

（6）施工时，做好废浆排放工作；工程结束时，要做到工完料净场地清。

第五节　混凝土防渗墙施工

一、施工准备

1. 安排工程技术人员勘查现场，进一步了解实施本工程的目的、设计标准、技术要求，按设计文件及图纸要求进行测量放样工作。

2. 针对槽孔式防渗墙工程的要求，编制详细的专项施工方案，用于指导施工。

3. 按施工技术要求平整、清理场地，准备好堆料场，联系好原材料供应厂商。

4. 确定好设备进场道路，施工设备运输进场、安装。

二、施工现场布置

1. 施工用电

槽孔式防渗墙使用与本标段同一电力供应系统，电力系统可以满足防渗墙施工的需要。

2. 施工用水

施工用水使用与本标段同一供水系统。

3. 施工道路

槽孔式防渗墙工程施工时，上坝道路已修好，延伸至 237 的施工道路已修好，待土石坝填筑至 237 高程时，可直接与上坝公路相连，防渗墙所使用的机械设备、原材料等可以直接运至施工场地。

三、导墙施工

导墙施工是防渗墙施工的关键环节，其主要作用为成槽导向、控制标高、槽段定位、防止槽口坍塌及承重，根据选用的机械形式和现场布置，导墙断面形式采用钢筋砼倒"L"型断面。

导槽里侧净宽度0.8m，导墙混凝土强度等级为C20，导墙施工时，导墙壁轴线放样必须准确，误差不大于10mm，导墙壁施工平直，内墙墙面平整度偏差不大于3mm，垂直度不大于0.5%，导墙顶面平整度为5mm。导墙顶面宜略高于施工地面100~150mm，每个槽段内的导墙上至少应设有一个溢浆孔。导墙基底与土面密贴，为防止导墙变形，导墙两内侧拆模后，每隔1.5m布设一道木撑，砼未达到70%强度，严禁重型机械在导墙附近行走。

1. 施工工艺流程

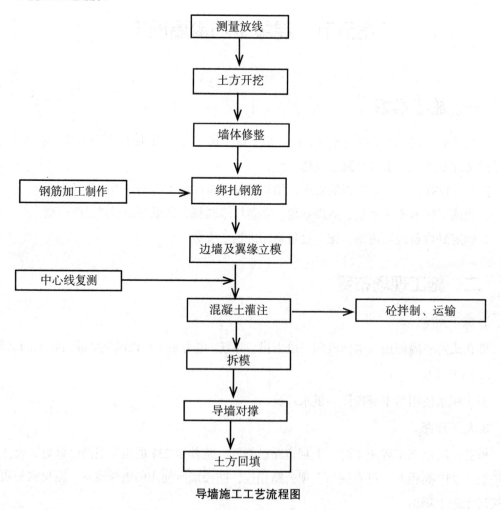

导墙施工工艺流程图

四、主要施工方法

（一）沟槽开挖

1. 导墙沟槽采用人工辅助机械开挖。

2. 导墙分段施工，分段长度根据模板长度和规范要求，一般控制在 30~50m。

3. 导墙开挖前根据测量放样成果、防渗墙的厚度及外放尺寸，实地放样出导墙的开挖宽度，并洒出白灰线。

4. 开挖工程中如遇坍方或开挖过宽的地方施作 120 砖墙外模，外侧应用土分层回填夯实。

5. 为及时排除坑底积水应在坑底中央设置一排水沟，在一定距离设置集水坑，用抽水泵外排。

（二）导墙钢筋、模板及砼施工

1. 导墙沟槽开挖后立即将导墙中心线引至沟槽中，及时整平槽底，如遇软基础地质，可采用换填或浇注 C15 素混凝土垫层，保证基底密实。

2. 土方开挖到位后，绑扎导墙钢筋，钢筋施工结束并经"三检"合格后，填写隐蔽工程验收单，报监理验收，经验收合格后方可进行下道工序施工。

3. 导墙模板采用木模板，模板加固采用钢管支撑或 10×10cm 方木支撑加固，支撑的间距不大于 1 米，严防跑模，并保证轴线和净空的准确。砼浇注前先检查模板的垂直度和中线以及净距是否符合要求，经"三检"合格后报监理通过方可进行砼浇注。

4. 砼浇注采用泵车入模，砼浇注时两边对称分层交替进行，严防走模，如发生走模，立即停止砼的浇注，重新加固模板，并纠正到设计位置后，再继续进行浇注。

5. 砼的振捣采用插入式振捣器，振捣间距为 0.6m 左右，防止振捣不均，同时也要防止在一处过振而发生走模现象。

（三）模板拆除

导墙混凝土达到规范强度要求后开始拆除模板，具体时间由试验确定。拆模后立即再次检查导墙的中心轴线和净空尺寸以及侧墙砼的浇筑质量，如发现侧墙砼侵入净空或墙体出现空洞需及时修凿或封堵，并召集相关人员分析讨论事件发生原因，制定出相应措施，防止类似问题再次发生。

模板拆除后立即架设木支撑，支撑上下各一道，呈梅花型布置，水平间距 1.5m。经检查合格后报监理验收，验收后立即回填，防止导墙内挤。

五、槽孔式混凝土防渗墙施工

（一）施工工艺流程图

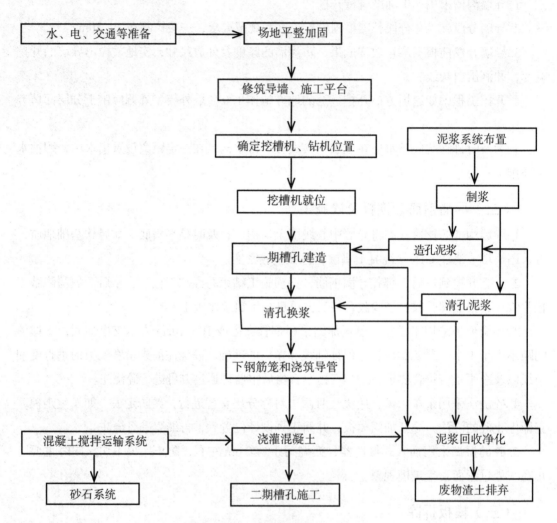

槽孔式混凝土防渗墙的施工工艺流程图

（二）主要施工方法

1. 成槽采用 SG30 型挖槽机和 CZ—30 型冲击钻机；

2. 采用膨润土或优质黏土泥浆护壁；

3. "泵吸反循环法" 置换泥浆清孔；

4. 混凝土搅拌站拌和混凝土；

5. 混凝土运输车输送混凝土；

6. 泥浆下直升导管法浇筑混凝土；

7. 采用"预设工字钢法"进行Ⅰ、Ⅱ期槽段连接；

8. 自制灌浆平台进行混凝土浇筑。

在施工前，先进行混凝土和泥浆的配合比及其性能试验，报送监理审查批准后实施。

（三）槽段划分

单元槽段长度的划分根据设计图纸要求确定，本工程槽段划分为：一期槽孔长 6.0m，共 6 段；二期槽孔长 6.0m，共 6 段（均为标准段）。

六、泥浆制作

1. 为保证成槽的安全和质量，护壁泥浆生产循环系统的质量控制是关系到槽壁稳定、砼质量及沙砾石层成槽的必备条件。

工程优先采用优质膨润土为主、少量的黏土为辅的泥浆制备材料，造孔用的泥浆材料必须经过现场检测合格后，方可使用。质量控制主要指标为：比重 1.1~1.3，黏度 18~25S，胶体率 95%，必要时可加适量的添加剂，制备泥浆性能指标应符合表中规定。

制备泥浆的性能指标表

泥浆性能	新配制		循环泥浆		废弃泥浆		检验方法
	黏性土	砂性土	黏性土	砂性土	黏性土	砂性土	
比重（g/cm3）	1.04~1.05	1.06~1.08	<1.10	<1.15	>1.25	>1.35	比重计
黏度（S）	20~24	25~30	<25	<35	>50	>60	漏斗计
pH 酸碱度	8~9	8~9	>8	>8	>14	>14	试纸

2. 泥浆的拌制

拌制泥浆的方法及时间通过试验确定，并按批准或指示的配合比配制泥浆，计量误差值不大于 5%。泥浆搅制系统布置在防渗墙轴线的下游侧，泥浆搅拌站布置 1m³ 泥浆搅拌机 3 台。制浆池、沉淀池、贮浆池容量各 200m³，满足两个槽段同时施工用浆需求。泥浆制浆系统配制的泥浆通过现场布置的输送管输送到各段施工槽孔。

3. 泥浆处理

泥浆必须经过制浆池、沉淀池及储存池三级处理，泥浆制作场地以利于施工方便为原则，泥浆循环工序流程见图：

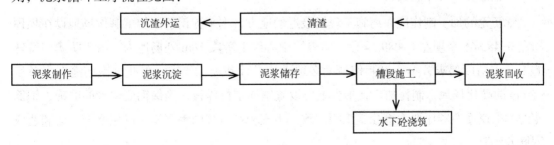

泥浆循环工序流程图

七、成槽工艺

根据地质结构情况，单元槽段成槽用抓斗成槽机进行挖槽，成槽机上有垂直最小显示装置，当偏差大于 1/300 时，则进行纠偏工作，纠偏可采取两种方法：一种是将槽段用砂土回填，再利用槽壁机挖槽，二是根据成槽机上垂直度的显示装置，特别偏差大于 1/300 开始位置，逐步向下抓或空挖修整槽壁的倾斜。一般成槽垂直精度可达 1/500~1/300。抓斗工作宽度 2.8m，一个标准槽段需要三幅抓才能完成，当抓斗至弱风化岩岩层时，改用冲击钻钻孔，直至达到设计位置。

抓斗每抓一次，应根据垂线观察抓斗的垂直及位置情况，然后下斗直到土面，若土质较硬则提起抓斗约 80cm，冲击数次抓土，起斗时应缓慢，在斗出泥浆面时应即时回灌泥浆，保证一定液面。抓取的泥土用自卸汽车运输至指定地方，不得就地卸土，待泥土较干时再采用挖沟机装上自卸汽车外运，冲孔的返浆沉积泥渣用泥浆车外运，不影响文明施工。

八、岩面鉴定与终孔验收

1. 基岩面需按下列方法确定。

①依照防渗墙中心线地质剖面图，当孔深接近预计基岩面时，即应开始取样，然后根据岩样的性质确定基岩面；

②对照邻孔基岩面高程，并参考钻进情况确定基岩面；

③当上述方法难以确定基岩面，或对基岩面发生怀疑时，应采用岩芯钻机取岩样，加以确定和验证。

2. 终孔后，由监理工程师同施工单位质检人员进行孔形、孔深检测验收，确保孔形、孔斜、孔深符合设计要求。

3. 基岩岩样是槽孔嵌入基岩的主要依据，必须真实可靠，并按顺序、深度、位置编号、填好标签，装箱，妥善保管。

九、钢筋笼制作吊装

1. 钢筋笼制作平台设计

钢筋笼的加工制作应在离施工现场最近的地方，本工程钢筋笼加工制作场地设在坝顶坝左 0+48.865 至坝左 0+089.34 段，防渗墙中心线上游段 16m 外场地内。由于防渗墙特殊的工艺和精度要求，钢筋笼制作精度必须满足设计和施工要求，因此将钢筋笼在平整度 ≤5mm 的硬化场地上制作加工，平台上要设置钢筋定位样板，确保钢筋位置的准确，钢筋笼的加工速度及顺序要和槽孔施工相一致，不宜积存过多的钢筋笼，以免增加倒运和造成钢筋笼变形。

2. 钢筋笼加工

地下防渗墙钢筋笼最大长度为 26m，标准段宽 6m，最重 11.32 吨（含接头工字钢）。为保证钢筋笼加工质量和整体性，将采用整片制作吊装的方案。

钢筋笼加工制作时先将钢箍排列整齐，再将竖直主筋依次穿入钢箍（竖直主筋间隔错位搭接），采用间隔点焊就位，定位要准确。钢筋笼保护层用 $100 \times 100 \times 10mm$ 厚钢板按竖向间距 3~5m 布置一块焊在钢筋笼主筋内外侧（每层布置 2~3 块）。钢筋笼加工时按设计的位置预留 2 个水下砼灌注导管孔，并做好标记。根据帷幕设计要求，防渗墙每幅需设置 4 根预埋管（Φ110 钢管），在钢筋笼制作时，焊接在钢筋笼的内侧处，须避开导管预留位置布置。

钢筋笼加工方法如下：

①钢筋笼主筋保护层厚度 10cm；

②为保证砼灌注导管顺利插入，应将纵向主筋放在内侧，横向钢筋放在外侧；

③纵向钢筋的底端根据设计距离槽底 20cm，同时钢筋底端稍向内弯折；

④纵向钢筋采用接驳器套筒连接，钢筋轴线在一条直线上；同一截面的接头面积不能超过 50%，且间隔布置；

⑤钢筋笼除结构焊缝需满焊及四周钢筋交点需全部点焊处，中间的交叉点可采用 50%交错点焊；

⑥钢筋笼成型后，临时绑扎铁丝全部拆除，以免下槽时删掉挂伤槽壁；

⑦制作钢筋笼时，在制作平台上预安定位钢筋桩，提高工效和保证制作质量，制作出的钢筋笼须满足设计和现规范要求；

⑧施工前准备好弧焊机、点焊机、钢筋切断机、钢筋弯曲机等，且钢筋经过复核合格；

⑨主筋间距误差 ±10mm，箍筋间距误差 ±20mm，钢筋笼厚度 0 ~ 10mm，宽度 ±20mm，长度 ±50mm。

3. 钢筋笼吊放

钢筋笼的端部设 8 个吊点，吊环采用 20 圆钢制作，中间部位设置两个吊点，焊在钢桁架竖筋上，同时起吊钢筋笼的头部及中部。

起吊时应特别注意防止钢筋笼的扭曲，起吊钢筋笼采用 50t 履带吊整片吊装。起吊时不能使钢筋笼下端在地面上拖引，以防造成下端钢筋弯曲变形。为防止钢筋笼吊起后在空中摆动，应在钢筋笼下端系上拽引绳以人力操纵。

插入钢筋笼时，最重要的是使钢筋笼对准单元槽段、垂直而又准确的插入槽内。钢筋笼进入槽内时，吊点中心必须对准槽段中心，然后徐徐下降，此时必须注意不要因起重臂摆动或其他影响而使钢筋笼产生横向摆动，造成槽壁坍塌。

如果钢筋笼不能顺利插入槽内，应立即吊出，查出原因加以解决，在修槽之后再吊放，不能强行插放，否则会引起钢筋笼变形或使槽壁坍塌，产生大量沉渣，而且预埋管位置将可能发生偏移。

为防止浇筑混凝土时钢筋笼上浮，可在钢筋笼上端设置 Φ25 吊筋再在槽口工字钢上。

4. 钢筋笼入槽时的标高控制

制作钢筋笼时，选主桁架的两根立筋作为标高控制的基准，做好标记；下钢筋笼前测定主桁架位置处的导墙顶面标高，根据标高关系计算好固定钢筋笼于导墙上的设于焊接钢筋笼上的吊攀，钢筋笼下到位后用工字钢穿过吊攀将钢筋笼悬吊于导墙之上。下笼前技术人员根据实际情况下技术交底单，确保钢筋笼及预埋件位于槽段设计上的标高。

十、防渗墙接头施工

各单元墙段由接缝（或接头）连接成防渗墙整体，墙段间的接缝是防渗墙的薄弱环节，如果接头设计方案不当或施工质量不好，就有可能在某些接缝部位产生集中渗漏，严重者会引起墙后地基土的流失，给主体结构留下长期质量隐患。因此，为加强防渗墙接头防水质量，接头均采用工字钢接头。

接头工字钢采用 10mm 和 12mm 厚钢板焊接而成，施工现场加工制作，钢板原材料根据施工进度采用汽车集中运输至施工现场进行焊接拼装，工字钢一侧与钢筋笼焊接牢固，两侧各伸出 45cm（侧边采用 12mm 钢板），施工中要保证钢筋笼与工字钢的垂直度，相邻墙段钢筋笼之间插入一序槽段工字钢内。

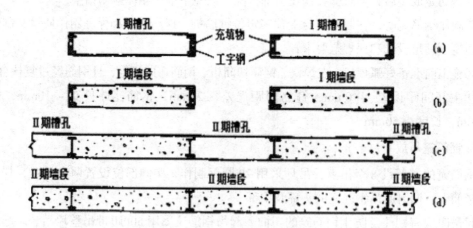

预设工字钢接头施工工艺

十一、清孔

1. 根据本工程地层特点清孔采用"泵吸反循环法"置换泥浆清孔。

2. 清孔换浆结束 1h 后，应达到以下质量要求：

①孔底淤积厚度 ≤10cm；

②槽内泥浆密度不大于 1.3g/cm³，500/700mL 漏斗黏度不大于 30s。

3. 清孔换浆合格后，方可进行下道工序。

4. 清孔合格后，应于 4h 内开浇混凝土，如因特殊情况不能按时浇筑，则应由监理工程师与施工单位协商后，另行提出清孔标准和补充规定。

5. 混凝土浇筑。

（1）施工程序

混凝土浇筑采用直升导管法，施工程序如下：

施工准备→导管配置→二次清孔验收→下浇筑导管→槽口平台架设→装料斗→开盘下料→浇筑→测量槽内砼面→计算埋深→提管、拆管、继浇浇筑→终浇收仓。

（2）施工方法说明：在槽孔清孔结束后，采取灌浆平台下设混凝土导管，混凝土导管为丝扣连接，管径 φ250mm。

混凝土入仓方式为：单槽采取 3 ~ 4 台 12m³ 混凝土拌和车送混凝土入槽口料斗入槽孔。混凝土采用满管法开始浇筑。浇筑开仓时，先在导管内下设隔离球，将导管下至距孔底小于 25cm 处，待导管及料斗储满料后，将导管上提适当距离，让混凝土一举将导管底封住，避免混浆。在浇筑过程中，做好浇筑记录，严格控制混凝土质量（槽口抽样）、控制各料斗均匀下料，并根据混凝土上升速度起拔导管，混凝土上升速度不小于 2m/h。

混凝土浇筑过程中需遵守下列规定：

①导管埋入混凝土的深度不得小于 1m，不宜大于 6m；

②混凝土面上升速度应不小于 2m/h，并连续上升至设计墙体高程；

③混凝土应均匀上升，各处高差应控制在 50cm 以内，在有埋管时尤其注意；

④至少每隔 30min 测量一次槽孔内混凝土面深度，至少每隔 2h 测量一次导管内混凝土面深度，并及时填写混凝土记录表，以便核对浇筑方量和埋管深度；

⑤槽孔内应设置盖板，避免混凝土散落槽孔内；

⑥不符合质量要求的混凝土严禁浇入槽孔内；

⑦应防止入管的混凝土将空气压入导管内；

⑧混凝土浇筑从孔深较低的导管开始，当混凝土面上升至相邻导管的孔底高程时，用同样的方法开始浇筑第二组导管，直到全槽混凝土面浇平。

十二、特殊情况处理

1. 导墙严重变形或局部坍塌，影响成槽施工时，宜采取以下处理方法：

①破坏部位应重新修筑导墙；

②回填槽孔，处理塌坑或采取其他安全技术措施；

③改善地基条件和槽内泥浆性能；

造孔过程中，如遇少量漏浆，采用加大泥浆比重、投堵漏剂等处理，槽孔采用投锯末、膨胀粉、水泥等堵漏材料处理，确保孔壁安全。

2. 地层严重漏浆，应迅速向槽内补浆并填入堵漏材料，必要时可回填槽孔。

3. 混凝土浇筑过程中导管堵塞、拔脱或导管破裂漏浆，需重新吊放导管时，应按下列程序处理：

①将事故导管全部拔出，重新吊放导管；

②核对混凝土面高程及导管长度，确认导管的安全插入深度；

③抽尽导管内泥浆，断续浇筑。

4. 墙段连接未达到设计要求时，选择下列处理方法：

①在接缝迎水面采用高压喷射灌浆或水泥灌浆处理；

②在接头处两侧各钻凿一个桩孔，钻头直径根据接头孔孔斜和设计墙厚选择，成孔后再浇筑混凝土。

5. 防渗墙体发生断墙或混凝土严重混浆时，按以下方法进行处理：

①在需要处理墙段上游侧补一段新墙；

②在需要处理的墙段上游面进行水泥灌浆或高压喷射灌浆处理；

③用地质钻机在墙体内钻孔对夹泥层用高压水冲洗，洗净后采用水泥灌浆或高压喷射灌浆处理。

6. 在防渗墙造孔成槽过程中，遇到孤石、大块砼及砖块、木头等，采用正常成槽手段难以快速成槽时，在考虑孔壁安全的前提下，用重锤法或其他方法处理。

7. 造孔成槽过程中出现塌孔、大坝裂缝现象，立即处理，对固壁泥浆配比及造孔手段进行调整，确保孔壁稳定，对施工过程中产生的裂缝，采取加固措施进行处理。

8. 在成槽过程中，对固壁泥浆漏失量作详细测试和记录，当发现固壁泥浆漏失严重时，应及时堵漏和补浆，采取措施进行处理。现场备有堵漏材料，如黏土球、锯末、水泥和足够泥浆。适当调整泥浆配比，并适当放缓成孔速度，待固壁泥浆漏失量正常后再恢复正常钻进，必要时向泥浆中掺加堵漏剂。

十三、质量保证措施

1. 槽孔质量控制

（1）施工中操作人员准确定位，孔位误差 ≤3cm，经当班质检员检查合格确认后方可进行下道工序。控制好孔斜率与槽形，保证孔斜率及槽形满足设计要求。

（2）施工中各项工艺参数要随时进行抽查，做好施工记录，严格按照确定的技术参数施工。

2. 混凝土质量控制

（1）混凝土的施工性能，每班应取样检查 2 次，开浇前必须检查。

（2）墙体材料的质量控制与检查应遵守下列规定：

①墙体材料的性能主要检查28d龄期的抗压强度、抗掺和抗冻性能；

②检查普通混凝土的抗渗等级；

③质量检查试件数量：抗压强度试件每100m³成型一组，每个墙段最少成型一组；抗渗性能试件每3个墙段成型一组；抗冻性能以3个试件为一组。

（3）混凝土质量评定应遵守下列规定：

①混凝土进行质量评定时，可按该工程所取全部试验数据进行统计计算；

②混凝土的抗渗指标应单独确定，合格试件的百分率应不小于85%；

③混凝土强度的检验评定可按DL/T5144的规定执行；

④混凝土抗冻指标评定可按DL/T5150的规定执行。

3. 质量检查

（1）开工前必须建立质量保证体系，包括建立质量检查机构、配备质检人员等。

（2）质检人员应对槽孔建造、泥浆配制及使用、清孔换浆、混凝土浇筑等质量进行检查与控制。

（3）混凝土防渗墙质量检查程序分工序质量检查和墙体质量检查，工序质量检查包括终孔、清孔换浆、混凝土拌制与浇筑等。各工序验收合格后，由监理单位签发验收报验资料，上道工序未经检查合格，不得进行下道工序。

（4）槽孔建造的终孔质量检查应包括下列内容：

①孔位、孔深、孔斜、槽宽；

②基岩岩样与槽孔嵌入基岩深度；

③一、二期槽孔间接头的套接厚度。

（5）槽孔的清孔质量检查应包括下列内容；

①孔内泥浆性能；

②孔底淤积厚度；

③接头刷洗质量。

（6）混凝土及其浇筑质量检查应包括下列内容：

①原材料的检验；

②导管间距；

③浇筑混凝土的上升速度及导管埋深；

④终浇高程；

⑤混凝土槽口样品的物理力学检验及其数据统计分析结果；

⑥检查墙体质量应在成墙28天后进行，检查内容为墙体的物理力学性能指标、墙段接缝和可能存在的缺陷，检查可采用钻孔取芯注水试验或其他检测方法，检查孔的数量宜为10个槽孔一个，位置应具有代表性。

十四、安全及文明施工措施

1. 混凝土防渗墙施工前，必须制定各工序的安全操作规程，必须贯彻"安全第一、预防为主"的方针，加强安全组织教育，建立安全生产保证体系，确保施工安全。

2. 机械、特种作业等专业操作人员未经考核不得上岗，施工进行中必须按规定的操作程序进行，严禁违章操作，力保施工安全。

3. 非作业人员不得进入施工作业区，施工机械严禁违规载人。

4. 进入施工作业区人员必须戴安全帽。

5. 混凝土防渗墙施工的相关作业人员必须持证上岗，不得在各工序施工过程中擅自离岗。

6. 各施工工序的材料供应人员应佩戴防护口罩、防腐手套等防护用品。

7. 在施工机械的工作范围内，非必要时不得有人员进入，以免造成人员伤害。

8. 严格现场用电管理，加强机械维护、检查、保养。机电设备由专职工种人员操作管理，认真遵守用电安全操作规程和机械使用说明，防止超负荷运转，所有机电设备都必须良好接地，并安装触电保护装置。

9. 抓好现场施工道路维修工作，做到路面平整、干净，保证道路畅通，危险地段设置明显标志，及时清除路障，保证车辆行驶安全。

10. 现场材料、工具摆放整齐有序，电缆、水管分别架设，废浆、废水有序排放，创造文明的施工环境。

十五、环保、水保措施

1. 对职工进行生态环境保护教育，增强其生态环境保护意识和责任感。

2. 工程施工便道、孔位清理的弃渣应按监理工程师指定地点及要求堆放。

3. 制定施工污水处理排放措施。

4. 对废弃泥浆、钻渣及施工垃圾，应清理干净并用密闭的运输工具运至指定的位置，保持施工场地的清洁整齐，做到文明施工。

5 施工废弃物不得随意倾倒或就地掩埋，应集中处理。

6. 不在施工区内焚烧会产生有毒或恶臭气体的物质。因工作需要时，报请当地环境行政主管部门同意，采取防治措施，在监理工程师监督下实施。

7. 施工前制定施工措施，做到有组织的排水。

8. 保持施工区和生活区的环境卫生，在施工区和生活营地设置足够数量的临时垃圾贮存设施，防止垃圾流失，定期将垃圾送至指定垃圾场，按要求进行覆土填埋。

第六节 垂直防渗施工

近年来中央已投入大量资金对一些大中型、小型水库进行除险加固，取得了显著的综合效益。但目前仍然有大量的中小型水库存在重大安全隐患，中央已着手解决这类水库安全隐患。这些病险库大多分布于农村，建于 20 世纪、50 ~ 70 年代，受当时条件所限，许多中小型水库存在大坝坝身密实度不够、坝后排水不畅、坝身浸润线偏高、坝身、坝基渗漏严重等工程隐患，若不进行除险加固，将严重威胁人民群众生命财产的安全。为此，2006 年中央经济工作会议就明确提出用三年时间基本完成大中型和重点小型病险水库的除险加固任务。

垂直截渗的方案主要有如下几种形式：混凝土防渗墙、水泥土搅拌桩防渗墙、高压喷射灌浆防渗墙、冲抓套井造黏土井桩防渗墙、黏土劈裂灌浆帷幕、水泥灌浆帷幕等。

一、混凝土防渗墙

混凝土防渗墙是在松散透水地基或土石坝坝体中连续造孔成槽，以泥浆固壁，在泥浆下浇筑混凝土而建成的起防渗作用的地下连续墙，是保证地基稳定和大坝安全的工程措施。就墙体材料而言，目前采用最多的是普通砼和塑性砼，其成槽的工法主要有钻劈法、钻抓法、抓取法、铣削法和射水法。

混凝土防渗墙施工一般都包括施工准备、槽孔建造、泥浆护壁、清孔换浆、水下混凝土浇筑、接头处理等几个重要环节。上述各个环节中槽孔建造投入的人力、设备最多、使用的设备最关键，是成墙过程中影响因数最多、技术也最复杂的一环，就成槽的工法而言，主要有如下几种：钻劈法、钻抓法、钻抓法和射水法。

1. 钻劈法

钻劈法是用冲击钻机钻凿主孔和劈打副孔形成槽孔的一种防渗墙成槽方法，其适用于槽孔深度较大范围，从几米到上百米的都适应，墙体厚度 60cm 以上，其优点是适应于各种复杂地层，其缺点是工效相对较低、机械装备落后、造价较高，对于复杂地层，其工效约为 10~15 ㎡ / 台班（相对 60cm 厚的墙体），其综合造价约 450~550 元 / ㎡。

2. 钻抓法

钻抓法是用冲击或回转钻机先钻主孔，然后用抓斗挖掘其间副孔，形成槽孔的一种防渗墙成槽施工方法。此工法与上一种工法类似，是用抓斗抓取副孔替代冲击钻劈打副孔，但两种工法施工机械组合不同，钻抓法工效高于钻劈法，工程规模较大地质不特别复杂，对于有砂卵石且要进入基岩的防渗墙成槽，一般采用此工法。对于防渗墙要穿过较大粒径的卵石、漂石进入坚硬的基岩层时，上部用冲击钻配合抓斗成槽，下部复杂地层由冲击钻成槽。此工法成槽墙体连续性好，质量易于控制和检查，施工速度较快等特点，成槽质量优于上一种工法。此工法的工效主要是根据地质情况选用成槽设备组合，如一般一台抓斗配 6 台冲击钻综合工效约为 30~35 ㎡/台班，相对于墙厚 60cm 的防渗墙，此工法综合造价约 400~500 元/㎡。

3. 抓取法

抓取法是只用抓斗挖掘地层，形成槽孔的一种防渗墙施工方法，抓取法施工时也分主孔与副孔。对于一般松软地层采用如堤防、土坝等且墙体只进入基岩强分化地层最适合抓取法，特别是采用薄型液压抓斗更能抓取 30cm 厚度薄墙。抓取法的成墙深度一般小于四十米，深度过深其工效显著降低，用抓取法建造的防渗墙，其墙段连方法多采用接头管法，而对于墙深度较大时，也可采用钻凿法。该工法的特点是适用于堤防、土坝性等一般松软地层，墙体连续性好，质量易于控制和检查，施工速度较快等。抓斗法平均工效与地质、深度、厚度、设备状况等因素有关，一般在 60~160m²/台班。相对于墙厚 60cm 的防渗墙，此工法综合造价约 400~500 元/㎡，影响造价的主要因素是地质情况、深度和墙体厚度。

4. 射水法

射水法是国内 20 世纪 80 年代初期开始研究的一种防渗加固技术，现已发展到第三代机型，在垂直防渗领域大量用于堤防防渗加固处理，近几年在水库土坝坝身及坝基防渗也有应用。其主要原理：利用灰渣泵及成槽器中的射水喷嘴形成高速泥浆液流来切割、破碎地层岩土结构，同时卷扬机带动成槽器以及整套钻杆系统作上、下往复冲击运动，加速破碎地层。反循环砂石泵将水混合渣土吸出槽孔，排入沉淀池。槽孔由一定浓度的泥浆固壁，成槽器上的下刃口切割修整槽孔壁，形成具有一定规格的槽孔，成槽后采用水砼浇筑方法在槽内抗渗材料，形成槽板，用平接技术连接而成整体地下防渗墙。

射水法成墙的深度已突破 30m，但一般在 30m 以内为多。射水法成墙质量的关键是墙体的垂直度和两序槽孔接头质量，一般情况下，只要精心操作垂直度易于保证。成墙接缝多，且采用平接头方式，这是此工法有别其他工法之处。根据我公司的实践经验，只要两序槽孔长度合适，设备就位准确，保证二期槽孔施工时成槽器侧向喷嘴畅通，且防渗墙的接头质量是能够保证的。

射水法：具有地层适应性强、工效较高、成本适中的特点，最适宜于颗粒较小的软弱地层，如在粉细砂层，淤泥质粉质黏土地层中工效可达 80m²/台班，在砂卵石地层工效相对较低，但普遍也能达到 35m²/台班。由于在各种地层中的工效不同，材料用量也不一样，因此每平方米成墙造价也不同，一般约 160~230 元/m²。

以上几种工法的原理、适用范围、特点及综合造价见下表。

工法	钻劈法	钻抓法	抓取法	射水法
原理	用冲击钻机钻凿主孔和劈打副孔形成槽孔	用冲击或回转钻机先钻主孔，然后用抓斗挖掘其间副孔，形成槽孔	用抓斗分主孔与副孔挖掘地层，形成槽孔	利用灰渣泵及成槽器中的射流来切割、破碎地层岩土结构，同时卷扬机带动成槽器冲击破碎地层形成槽孔
使用主要设备	冲击钻机钻	冲击钻（回转）机钻、液压（钢丝绳）抓斗	液压（钢丝绳）抓斗	射水成槽机
适用范围	各种地层包括地层中含有较大粒径的卵石、漂石和坚硬的基岩	各种地层包括地层中含有较大粒径的卵石、漂石和坚硬的基岩	松软土层、砂卵石层、基岩强分化层	松软土层、砂卵石层、基岩强分化层
特点	适应于各种复杂地层，成墙厚度在60cm以上，成墙深度范围大；其缺点是工效相对较低，机械装备落后	适应于各种复杂地层，成墙厚度在60cm以上，成墙深度范围大，成槽质量好，施工工效高；其缺点是造价较高	地层的适应性一般，成槽质量好，施工工效高，成墙厚度在30cm以上，造价相对较低；其缺点是墙体不利于穿过较大粒径的卵石、漂石进入坚硬的基岩	地层的适应性一般，成槽质量好，成墙厚度在25cm以上，墙厚薄，造价较低，设备简单；其缺点是墙体不利于穿过较大粒径的卵石、漂石进入坚硬的基岩
综合造价	450~550 元 / ㎡（墙厚 60cm）	400~500 元 / ㎡（墙厚 60cm）	400~500 元 / ㎡（墙厚 60cm）	160~230 元 /m² （墙厚 30cm）

二、深层搅拌法水泥土防渗墙

深层搅拌法水泥土防渗墙是利用钻搅设备将地基土水泥等固化剂搅拌均匀，使地基土固化剂之间产生一系列物理—化学反应，硬凝成具有整体性、水稳定性和一定强度的水泥土，深层搅拌法包括单头搅、双头搅、多头搅。水泥土防渗墙是深层搅拌法加固地基技术作为防渗方面的应用，这几年在堤防垂直防渗中得到大量应用，特别是为了适应和推广这一技术，已研究出适应这一技术的专用设备—多头小直径深层搅拌截渗桩机。深搅法的特点是施工设备市场占有量大、施工速度快、造价低等，特别是采用多头搅形成薄型水泥土截渗墙，工效更高。此种工法成墙工效一般为 45~200m²/ 台班，工程单价约 70~130 元 / m²，影响造价的主要因素是墙体厚度、深度和地质情况。

深搅法处理深度一般不超过 20m，比较适用于粉细以下的细颗粒地层，该技术形成的水泥土均匀性和底部的连续性在施工中应加以重视。

第五章　土石坝施工技术

第一节　料场规划

　　土石坝施工中，料场的合理规划和使用是土石坝施工中的关键技术之一，它不仅关系到坝体的施工质量、工期和工程造价，甚至还会影响到周围的农林业生产。

　　施工前，应配合施工组织设计，对各类料场作进一步的勘探和总体规划、分期开采计划，使各种坝料有计划、有次序地开采出来，满足坝体施工的要求。

　　选用料场材料的物理力学性质，应满足坝体设计施工质量要求，勘探中的可供开采量不少于设计需要量的 2 倍。在储量集中繁荣主要料区，布置大型开采设备，避免经常性的转移，保留一定的备用料场（为主要料场总储量的 20%~30%）和近料场作为坝体合龙以及抢筑拦洪高程用。

　　在料场的使用时间及程序上，应考虑施工期河水位的变化及施工导流使上游水位抬高的影响。供料规划上要近料、上游易淹料先用，远料应下游不淹料后用。含水量高料场夏季用，含水量低料场雨季用。施工强度高时利用近料，强度低时利用远料，平衡运输强度，避免窝工。对料场高程与相应的填筑部位，应选择恰当、布置合理，有利于重车下坡。做到就近取料、低料低用、高料高用，避免上下游料过坝的交叉运输，减少干扰。

　　充分合理地利用开挖弃渣料，这对降低工程造价和保证施工质量具有重要的意义。做到弃渣无隐患，不影响环保。在料场规划中应考虑到挖、填各种坝料的综合平衡，做好土石方的调度规划，合理用料。料场的覆盖剥离层薄，有效料层厚，便于开采，获得率高。减少料物堆存、倒运，做好料场的防洪、排水、防止料物污染和分离。不占或少占农业耕地，做到占地还地、占田还田。

　　总之，在料场的规划和开采，考虑的因素很多而且又很灵活，对拟定的规划、供料方案，在施工中不合适的进行进行调整，以使取得最佳的技术经济效果。

第二节　土石料开挖运输

土石坝施工中，从料场的开挖、运输，到坝面的平料和压实等各项工序，都可由互相配套的工程机械来完成，构成"一条龙"式的施工工艺流程，即综合机械化施工。在大中型土石坝，尤其在高土石坝中，实现综合机械化施工对提高施工技术水平、加快土石坝工程建设速度，既有十分重要的意义。

坝料的开挖与运输是保证上坝强度的重要环节之一。开挖运输方案，主要具坝体结构布置特点、坝料性质、填筑强度、料场特性、运距远近、可供选择的机械型号等多种因素综合分析比较确定。土石坝施工中开挖运输方案主要有以下几种：

1. 正向铲开挖，自卸汽车运输上坝

正向铲开挖、装载，自卸汽车运输直接上坝，通常运距小于 10km。自卸汽车具有可运各种坝料、运输能力高、设备通用、能直接铺料、机动灵活、转弯半径小、爬坡能力较强、管理方便、设备易于获得等优点，在国内外的高土石坝施工中获得了广泛的应用，且挖运机械朝着大斗容量、大吨位方向发展。在施工布置上，正向铲一般都采用立面开挖，汽车运输道路可布置成循环路，装料时停在挖掘机一侧的同一平面上，即汽车鱼贯式地装料与行驶。这种布置形式，可避免或减少汽车的倒车时间，正向铲采用 60°~90° 的转角侧向卸料，回转角度小、生产率高，能充分提高正向铲与汽车的效率。

2. 正向铲开挖、胶带机运输

国内外很多水利工程施工中，广泛采用了胶带机运输土、砂石料，国内的大伙房、岳城、石头河等土石坝施工，胶带机成为主要的运输工具。胶带机的爬坡能力大，架设简易，运输费用较低，比自卸汽车可降低运输费用 1/3~1/2，运输能力也较高，胶带机合理运距小于 10km，胶带机可直接从料场运输上坝；也可与自卸汽车配合，做长距离运输，在坝前经漏斗由汽车转运上坝；与有轨机车配合，用胶带机转运上坝做短距离运输。目前，国外已发展到可用胶带机运输块径为 400~500mm 的石料，甚至向运输块径达 700~1000mm 的更大堆石料发展。

3. 斗轮式挖掘机开挖，胶带机运输，转自卸汽车上坝

当填筑方量大、上坝强度高的土石坝，料场储量大而集中时，可采用斗轮式挖掘机开挖，它的生产率高，具有连续挖掘、装载的特点，斗轮式挖掘将料转入移动式胶带机，其后接长距离的固定式胶带机至坝面或坝面附近经自卸汽车运至填筑面。这种布置方案，可使挖、装、运连续进行，简化了施工工艺，提高了机械化水平和生产率。石头河土石坝采用 DW—200 型斗轮式挖掘机开采土料，用宽 1000mm、长 1200 余 m、带速 150m/min 胶带上坝，经双翼卸料机于坝面用 12t 自卸汽车转运卸料，日强度平均达 4000~5000m³，最

高达10000m³（压实方）。美国圣路易土石坝施工中，采用特大型斗轮式挖掘机，开采的土料经两个卸料口轮流直接装入100t的底卸汽车运输，21个工作小时装车1000车，取土高度12m，前沿开挖宽度18.3m。

4.采砂船开挖，有轨机车运输，转胶带机（或自卸汽车）上坝

国内一些大中型水电工程施工中，广泛采用采砂船开采水下的沙砾料，配合有轨机车运输。在我国大型载重汽车尚不能充分满足需要的情况下，有轨机车仍是一种效率较高的运输工具，它具有机械结构简单、修配容易的优点。当料场集中、运输量大、运距较远（大于10km）时，可用有轨机车进行水平运输。有轨机车运输的临建工程量大，设备投资较高，对线路坡度和转弯半径的要求也较高，但有轨机车不能直接上坝，在坝脚经卸料装置至胶带机或自卸汽车转运上坝。

坝料的开挖运输方案很多，但无论采用何种方案，都应结合工程施工的具体条件。组织好挖、装、运、卸的机械化联合作业，提高机械利用率；减少坝料的转运次数；各种坝料铺填方法及设备应尽量一致，减少辅助设施；充分利用地形条件，统筹规划和布置；运输道路的质量标准，对提高工效降低车辆设备损耗具有重要作用。

第三节　土料压实

土石料的压实是土石坝施工质量的关键。维持土石坝自身稳定的土料内部主力（黏结力和摩擦力）、土料的防渗性能等，都是随土料密实度的增加而提高。例如，干表观密度为1.4t/m³的沙壤土，压实后若提高到1.7t/m³，其抗压强度可提高4倍，渗透系数将降低至1/2000。由于土料压实结果，可使坝坡加陡，加快施工进度，降低工程投资。

一、土料压实特性

土料压实特性与土料自身的性质，颗粒组成情况、级配特点、含水量大小以及压实功能等有关。

对于黏性土和非黏性土的压实有显著的差别。一般黏性土的黏结力较大，摩擦力较小，具有较大的压缩性，但由于它的透水性小，排水困难，压缩过程慢，所以很难达到固结压实。而非黏性土料则相反，它的黏结力小、摩擦力大、有较小的压缩性，但由于它的透水性大、排水容易、压缩过程快，因此能很快达到压实。

土料颗粒粗细做成也影响压实效果。颗粒愈细，空隙比就愈大，含矿物分散度愈大，就愈不容易压实，所以黏性土的压实干表观密度低于非黏性土的压实干表观密度。颗粒不均匀的沙砾料，比颗粒均匀的细砂可能达到的干表观密度要大一些。土料的含水量是影响压实效果的重要因素之一。用原南京水利实验处击实仪（南实仪）对黏性土的击实试验，得到一组击实次数、干表观密度与含水量的关系曲线。

非黏性土料的透水性大、排水容易、压实过程快，能够很快达到压实，不存在最优含水量，含水量不做专门控制，这是非黏性土料与黏性土料压实特性的根本区别。压实功能大小也影响着土料干表观密度的大小，击实次数增加，干表观密度也随之增大而最优含水量则随之减小，说明同一种土料的最优含水量和最大干表观密度并不是一个恒定值，而是随压实功能的不同而异。

一般说来，增加压实功能可增加干表观密度，这种特性对于含水量较低（小于最优含水量）的土料比对于含水量较高（大于最优含水量）的土料更为显著。

二、土石料的压实标准

土料压实得越好，物理力学性能指标就越高，坝体填筑质量就越有保证。但土料过分压实，不仅提高了压实费用，而且会产生剪力破坏，反而达不到应有的技术经济效果，可见对坝料的压实应有一定的标准。由于坝料性质不同，因而压实的标准也各异。

（一）黏性土料（防渗体）

黏性土的压实标准，主要以压实干表观密度和施工含水量这两指标来控制。1. 用击实试验来确定压实标准；2. 用最优饱和度于塑限的关系，计算最大干表观密度；3. 施工含水量确定。

（二）砂土及砂砾石

砂土及砂砾石是填筑坝体或坝壳的主要材料之一，对其填筑密度也应有严格要求。它的压实程度与粒径级配和压实功能有密切的关系，一般用相对密度 Dr 来表示：Dr=（emax—e）/（emax—emin）式中 emax——砂石料的最大空隙比；emin——砂石料的最小空隙比；e——设计空隙比。

在施工现场，对相对密度进行控制仍不方便，通常将相对密度换算成相应的干表观密度 rp（t/m³），作为控制的依据 rp=rmax*rmin/[rmax—Dr（rmax—rmin）] 式中 rmax——砂石料最大干表观密度，t/m³；rmin——砂石料最小干表观密度，t/m³，设计的相对密度，与地震等级、坝高等有关。一般土石坝，或地震烈度在 5 读以下的地区，Dr 不宜低于 0.67；对高坝，或地震烈度为 8~9 度时，Dr 应不小于 0.75。对砂性土，还要求颗粒不能大小和过于均匀，级配要适当，并有较高的密实度，防止产生液化。

（三）石渣及堆石体（坝壳料）

石渣或堆石体作为坝壳材料，可用空隙率作为压实指标。根据国内外的工程实践经验，碾压式堆石体空隙率应小于 30%，控制空隙率在适当范围内，有利于防止过大的沉陷和湿陷裂缝。一般规定其压实空隙率为 22%~28% 左右（压实平均干表观密度为 2.04~2.24t/m³）以及相应的碾压参数。

三、压实机械及压实参变数

压实机械对工程进度、工程质量和造价有很大的影响。压实机械的选择原则：应根据筑坝材料的性质、原状土的结构状态、填筑方法、施工强度及作业面积的大小等选择性能能达到设计施工质量标准的碾压设备类型。如按不同材料分别配置不同的压实机械，就会出现机械闲置的情况。所以确定机械种类和台数时，还应从填筑整体出发，考虑互相配合使用的可能。

1. 羊脚碾

羊脚碾的羊脚插入土中，不仅使羊脚底部的土料受到压实，而且使侧向上午土料也受到挤压，从而达到均匀的压实效果。羊脚碾仅适用于压实黏性土料和黏土，不适合压非黏性土。土料压实层在一定深度的范围内，可以获得较高的压实干表观密度，但土体的干表观密度沿深度方向的分布不均匀。羊脚碾的独特优点是能够翻松表面土层，可省去刨毛工序，保证了上下土层的结合质量，此外，羊脚碾还能起到混合土料的作用，可以使土料级配和含水量比较均匀。羊脚顶端接触应力的过大或过小，都会降低碾压效果。

2. 气胎碾

气胎碾适用于压实黏土料，也适合于压实非黏性土料，如黏性土、黏土、沙质土和沙砾料等，都可以获得较好的压实效果。气胎碾的充气轮胎，在压实过程中具有一定的弹性，可以和压实的土料同时发生变形，轮胎与土料的接触应力主要取决于轮胎的充气压力，与轮胎的荷载大小无关。

3. 振动碾

振动碾是一种以碾重静压和振动力共同作用的压实机械，较之没有振动的压实机械，土中应力可提高 4~5 倍，因而它能有效地压实堆石体、沙砾料和砾质土，也可用与压实黏性土和黏土。

4. 夯实机械（重锤）

夯板适用于压实沙砾料、砾质土和黏性土，也可用于压实黏土。

第四节　坝体填筑

土石坝的坝基开挖、基础处理及隐蔽工程等验收合格后，就可以全面展开坝体填筑。坝体填筑包括基本作业（卸料、平料、压实及质检）和辅助作业（洒水、刨毛、清理坝面和接触缝处理）。

一、坝面流水作业

土石坝填筑必须严密组织，保证各工序的衔接，通常采用分段流水作业。分段流水作业是根据施工工序数目将坝面分段，组织各工种的专业队伍，依次进入各工段施工。对同一工段来讲，各专业队按工序依次连续施工；对各专业队来讲，依次连续地在各工段完成固定的专业工作。进行流水作业，有利于施工队伍技术水平的提高，保证施工过程中人、地和机具的充分利用，避免施工干扰，有利于坝面连续有序的施工。

1.组织流水作业原则

1）流水作业方向和工作段大小的划分要与相应高程的坝面面积相适应，并满足施工机械正常作业要求。宽度应大于碾压机械能错车与压实的最小宽度，或卸料汽车最小转弯半径的 2 倍，一般为 10~20m；长度主要考虑碾压机械的作业要求，一般为 40~100m。其布置形式（A.垂直坝轴线流水；B.平行坝轴线流水；C.交叉流水）。

2）坝体填筑工序按基本作业内容进行划分（辅助作业可穿插进行，不过多占用基本作业时间），其数目与填筑面积大小铺料方式、施工强度和季节等有关。一般多划分为铺料和压实 2 个工序，也有划分为铺料、压实、质检 3 个工序或铺料、平料、压实、质检 4 个工序。为保证个工序能同时施工，坝面划分的工作段数目至少应等于相应的工序数目，在坝面较大或强度较低的情况下，工作段数可大于工序数。

3）完成填筑土料的作业时间，应控制在一个班以内，最多不超过一个半班，冬夏季施工为防止热量和水分散失应尽量缩短作业循环时间。

4）应将反滤料和防渗料的施工紧密配合，统一安排。

2.拟定流水作业程序

1）拟定工序数目 n；

2）拟定流水作业单位时间 t（h）：t=a*T/n 式中 T——一个班内有效工作时间，h/班；n——工序数目；a——同一段各工序循环一次所用的班数，一般取 1~1.5；

3）计算工作段面积 w（m²）：w=q/h*t/T 式中 q——坝体填筑相应高程的松土上坝强度，m³/班；h——每层铺松土厚度，m；T——一个班内有效时间，h/班；t——单位时间（h）；

4）计算工作段数目 m，即：m=S/w 式中 S——坝体相应高程的填筑面积，m²；w——工作段面积，m²。

若 m<n 时，流水作业不能正常进行，需要进行适当调整，使两者相等。调整途径为合并某些工序以减少 n，缩短流水单位时间 t 以增加 m。

二、卸料及平料

通常采用自卸汽车、胶带机直接进入坝面卸料，由推土机平铺成要求的厚度。自卸汽车倒土的间距应使后面的平料工作减少，便于铺成要求的厚度。在坝面各料区的边界处，铺料会有出入，通常规定其他材料不准进入防渗区边界线的内侧，边界外侧铺土距边界线的距离不能超过 5cm。

为配合碾压施工，防渗体土料铺筑应平行于坝轴线方向进行。

1. 自卸汽车卸料

自卸汽车可分为后卸、底卸和侧卸三种。底卸式汽车可边行驶边卸料，但不能运输大粒径的块石或漂石；侧卸式汽车适用运输反滤料及有固定卸料点的运输。自卸汽车上坝的运输线路布置取决于坝址两岸地形条件、枢纽布置、坝的高低、上坝强度等因素，主要有两种布置方式：一种为汽车自两岸（或一岸）岸坡上坝公路上坝，因此采用由两岸向中央（或一岸想另一岸）进占方式；另一种为汽车沿坝坡"之"字形公路上坝。

（1）土料

当用自卸汽车防渗土料时，为了避免重型汽车多次反复在已压实的填筑土层上行驶，会使土层产生弹簧土、光面与剪力破坏，严重影响结合层的质量，应采取进占法卸料与平料。即汽车卸料方向向前进展，一边卸料，推土机也随即平料，交替作业，汽车在刚平好的松土上行驶，重车行驶坝面路线应尽量不重复。

（2）沙砾料

一般粒径较小，推土机很容易在料堆上平土，因此，可采用常规的后退法卸料，即汽车卸料方向后退扩展。

（3）堆石料

堆石料往往含大量的大块径石料，不仅影响推土机、汽车在卸料上行驶，还容易损坏推土机履带和汽车的轮胎、而且也难以将堆石料散开。可采用进占法卸料，推土机随即平料，这样大粒径块石就易推至铺料前沿的下部，细部粒料填入堆石体上部的空隙，使表面平整，便于车辆通行。

2. 胶带机上坝布置及卸料

（1）上坝布置

上坝胶带机应根据地形、坝长、施工场地具体条件、运输强度以及施工分期等因素进行布置。布置方式主要有：①岸坡式布置；②坝坡式布置。

（2）胶带机坝面卸料

与铺土厚度或压实工具有关，可适用于黏性土、沙砾料、沙质土。其优点是可利用坝坡直接上坝，不需专门道路，但要配合专门机械或人工散料。随着坝体升高，将经常移动胶带机，一般有以下几种卸、散料方式：①摇臂胶带机卸料、推土机散料；②摇臂胶带机卸料，人工——手推车散料。

三、碾压方法

坝面的填筑压实应按一定的次序进行，避免发生漏压与超压。防渗体土料的碾压方向应平行坝轴线方向进行，不得垂直于坝轴线方向碾压，避免局部漏压形成横穿坝体的集中渗流带。碾压机械行驶的行与行之间必须重叠 20~30cm 左右，以免产生漏压。此外，坝料分区之间的边界也容易成为漏压的薄弱带，必须特别注意要互相重叠碾压。

根据工程实践经验，碾压机械行驶速度大小对坝料（如黏性土）压实效果有一定的影响，各种碾压机械的行驶速度一般应通过试验确定，自行式碾压机械的行驶速度以 1~2 档为宜。羊脚碾、气胎碾可采用进退错距法或转圈套压法两种。

四、结合部位施工

土石坝施工中，坝体的防渗土料不可避免地与地基、岸坡、周围其他建筑的边界相结合。由于施工导流、施工方法、分期分段分层填筑等的要求，还必须设置纵横向的接坡、接缝。所以这些结合部位，都是影响坝体整体性和质量的关键部位，也是施工中的薄弱环节，处理工序复杂，施工技术要求高，且多系手工操作，质量不易控制。接坡、接缝过多，还会影响到坝体填筑速度，特别是影响机械化施工。对结合部位的施工，必须采取可靠的技术措施，加强质量控制和管理，确保坝体的填筑质量满足设计要求。

五、反滤层施工

反滤层的填筑方法，大体可分为削坡体、挡板法及土、砂松坡接触平起法三类。土、砂松坡接触平起法能适应机械化施工，填筑强度高，可做到防渗体、反滤料与坝壳料平起填筑，均衡施工，被广泛采用。根据防渗体土料和反滤层填筑的次序，搭接形式的不同，可分为先土后砂法和先砂后土法。

无论是先砂后土法或先土后砂法，土砂之间必然出现犬牙交错的现象。反滤料的设计厚度，不应将犬牙厚度计算在内，不允许过多削弱防渗体的有效断面，反滤料一般不应伸入心墙内，犬牙大小由各种材料的休止角所决定，且犬牙交错带不得大于其每层铺土厚度的 1.5~2 倍。

第五节　砼面板堆石坝垫层与面板的施工

一、垫层施工

垫层为堆石体坡面上最上游部分可用人工碎料或级配良好的沙砾料填筑。垫层须与其他堆石体平起施工，要求垫层坡面必须平整密实，坡面偏离设计坡面线最大不应超过 3~5cm，避免面板厚薄不均，有利于面板应力分布。施工程序：①先沿坡面上下无振碾压数遍，随即将突出及凹陷处加以平整；②然后用振动碾沿坡面自下而上用振动碾压数遍，再次对凹凸处进行平整；③在坡面上涂抹三次阳离子沥青乳胶，每涂抹一次用手或机械喷撒一些粒径小于 3mm 的砂子，并再在坡面上自下向上用振动碾碾压。涂抹沥青乳胶的目的是用以黏结垫层坡面的松散材料不被振动滚落，可防止雨水对垫层坡面的冲刷，提高垫层的阻水性和使面板易于沿垫层坡面滑移，避免开裂。

二、砼面板的分缝止水及施工

砼防渗面板包括主面板及砼底座。面板砼应满足设计和施工强度、抗渗、抗侵蚀、抗冻及温度控制的要求：1. 面板的分缝止水；2. 砼面板施工，底座的基坑开挖、处理、锚筋及灌浆等项目，应按设计及有关规范要求进行，并在坝体填筑前施工。砼面板是面板堆石坝挡水防渗的主要部位，同时也是影响进度与工程造价的关键。在确保质量的前提下，还必须进一步研究快速经济的施工技术，如施工机具的研制、砼输送和浇筑方案的选择、施工工艺及技术措施等方面的问题。

第六节　质量检查控制及事故处理

土石坝施工的整个过程中，加强施工质量的检查与控制是保证施工质量的重要措施，同时，对施工中出现的质量事故，必须及时地认真处理，确保坝体的安全运用。

一、质量检查控制

施工质量是直接影响坝体土料物理力学性质，从而影响到大坝安全的重要因素。我国在已查明滑坡原因的 107 座土坝中，因施工质量差而滑坡溃坝的有 73 座，占 68%。土石坝施工中，质量检查控制的项目较多，从坝基的开挖及处理，直到坝体的填筑，都应按国家和部颁发的有关标准、工程的设计和施工图、技术要求以及工地制定的施工规定进行。

二、事故处理

最常见的事故是土石坝的防渗土体发生裂缝、滑坡、坝体及坝基漏水等。

1. 干缩、冻融裂缝

干缩裂缝多发生在施工期上下游坝坡或坝顶的填筑面上，其特征是规律性差、呈龟裂状。如不及时处理，将加速水力劈裂或不均匀沉陷裂缝的产生和发展，造成严重的危害。其防治方法是及时做好护坡和保护层，对已出现的裂缝，可视深浅的不同，采用开挖回填或将裂缝全部铲除重新回填处理。

2. 沉陷裂缝

由于岸坡过陡或坡率变差大、地基不均匀沉降、黄土湿陷变形、坝体施工期填筑高度过大及坝体压实不够等原因而产生沉陷裂缝，这种裂缝有横向和纵向两种，而以横向裂缝危害更大。对横向裂缝，不论其大小，都应进行严格的处理，防止贯穿坝体漏水失事，如裂缝深度在 1.5m 以内，可沿缝开挖成梯形断面，应挖至裂缝尖灭后再加深 0.2~0.5m，以防止遗漏"多"字形成或"纺锤形"裂缝的存在；在裂缝水平方向的开挖宽度，应延伸裂缝尖灭后再加长 1~2m。裂缝开挖后应避免日晒雨淋，防止雨水渗入缝内，回填时要注意新老土料的结合。

3. 滑坡裂缝

土坝的滑坡多出现在均质土坝的施工期或初期运行中，据裂缝的不同特点，可分成滑弧形式和溯流滑动两大类。

第七节 雨季和冬季施工

受外界气象环境的影响，尤其是对防渗土料影响更大。雨季会给土料增大含水量，而冬季土料又会冻结成块，都会影响压实效果和施工质量。此外，为了保证坝体的施工速度、降低工程造价，也需要解决好雨季和冬季中的施工措施问题。

一、雨季施工

土石坝防渗体土料，在雨季施工总的原则是"避开、适应和保护"。一般情况下应尽量避免在雨季进行土料施工，选择对含水量不敏感的非黏性土料适应雨季施工，争取小雨日施工，增加施工天数；在雨日不太多、降低强度大、花费不大的情况下，采取一般性的防护措施也常能奏效。

运输道路也是雨季施工的关键之一。一般的泥结碎石路面，当遇雨水浸泡时，路面容易破坏，即使天晴坝面可复工，但因道路影响了运输而不能即时复工，不少工程有过此教训，所以应加强雨季路面维护和排水措施，在多雨地区的主要运输道路，可考虑采用砼路面。

二、冬季施工

寒冷地区，当日平均气温低于 0℃ 时，黏性土料按低温季节施工；日平均气温低于 —10℃ 时，一般不宜填筑土料，否则应进行技术论证。冬季施工的主要问题在于：土的冻结使土体强度增高，不易压实，而冻土的融化却使土体的强度和土坡的强度和土坡的稳定性降低，处理不好，将使土体产生渗漏或溯流滑动。外界气温降低时，土料中水分开始结冰的温度低于 0℃，即所谓过冷现象。

第六章　混凝土坝工程施工技术

混凝土坝按结构特点可分为重力坝、大头坝和拱坝；按施工特点可分为常态混凝土坝、碾压混凝土坝和装配式混凝土坝；按是否通过坝顶溢流可分为非溢流混凝土坝和溢流混凝土坝。混凝土坝泄水方式除坝顶溢流外，还可在坝身中部设泄水孔（中孔）以便洪水来临前快速预泄，或在坝身底部设泄水孔（底孔）用以降低库水位或进行冲砂。

混凝土坝的主要优点是：①可以通过坝身泄水或取水，省去专设的泄水和取水建筑物；②施工导流和施工度汛比较容易；③枢纽布置较土石坝紧凑，便于运用和管理；④当遇偶然事故时，即使非溢流坝顶漫流，也不一定失事，安全性较好。其主要缺点是：①对地基要求比土石坝高，混凝土坝通常建在地质条件较好的岩基上，其中混凝土拱坝对坝基和两岸岸坡岩体强度、刚度、整体性的要求更高，同时要求河谷狭窄对称，以充分发挥拱的作用（当坝高较低时，通过采取必要的结构和工程措施，也可在土基上修建混凝土坝，但技术比较复杂）；②混凝土坝施工中需要温控设施，甚至在炎热气候情况下不能浇筑混凝土；③利用当地材料较土石坝少。

拱坝要求地基岩石坚固完整、质地均匀，有足够的强度、不透水性和耐久性，没有不利的断裂构造和软弱夹层，特别是坝肩岩体，在拱端力系和绕坝渗流等作用下要能保持稳定，不产生过大的变形。拱坝地基一般需做工程处理，通常对坝基和坝肩做帷幕灌浆、固结灌浆，设置排水孔幕，如有断层破碎带或软弱夹层等地质构造，需做加固处理。

混凝土坝的安全可靠性计算主要体现在两个方面：①坝体沿坝基面、两岸岸坡坝座或沿岩体中软弱构造面的滑动稳定有足够的可靠度；②坝体各部分的强度有足够的保证。

混凝土坝在19世纪后期才开始出现，并得到迅速发展。1936年，美国建成坝高221.4m、体积336万m³的胡佛（Hoover）坝，是现代混凝土坝建成的典型代表，其主要标志是：①建立了较实用的坝体应力分析法；②采用较合理的坝体构造；③提出了较完整的施工方法和采用了相应的施工设备；④制定了较完善的控制混凝土开裂措施；⑤用安全系数来协调安全与经济的关系等。全世界已建的坝高在百米以上的大坝中，大部分是混凝土坝。20世纪60年代以后，由于施工技术和机械化有所提高，土石坝的建设技术得到了发展，混凝土坝的比重有所下降，但随着混凝土坝设计理念的不断创新，特别是碾压混凝土筑坝技术的发展，混凝土坝建设将开创更广阔的前景。

第一节　施工组织计划

一、施工道路布置

混凝土水平运输采用自卸汽车运输，结合工程地形及各部位混凝土施工的具体情况，本工程混凝土水平运输路线主要有以下两条：

第一种：右岸下游混凝土拌和系统—下游道路—基坑，运距 600m，该道路自基坑混凝土填筑施工时开始填筑，填筑至高程 1285m，完成高程 1285m 以下混凝土浇筑后，清除该道路后进行护坦、护坡及消力池施工。

第二种：右岸下游混凝土拌和系统—右岸上坝公路，运距约 600 ~ 1000m，顺延高程逐渐增大方向边填筑边修路，完成 1285 ~ 1319.20m 高程填筑任务，本道路为本主体工程混凝土施工主干道。

二、负压溜槽布置

结合工程地形情况，大坝混凝土垂直入仓方式采用负压溜槽（Φ500）。考虑到混凝土拌和系统布置在左岸，故将负压溜槽布置在左坝肩 1319.20 拱端上游侧。混凝土运输距离近，且不受汛期下游河道涨水道路中断影响。负压溜槽主要担负 1311 ~ 1319.20m 高程碾压混凝土施工。

三、施工用水

大坝混凝土施工用水：根据现场条件，在右岸布置 1 座 200m³ 水池，水池为钢筋混凝土结构，布设 Φ100mm 钢管作为以保证大坝混凝土浇筑、灌浆、通水冷却施工等用水。水源主要以上游围堰通过机械抽水引至右岸 200m³ 高位水池为主，右岸上下游冲沟 Φ40mm 管 2 根山泉自流水引至高位水池为辅。

砂石生产系统和混凝土拌和系统用水：从右岸 200m³ 高位水池通过 Φ80mm 引至拌和站、Φ40 砂石系统等施工用水。

生活区用水：在大坝右岸坝肩平台上方，建造一个容量为 45m³ 的钢筋混凝土水池作为生活用水池，同时也作为大坝施工用水备用水池。

生产用水特征一览表

序号	部位	容量	水池结构	进水管路（直径/长度）	供水管路（直径/长度）	备注
1	大坝右岸右坝肩平台	200m³	钢筋混凝土结构	Φ120/300m	Φ80/500m	大坝施工用水
2	大坝右岸右坝肩平台	200m³	钢筋混凝土结构	Φ120/300m＋2根Φ40/600m	Φ40/4500m	砂石生产系统用水
3	大坝右岸右坝肩平台	200m³	钢筋混凝土结构	Φ120/300m	Φ80/700m	混凝土拌和系统用水

四、施工用电

由业主提供的生活营地下右侧山包1312m高程平台低压配电柜下口接线端，搭接电缆至大坝施工部位，拌和系统部位以保证大坝混凝土浇筑等施工用电需求。

砂石生产系统用电：采用砂石生产系统山体侧取380V电源（专用1台630KVA变压器），供砂石生产系统半成品和成品加工用电、生活用水等。

生活区用电：采用大坝右岸生活营地上方山包1312m高程平台配电所所取380V电源（专用1台430KVA变压器），供生活用电。

用电特征一览表

序号	使用部位	功率（kw）	线路（型号/长度）	备注
1	砂石生产系统	550	150铜芯电缆/250m	砂石系统生产用电
2	混凝土拌和系统	375	150铜芯电缆/700m	混凝土生产用电
3	大坝及生活区	250	150铜芯电缆/600m 120铝芯/900m	大坝施工用电、生活区照明用电

五、施工程序

混凝土总体施工程序如下：

施工准备→坝基垫层混凝土浇筑→大坝坝体混凝土浇筑→溢流坝段闸墩及溢流面混凝土浇筑→消力池混凝土浇筑→门槽埋件及二期混凝土浇筑→坝顶混凝土浇筑→尾工清理→竣工验收。

六、主要施工工艺流程

主要施工工艺流程如下：

施工准备→混凝土配制→混凝土运输→混凝土卸料→摊平→浇捣及碾压→切缝→养护→进入下个循环。

七、施工准备

（一）混凝土原材料和配合比

将原材料质量进行检测，如下：

（1）水泥：水泥品种按各建筑物部位施工图纸的要求，配置混凝土所需的水泥品种，各种水泥均应符合本技术条款指定的国家和行业的现行标准以及本工程的特殊要求。在每批水泥出厂前，实验室均应对制造厂水泥的品质进行检查复验，每批水泥发货时均应附有出厂合格证和复检资料。每60吨取一组试样，不足60吨时每批取一组试样按《中热硅酸盐水泥、低热硅酸盐水泥、低热矿渣硅酸盐水泥》（GB200—2003）中的规定进行密度、烧失量、细度、比表面积、标准稠度、凝结时间、安定性、三氧化硫含量、碱含量、强度等性能试验。

（2）混合材：碾压混凝土采用应优先采用Ⅰ级粉煤灰，经监理人指示在某些部位的混凝土中可掺适量准Ⅰ级粉煤灰（指烧失量、细度和SO3含量均达到Ⅰ级粉煤灰标准，需水量比不大于105%的粉煤灰）。依据《水工混凝土掺粉煤灰技术规范》（DL/T5056—1996）、《粉煤灰混凝土应用技术标准》GBJ146—90、《用于水泥和混凝土中的粉煤灰》（GB1596—91）和其他经监理人同意的有关标准，检测粉煤灰比重、细度、烧失量、三氧化硫含量、需水量比、强度比。混凝土浇筑前28d提出拟采用的粉煤灰的物理化学特性等各项试验资料，粉煤灰的运输和储存，应严禁与水泥等其他粉状材料混装，避免交叉污染，还应防止粉煤灰受潮。

（3）外加剂：碾压混凝土中一般掺入高效减水剂（夏季施工掺高效减水缓凝剂）和引气剂，其掺量按室内试验成果确定。依据《混凝土外加剂》（GB8076—1997）对各品种高效减水（缓凝）剂、引气剂、早强剂进行检测择优，检测项目有减水率、泌水率比、含气量、凝结时间差、最优掺量和抗压强度比，选出1~2个品种进行混凝土试验。依据《喷射混凝土用速凝剂》（JC477—1992）对不同速凝剂掺量检测其净浆凝结时间、1d抗压强度、28d抗压强度比、细度、含水率等。依据《混凝土膨胀剂》（JC476—1998）对不同膨胀剂检测其细度、凝结时间、限制膨胀率、抗压抗折强度等，选出1~2个品种进行净浆试验。

（4）水：一般采用饮用水，如有必要依据《混凝土拌合用水标准》（JGJ63—1989）进行包括pH酸碱度（不大于4）、不溶物、可溶物、氯化物、硫化物等在内的水质分析。

（5）超力丝聚丙烯纤维

按施工图纸所示的部位和监理人指示掺加超力丝聚丙烯纤维，其掺量应通过试验确定，并经监理人批准。采购的超力丝聚丙烯纤维应符合下列技术要求：密度为900~950Kg/m3；熔点155~165℃；燃点≥550℃；导热系数≤0.5W/k.m；抗酸碱性=320Mpa；抗拉强度Mpa≥340；断裂伸长率10~20%；杨氏弹性模量（MPa）＞3500；断裂伸长率为10~35%；分散性应保证在水中能均匀分散；直径15~20µm；外观呈束状单丝，有光泽，白色无杂质、斑点。

（6）砂石料：为砂石系统生产的人工砂石料，依据《水工混凝土砂石骨料试验规程》（DL/T5151—2001）检测骨料的物理性能：比重、吸水率、超逊径、针片状、云母、压碎指标、各粒径的累计质量分数、砂细度模数、石粉含量等。

（7）氧化镁：现场掺用的氧化镁材料品质必须符合水规科〔1994〕0035《水利工程轻烧氧化镁材料品质技术要求》规定的控制指标，出厂前氧化镁活性指标检测必须满足均匀性要求。氧化镁原材料到达工地必须按照水规科〔1994〕0035《水利工程轻烧氧化镁材料品质技术要求》进行分批复检，合格方能验收。当膨胀率的氧化镁总含量超过5%，尚需依据引用标准GB175—1999对水泥与外掺氧化镁的混合物作安定性试验。

检验合格的原材料入库后要做好防潮等工作，保证其不变质。

（二）碾压混凝土配合比设计

配合比参数试验：

（1）根据施工图纸及施工工艺确定各部位混凝土最大骨料粒径，以此测试粗骨料不同组合比例的容重、空隙率，选定最佳组合级配。

（2）外加剂与粉煤灰掺量选择试验：对于碾压混凝土为了增强可碾性，需掺一定量的粉煤灰，并联掺高效减水剂、引气剂，开展碾压各外掺物不能组合比例的混凝土试验，测试减水率、Vc值、含气量、容重、泌水率、凝结时间，评定混凝土外观及和易性，成型抗压、劈拉试件。

（3）各级配最佳砂率、用水量关系试验：以二级配、0.50水灰比、用高效减水剂、引气剂与粉煤灰联掺，取至少3个砂率进行混凝土试验，评定工作性，测试Vc值、含气量、泌水率，成型抗压试件。

（4）水灰比与强度试验：分别以二、三级配，在0.45~0.65之间取四个水灰比，用高效减水剂、引气剂与粉煤灰联掺进行水灰比与强度曲线试验，成型抗压、劈拉试件。三级配混凝土还成型边长30cm试件的抗压强度，得出两组曲线之间的关系。

（5）待强度值出来后，分析参数试验成果，得出各参数条件下混凝土抗压强度与灰水比的回归关系，然后依据设计和规范技术要求选定各强度等级混凝土的配制强度，并求出各等级混凝土所对应的外掺物组合及水灰比。

（6）调整用水量与砂率，选定各部位混凝土施工配合比进行混凝土性能试验，进行抗压、劈拉、抗拉、抗渗、弹模、泊松比、徐变、干缩、线胀系数和热学性能等试验（徐变等部分性能试验送检测中心完成）。

（7）变态混凝土配合比设计，通过试验确定在加入不同水灰比的胶凝材料净浆时，浆液加入量和凝结时间、抗压强度关系。

根据试验得出的试验配合比结论，应在规定的时间内及时上报监理，业主单位审核，经批准后方可使用。

（三）提交的试验资料

在混凝土浇筑过程中，承包人应按 DL/T5150—2001 的规定和监理人的指示，在出机口和浇筑现场进行混凝土取样试验，并向监理人提交以下资料：

（1）选用材料及其产品质量证明书；

（2）试件的配料；

（3）试件的制作和养护说明；

（4）试验成果及其说明；

（5）不同水胶比与不同龄期（7d、14d、28d 和 90d）的混凝土强度曲线及数据；

（6）不同粉煤灰及其他掺合料掺量与强度关系曲线及数据；

（7）各龄期（7d、14d、28d 和 90d）混凝土的容重、抗压强度、抗拉强度、极限拉伸值、弹性模量、抗渗强度等级（龄期 28d 和 90d）、抗冻强度等级（龄期 28d 和 90d）、泊松比（龄期 28d 和 90d）；

（8）各强度等级混凝土坍落度和初凝、终凝时间等试验资料；

（9）对基础混凝土或监理人指示的部位的混凝土，提出不同龄期（7d、14d、28d 和 90d、180d、360d）的自生体积变形、徐变和干缩变形（干缩变形试验龄期直到 180d），并提出混凝土热学性能指标（包括绝热温升等）。

（四）砂浆、净浆配合比设计

碾压混凝土接缝砂浆、净浆（变态混凝土用），按以下原则设计配合比：

（1）接缝砂浆

接缝砂浆用的原材料与混凝土相同，控制流动度 20cm ～ 22cm，以此标准进行水灰比与强度、水灰比与砂灰比、不同粉煤灰掺量与抗压强度试验，测试砂浆凝结时间、含气量、泌水率、流动度，成型 7d、28d、90d 抗压试件。

（2）变态混凝土用净浆

选择 3 个水灰比测试不同煤灰掺量时净浆的黏度、容重、凝结时间，7d、28d、90d 抗压试件。

根据试验成果，微调配合比并复核，综合分析后将推荐施工配合比上报监理工程师审批。

八、主要施工措施

（一）混凝土分层、分块

混凝土分块按设计施工蓝图划分的坝块确定。

混凝土分层则根据大坝结构和坝体内建筑物的特点以及混凝土浇筑时段的温控要求，

工期节点要求确定。碾压混凝土分层受温控条件，底部基础约束区浇筑块厚度控制 3.0m 范围以内，脱离基础约束区后浇筑层厚度控制在 3.0m 以内。局部位置根据建筑结构及现场实际情况进行适当调整，大坝碾压混凝土分块主要根据大坝结构、混凝土生产系统拌和强度、混凝土运输入仓强度及方式、坝体度汛要求等来进行划分的，具体如下：

（1）根据混凝土拌和系统生产能力和混凝土入仓强度分析，在如下条件下需进行分块：混凝土仓面面积小于 4000m² 采用通仓浇筑，否则进行分块浇筑。

（2）根据 2015 年度汛要求，汛期前大坝碾压混凝土上升至 1316.00m 高程，溢流坝段与非溢流坝段左岸侧 5# 缝 — 坝 0 + 142.35m 采用满管溜管施工，做单块施工等。

（二）模板工程

1. 模板选型与加工

根据大坝的结构特点，本标段大坝工程模板主要采用组合平面钢模板、木模板、多卡悬臂翻转模板、加工成型木制模板、散装钢模板等。基础部位以上的坝体上下游面主要采用定型组合多卡悬臂翻转模板，基础部位采用散装组合钢模板施工。坝体横缝面的模板采用预制混凝土模板。水平段基础灌浆、交通、排水廊道侧墙，采用组装钢模板，相交节点部分采用木制模板。廊道顶拱采用木制模板、散装钢模板组合等。

（1）大坝混凝土模板选用目前先进的多卡悬臂翻转模板，可根据需要与木模板任意组合，在各种方位快速调节，即使是对于特殊的施工部位，这些标准模板也能经济地组合，其技术优越性在于能显著加快施工进度，提高模板施工技术水平，降低成本，且能保证施工人员安全，获得更加完美的混凝土浇筑质量。

（2）闸墩墩头、墩尾等部位，采用定型组合钢模板或木模板，加快施工速度及获得平整光滑的混凝土表面。

（3）表孔溢流堰面及光滑连接段，按设计曲线加工成有轨拉模。

（4）坝体廊道侧墙模板，以组合钢模板为主，廊道顶拱采用混凝土预制模板进行施工。

2. 模板施工

（1）模板支立前，必须按照结构物施工详图尺寸测量放样，并在已清理好的基岩上或已浇筑的混凝土面上设置控制点，严格按照结构物的尺寸进行模板支立。

（2）为了加快施工进度，采用吊车进行仓面模板支立。

（3）采用散装钢模板或异型模板立模时，要注意模板的支撑与固定，预先在基岩或仓面上设置锚环，拉条要平直且有足够强度，保证在浇筑过程中不走样变形。安装的模板与已浇筑的下层混凝土有足够的搭接长度，并连接紧密以免混凝土浇筑出现漏浆或错台。

（4）模板表面涂刷脱模剂，安装完毕后要检查模板之间有无缝隙，进行堵漏，保证混凝土浇筑时不漏浆，拆模后表面光滑平整。

（5）混凝土浇筑完后，及时清理附着在模板上的混凝土和砂浆，根据不同的部位，确定模板的拆除时间，拆除下来的模板及时清除表面残留砂浆，修补整形以备下次使用。

（6）模板质量检查控制主要为模板的结构尺寸、模板的制作和安装误差、模板的支撑固定设施、模板的平整度和光洁度、模板缝的大小等是否符合规范及设计要求，通过以上控制程序保证模板的施工符合要求。

（三）钢筋工程

1. 钢筋的采购与保管

依据施工用材计划编制原材料采购计划，报项目经理审批通过后实施采购。原材料按不同等级、牌号、规格及生产厂家分批验收，分类堆放、作好标识、妥善保管。

2. 材质的检验

（1）每批各种规格的钢筋应有产品质量证明书及出厂检验单。使用前，依据 GB1499 的规定，以同一炉（批）号、同一截面尺寸的钢筋为一批，重量不大于 60t，抽取试件作力学性能试验，并分批进行钢筋机械性能试验。

（2）根据厂家提供的钢筋质量证明书，检查每批钢筋的外观质量，并测量本批钢筋的代表直径。

（3）在每批钢筋中，选取经表面检查和尺寸测量合格的两根钢筋，各取一个拉力试件和一个冷弯试验（含屈服点、抗拉强度和延伸率试验）。如一组试验项目的一个试件不符合规定的数值时，则另取两倍数量的试件，对不合格的项目作第二次试验，如有一个试件不合格，则该批钢筋为不合格产品。需焊接的钢筋尚应作焊接工艺试验。

（4）钢筋混凝土结构用的钢筋应符合热轧钢筋主要性能的要求，水工结构非预应力混凝土中，不得使用冷拉钢筋。

（5）以另一种钢号（或直径）代替设计文件规定的钢筋时，须报监理工程师批准后使用。

3. 钢筋的制作

钢筋的加工制作应在加工厂内完成。加工前，技术员认真阅读设计文件和施工详图，以每仓位为单元，编制钢筋放样加工单，经复核后转入制作工序，以放样单的规格、型号选取原材料。依据有关规范的规定进行加工制作，成品、半成品经质检员及时检查验收，合格品转入成品区，分类堆放、标识。

4. 钢筋的安装

钢筋出厂前，依据放样单逐项清点，确认无误后，以施工仓位安排分批提取，用 5t~8t 或 10t 半挂车运抵现场，由具备相应技能的操作人员现场安扎。

钢筋焊接和绑扎符合 GB50204—2002 第 5 节的规定，以及施工图纸要求执行。绑扎时根据设计图纸，测放出中线、高程等控制点，根据控制点，对照设计图纸，利用预埋锚筋，布设好钢筋网骨架。钢筋网骨架设置核对无误后，铺设分布钢筋。钢筋采用人工绑扎，绑扎时使用扎丝梅花形间隔扎结，钢筋结构和保护层调整好后垫设预制混凝土块，并用电焊加固骨架确保牢固。

钢筋接头连接采用手工电弧焊或直螺纹、冷挤压等机械连接方式。焊工必须持证上岗，并严格按操作规程运作。

对于结构复杂的部位，技术人员应事先编制详细的施工流程图，并亲临现场交底、指导安装。

5. 钢筋工程的验收

钢筋的验收实行"三检制"，检查后随仓位验收一道报监理工程师终验签证。当墙体较薄，梁、柱结构较小，应请监理先确认钢筋的施工质量合格后，方可转入模板工序。

钢筋接头的连接质量的检验，由监理工程师现场随机抽取试件，三个同规格的试件为一组，进行强度试验，如有一个试件达不到要求，则双倍数量抽取试件，进行复验。若仍有一个试件不能达到要求，则该批制品即为不合格品，不合格品，采取加固处理后，提交二次验收。

钢筋的绑扎应有足够的稳定性。在浇筑过程中，安排值班人员盯仓检查，发现问题及时处理。

工程钢筋制作主要技术要点如下：

1. 大坝钢筋制安总量约 244t，钢筋的加工制作均由钢筋加工厂加工制作完成。20m 平板车经右岸公路运至取料平台，由简易提升机吊、25T 汽车吊吊至各施工部位安装。

2. 钢筋加工厂内钢筋的加工制作以机械加工为主，人工制作加工为辅。

3. 钢筋接头以闪光对接焊为主，现场大直径直立接头尽量使用电渣压力对接焊或者机械连接，水平接头及小直径直立接头可采用搭接焊等方式施工。

4. 钢筋的现场安装绑扎工作以人工操作为主，安装绑扎的技术质量标准必须符合设计要求和行业规范的规定，还必须有足够的刚度和稳定性。钢筋架立加固材料的使用必须保证混凝土浇筑过程中的稳定性，钢筋加工、运输、安装过程中避免污染。

（四）预埋件埋设

1. 止水埋设

（1）止水设置

工程大坝共布置 6 条横缝，根据设计图纸，止水片在金属加工厂压制成型，现场进行安装焊接，安装前将止水片表面的油污、油漆、锈污及污皮等污物清除干净后，并将砂眼、钉孔补好、焊好，搭接时采用双面焊，不能铆接或穿孔或仅搭接而不焊等，焊接质量要符合规范要求。

根据图纸设计要求埋设塑料止水带（止水片），安装时固定在现浇筑块的模板上。

止水铜片的衔接按设计要求采取折迭咬接或搭接，搭接长度不小于 20mm，采取双面焊，塑料止水带的搭接长度不小于 10cm，铜片与塑料止水带接头采用铆接，其搭接长度不小于 10cm。

所有止水安装完成后，经监理工程师验收合格后，方可进行下一道工序施工。

（2）止水基座混凝土浇筑

止水基座成型后，采用压力水冲洗干净，然后浇筑基座混凝土。浇筑混凝土前，采用钢管、角钢或固定模板将止水埋件固定在设计位置上，不得变形移位或损坏，每次埋设的止水均高于浇筑仓面20cm以上。混凝土浇筑时，止水片两侧回填细骨料混凝土，配专人进行人工振捣密实，以防止大粒径骨料堆积在止水片附近造成架空，基座混凝土采用小型振捣器振捣密实。

（3）冷却水管埋设

为削减大坝初期水化热温升及中后期坝体通水冷却到灌浆温度，坝体埋设外径Φ32mm、内径Φ28mm的高强度聚乙烯管作冷却水管，固定水管用的U型钢筋为直径12mm，二级钢筋、锚入混凝土深度不低于30cm。冷却水管水平中心间距1.5m，局部可以放宽至2.0m，垂直向层距为1.5m。埋设时要求水管距大坝上下游表面距离不少于70cm，距廊道内壁应不低于100cm，与密集钢筋网（如廊道钢筋网）距离应不低于90cm，距横缝（诱导缝）不少于75cm，通水单根水管长度不宜大于250m。坝内蛇形水管按接缝灌浆分区范围结合坝体通水计划就近引入下游坝面预留槽内。引入槽内的水管应排列有序，做好标记记录，注意引入槽内的立管布置不得过于集中，以免混凝土局部超冷，引入槽内的水管间距一般不大于1m，管口应朝下弯，管口长度不小于15cm，并对管口妥善保护，防止堵塞。所有立管均应引至下游坝面临时施工栈桥附近，但不宜过于集中，立管管间间距不小于1.0m。

（4）接缝灌浆管埋设

接缝灌浆系统埋件包括止浆片、排气槽、排气管、进（回）浆管、进浆支管和出浆盒，灌浆管路敷设采用埋管法施工，按施工详图进行。为防止排气槽与排气管接头堵塞，排气管安装在加大的接头木块上；为防止进（回）浆管路堵塞，除管口每次接高通水后加盖外，在进（回）浆管底部50~80cm以上设一水平连通支管。进（回）浆管管口位置布置在灌浆廊道内，标识后做好记录，并进行管口保护，以防堵塞。

（5）坝基固结灌浆管埋设

固结灌浆管埋设材料宜采用Φ32橡胶管，也可采用能够承受1.5倍的最大灌浆压力的Φ32钢丝编织胶管。埋入孔内的进浆管和回浆管分别采用三通接头与主进浆管和主回浆管连接引至坝后灌浆平台，固结灌浆孔口利用水泥砂浆敷设密实，防止坝体混凝土进入将孔内堵塞。

（二）大坝主体混凝土

1. 大坝主体碾压混凝土

（1）施工程序

根据大坝碾压混凝土的施工特点，碾压混凝土施工从下到上均采用0.3m厚通仓薄层连续浇筑或间歇平层法、斜层平推法的施工方式进行施工。

（2）模板设计

1）连续翻转模板

上游坝面及横缝面模板的单块太高会不利于碾压混凝土机械的行走、碾压，故采用混凝土面板尺寸为 $3 \times 3m$（宽 × 高）的连续翻转模板。其结构主要包括面板系统、支撑系统、锚固系统及工作平台等，支撑系统为桁架式背架，支架上设吊耳，每一套模板使用 3 根（1排）Φ20 锚筋固定。

2）碾压混凝土台阶模板

碾压混凝土台阶模板采用组合式定型钢模板，其模板结构严格按照设计图纸进行设计、制作、加工，模板内定位锥配锚筋锚固，支撑系统为桁架式背架。

3）仓内横缝止水模板

采用 1.0cm 厚、无孔洞、棱边整齐的杉板按设计的结构尺寸加工而成，高 1.5m 或 3.0m，宽度与分缝结构相适应。加工成型后，将其完全浸入加热沥青锅内不少于 10 分钟，取出后晾干。

4）各门槽、孔洞、边角补缺、埋件施工部位等一些不宜采用定型或连续翻升模板施工的部位采用少量散装钢模板或木模板施工，施工前均需设计配板图，示出模板的布置和内外围令及拉条的位置，确保混凝土的成型尺寸。

（3）主要模板安装方法

1）连续翻转模板

仓面 8t 或 16t 汽车吊配合人工安装模板，在进行某一浇筑块的模板安装时，先利用已浇的混凝土顶部未拆除的模板进行固定，安装第一套模板，两套模板之间用连接螺栓连接。当第一套模板安装调整完毕且经检查验收合格后即进行混凝土浇筑，在混凝土浇筑过程中穿插第二套模板安装。当下个仓面混凝土浇筑时再安装第三套模板，三套模板翻转，可浇筑 1.5m 升层和 3.0m 升层混凝土。

在起始仓进行模板安装时，应采用钢筋柱作内撑进行稳固，并用拉杆来承受混凝土侧压力。

2）大坝碾压混凝土台阶模板

异型钢模由专业厂家定型制作，汽车将模板运输至揽机的受料平台，由揽机吊运入仓，仓内人工拼装成整体，并按测量放线位置安装模板。溢流面模板高度 120cm、非溢流面模板高度 300cm，可满足两层碾压混凝土碾压浇筑，当第一层碾压混凝土碾压完毕，随即由人工及时向模板预留孔内按设计图纸要求安装插筋，并予以固定。

3）仓内横缝止水模板

仓内横缝止水模板运至作业面后，采用人工直接安装。提前在已浇筑的混凝土面沿止水带模板方向预埋插筋，安装止水模板时，采用电焊焊接支撑钢筋的方法固定止水模板。

（4）斜层平推铺筑法

斜层平推铺筑法具有在不提高浇筑强度的条件下，可大幅度降低层间间隔时间，减小覆盖面积；在高温环境条件下，层间暴露时间短，预冷混凝土的冷量损失小；施工过程中遇到降雨时，临时保护的层面面积小，有利于斜层表面排水及改善混凝土之间层面结合质量等优点。

采用斜层平推铺筑法浇筑碾压混凝土时，"平推"方向根据仓位的长宽比确定为两种：一种方向垂直于坝轴线，即碾压层面倾向上游，混凝土从下游向上游推进，另一种是平行于坝轴线，即碾压层面从一岸倾向另一岸。碾压混凝土铺筑层以固定方向逐条带铺筑，坝体迎水面 8~15m 范围内，平仓、碾压方向与坝轴线方向平行。

（5）碾压混凝土斜层平推铺筑法施工

1）砂浆铺设

开仓前，首先在基础面均匀摊铺 2~3cm 厚、流动度 18~22cm 的水泥砂浆，随铺随卸料，以利层面结合，摊铺面积以 30min 能够覆盖为准。

2）开仓段碾压砼施工

碾压砼拌和后运输到仓面，按规定的尺寸和规定的顺序进行开仓段施工，刚开始的铺筑的斜面不需一次形成，通过铺筑几层砼逐步形成斜层面，即减少每个铺筑层在斜层前进方向上的厚度，并要求使上一层全部包容下一层，逐渐形成倾斜面沿斜层前进方向每增加一个升程 H，都要对老砼面铺砂浆，碾压时控制振动碾不能到老砼面上，避免压碎坡角处的骨料而影响该处碾压砼的施工质量。

3）碾压砼的斜层铺筑

斜层铺筑是碾压砼的核心部分，该部分工程量最大，其基本方法与平层铺筑法相同。为防止坡角处的碾压砼骨料被压碎而形成质量缺陷，施工中应采取预铺水平垫层的方法，并控制振动碾不得行驶到老砼面上去（开仓段斜层层面形成及斜面铺筑顺序示意图，施工中按图中的序号施工）。首先清扫、清洗老砼面（水平施工缝面），摊铺砂浆，然后沿碾压砼宽度方向摊铺砼拌和物形成水平垫层。水平垫层超出坡脚前缘 30~50cm，超出的部分第一次不予碾压而与下一层的碾压混凝土一起碾压，避免坡脚处骨料压碎，接下来进行下一个斜层铺筑碾压，如此反复至收仓段施工。

4）收仓段碾压砼施工

收仓段碾压砼相对于开仓段较简单，首先进行老砼面摊铺砂浆，然后采用斜层碾压收仓口铺筑方法示意图所示的折线形状施工，其中折线的水平段长为 8~10m，当浇筑的面积越来越小时，水平层和折线层交替铺筑，可满足层间间歇的时间要求。

（6）碾压砼的卸料和碾压要求

汽车卸料时严格控制靠近模板条带的作业，料堆边缘与模板的距离不小于 2.0m，与模板接触部位辅以人工铺料。为尽可能降低骨料分离对碾压混凝土层间结合性能的影响，汽车卸料后，料堆周边集中的大骨料及时用平仓铲并辅以人工进行清理和散开，不允许继续在未处理的料堆附近卸料。为减少骨料分离，前一车卸料完毕后先进行摊平，后一车卸在前一车料上。碾压混凝土松铺厚度 35cm，压实厚度 30cm，开仓前在模板上画出 5cm 宽的分层平仓控制线，并注意控制线的高程保持一致。

碾压方向与摊铺方向一致，振动碾碾压行走速度 1.1~1.3km/h，根据不同层次分别采用无振 2 遍 + 有振 6~8 遍 + 无振 2 遍碾压。碾压作业采用条带搭接法，碾压条带间的搭接宽度为 20cm，端头部位的搭接宽度不小于 100cm。

（7）碾压混凝土入仓

大坝主体碾压混凝土入仓方式，1282.0m 高程以下大坝碾压混凝土入仓采取自卸汽车直接入仓的方式。入仓口设置在右岸进坝公路与右岸基坑填筑道路连接，入仓口处 20m 长度的道路路面采用碎石路面，碎石路面厚度 30cm，472.0m~416.0m 高程碾压混凝土入仓采用自卸汽车运输，负压溜槽入仓的方式，负压溜槽设置在右岸坝肩。

（8）碾压混凝土卸料与摊铺

碾压混凝土施工按条带法铺料，条带方向平行坝轴线，条带宽度根据施工仓面的具体宽度按正比调整。主要施工技术要点为：

①为了利于仓面的排水和改善坝体受力条件，层面宜向上游倾斜，倾斜坡比按 1/50~1/100 控制。

采用斜层平推法铺筑时，由下游向上游铺筑，使层面倾向上游，坡度不陡于 1：10，坡脚部位尽量避免形成薄层尖角，施工缝面在铺砂浆前严格清除二次污染物，铺浆后立即覆盖混凝土。

碾压混凝土摊铺按先铺下游侧条带，再向上游依次铺开（如汽车入仓路口在下游一侧，先从上游一侧开始摊铺）的基本摊铺线路进行。

②汽车卸料时严格控制靠近模板条带的作业，料堆边缘与模板的距离不小于 2.0m，与模板接触部位辅以人工铺料。

③当汽车直接入仓或汽车在仓内转运时，每一条带起始卸料采用梅花形布料作业方法，料堆中心间距 7m 排距 4m，在卸料三排形成 13~15m 左右宽条带，铺料条带长度达到 12m 左右后进行平仓，平仓方向与坝轴线平行。条带形成后，汽车卸料卸在未碾压的混凝土坡面上，汽车卸料后平仓机随即开始按平仓厚度平仓，使铺料条带向前延伸推进。

④为尽可能降低骨料分离对碾压混凝土层间结合性能的影响，卸料平仓时做到：汽车卸料后，料堆周边集中的大骨料按人工或装载机等分散至料堆上，不允许继续在未处理的料堆附近卸料。

⑤平仓厚度由碾压层厚确定，本工程碾压层厚度按 30cm，其平仓厚度控制在 35cm 左右，每一上升层次的碾压厚度按技术部门根据监理工程师的要求和混凝土的生产能力确定，在上、下游模板上每隔 10m 画出分层平仓高度线。

大面积的平仓作业以具有操作灵活、接地比压小（行走时对层面的破坏小）等特点的 SD16 湿地推土机（以下简称平仓机）为主完成，平仓设备的数量按一台振动碾配一台平仓机配置。

⑥平仓机平仓作业后，辅以人工摊铺（如：模板及细部结构较集中的边角部位），使

仓面平顺，没有明显的起伏。

⑦汽车在碾压混凝土仓面行驶时，应尽量避免急刹车、急转弯等有损碾压混凝土质量的操作。

⑧在汽车直接布料控制范围以外的盲区，用平仓机或装载机将混凝土推运至盲区的方法施工。

（9）碾压混凝土碾压

为确保碾压混凝土的压实效果和生产效率，主要碾压设备应选用自重 10 吨以上级别的双钢轮振动碾，本工程碾压混凝土施工选用 LG513DD 型振动碾碾压。碾压作业采用条带搭接法，碾压方向垂直于水流方向，碾压条带间的搭接宽度为 15~20cm。碾压机具碾压不到的死角，以及有预埋件的部位，铺筑变态混凝土，用插入式振捣器人工振捣密实。

按振动碾碾压行走速 1.5km/h、碾压搭接宽度 15cm、平均有振、无振共碾压 10 遍，每天铺筑 3 层，日有效工作时间 20h 计算。

1）碾压施工技术要点：

①碾压速度：一般控制在 1~1.5km/h 范围内。

②碾压遍数：为防止振动碾在碾压时陷入混凝土内，对刚铺平的碾压混凝土先无振碾压 2 遍后使其初步平整，再继续有振碾压，直至碾压混凝土表面泛浆时再酌情增加 1~2 遍，一般为 8~10 遍。具体碾压遍数由大规模施工前的现场碾压试验确定。

③碾压达到规定的碾压遍数后，及时用率定过的表面型核子水分密度仪对压实后的混凝土进行容重测定，如果达不到规定的容重指标，需补振碾压，确保容重指标或压实度达到设计要求。在压实过程中，若混凝土表面出现裂纹，则在有振碾压后增加 2 遍无振碾压，当混凝土过早出现不规则、不均匀回弹现象时，检查混凝土拌和物的分离情况，及时采取措施予以调整。

④碾压作业条带清楚，走向偏差控制在 20cm 范围内，条带间重迭 15~20cm。碾压方向与摊铺方向一致，但在边角和结构变化部位根据不同情况变更碾压方向，同一碾压层两条碾压带之间因碾压作业形成的凸出带，采用无振慢速碾压 1~2 遍收平。收仓面的两条碾压带之间的凸出带，也采用无振慢速碾压收平。

⑤廊道上游 4m 宽范围碾压混凝土施工时，振动碾通过简易移动钢桥跨过横缝及诱导缝的细部结构物（止水片等）。

⑥碾压混凝土从出拌和楼至碾压完毕，控制在 2 小时内完成，碾压混凝土的层间允许间歇时间，控制在碾压混凝土初凝时间内，气温较高季节不超过 6 小时，即控制在《水工碾压混凝土规范》（DL/T5112—2009）、招标文件和设计要求允许范围内。

2）层面及缝面处理

工程碾压混凝土采取通仓、薄层连续上升的铺筑方式施工，层间间隔时间控制在混凝土初凝时间以内，且碾压混凝土从加水拌和到碾压完毕宜在 1 小时左右，不超过 2 小时。

当施工受气候等原因的影响，实际层间间隔时间超过了层间允许间隔时间（混凝土初凝后），就必须对层面进行处理。层面处理方式根据混凝土实际层间间歇时间和凝结性状确定，具体如下表现：

①当实际层间间歇时间在混凝土初凝时间与终凝时间之间时，需将层面的积水和松散物清理干净，在层面上铺一层 2~2.5cm 厚、标号比混凝土高一级的大流动度（8~12cm）砂浆，然后再进行下一层碾压混凝土摊铺和碾压作业。在汽车转运入仓的低部位，砂浆由 6m3 混凝土搅拌运输车运入仓内，按 4m 的中心间距以梅花点方式卸料，用平仓机以倒行的方式刮铺均匀。汽车不能直接入仓的高部位，砂浆经溜筒入仓，仓内用自卸汽车倒运至卸料部位。

②当遇实际层间间隔时间大于混凝土终凝时间时，对层面进行冲毛铺砂浆处理。冲毛时间根据季节、混凝土强度与设备性能等因素，经现场试验确定。施工时先对层面进行冲毛处理（冲毛的水压根据混凝土的实际强度调整，以能冲除混凝土表面浮浆、松动物料、露出小石和粗砂为准），然后铺一层 2~2.5cm 厚、标号比混凝土高一级的大流动度（8~12cm）砂浆，再进行下一层碾压混凝土摊铺和碾压作业。

③砂浆铺设与碾压混凝土摊铺同步连续进行，防止砂浆的黏结性能受水分过量蒸发和仓内施工机械活动污染的影响，严禁铺设砂浆后长时间不能铺筑碾压混凝土的现象发生。

3）入仓口处理、入仓车辆冲洗及封仓处理

入仓口处理：入仓口与基坑道路连接部位 30m 长度的道路路面采用 30cm 厚碎石路面。

入仓车辆冲洗：采用高压水枪将入仓车辆冲洗干净，冲洗后的车辆须在冲洗部位停留 1~5 分钟方可进入仓内，防止车辆将仓外的污物、泥土和污水等带入仓内。入仓车辆冲洗部位位于在入仓口处 30m 长度的碎石路面上。

封仓处理：入仓口部位模板采用散装钢模板作为封仓模板，且两端铺设钢板，便于入仓车辆进入仓内。

（五）变态混凝土施工

变态混凝土是碾压混凝土铺筑施工中，在靠近模板、分缝细部结构、岸坡位置等 50cm 宽范围内铺洒水泥粉煤灰灰浆而形成的富浆碾压混凝土，采用常态混凝土的振捣方法捣固密实，其与碾压混凝土结合部位，增用振动碾压实其浇筑随碾压混凝土施工逐层进行。主要施工技术要点为：

（1）掺入变态混凝土中的水泥粉煤灰灰浆，由布置在左岸上游拌和系统内的集中式制浆站拌制，通过专用管道输送至仓面。为防止灰浆的沉淀，在供浆过程中要保持搅拌设备的连续运转。输送浆液的管道在进入仓面以前的适当位置设置放空阀门，以便排空管道内沉淀的浆液和清洗管道的废水。灰浆中水泥与粉煤灰的比例同碾压混凝土一致，外加剂的掺量减半，其水胶比与碾压混凝土相同或减小 0.02。

（2）在将靠近模板、分缝细部结构或岸坡部位的碾压混凝土条带摊铺和平仓到一定的范围后，即可以开始进行变态混凝土的施工作业。

模板等边角部位变态混凝土的施工采用人工加浆振捣形式。

先由人工在距模板边约25cm的位置开出深15cm、宽15~20cm沟槽或采用直径为12cm的简易人工造孔装置按孔距30cm、孔深20cm梅花形布置插孔，再以定量的方式把灰浆均匀洒到沟槽或插孔内，掺浆15分钟后振捣。变态混凝土中灰浆的加入量通常为该部分碾压混凝土体积的4%左右（施工时通过试验确定），以普通插入式振捣器易于捣固密实为准。

（3）振捣作业在水泥粉煤灰灰浆开始加水搅拌后的一小时内完成，并做到细致认真，使混凝土外光内实，严防漏、欠振现象发生。

（4）变态混凝土与碾压混凝土结合部位，严格按照规范要求进行专门的碾压，相邻区域混凝土碾压时与变态混凝土区域的搭接宽度大于20cm。

（5）止水埋设处的变态混凝土施工过程中，对该部位混凝土中的大骨料人工剔除，并谨慎振捣，避免产生渗流通道，同时注意保护止水材料。

（六）溢流坝段闸墩、导墙、溢流面混凝土施工

（1）施工布置

溢流坝段闸墩、导墙和溢流面常态混凝土主要利用泵送结合汽车吊浇筑。

（2）施工程序

（1）闸墩、牛腿、导墙施工程序为：缝面处理→模板施工→止水和预埋件安装→钢筋安装→混凝土浇筑→养护。

（2）溢流面施工程序为：缝面处理→拉模轨道安装→分缝板及止水安装→钢筋安装→拉模设备及面板安装→混凝土浇筑→养护。

（3）混凝土运输、入仓

拌和系统→汽车运输至泵机→施工仓面。

（4）混凝土浇筑

1）浇筑方法及要求

①闸墩、导墙和牛腿混凝土在仓面较大时采用台阶法施工，一般仓面采用平层通仓法施工，每层的厚度均为50cm。

②溢流面的浇筑直线段采用拉模施工，曲线段采用样架控制施工。

③拉模范围内表孔混凝土采用泵送入仓。拉模宽12m，表孔整孔一次滑升，横缝填缝材料在浇筑前安装加固，拉模每次滑升0.4m。拉模浇筑混凝土过程中，及时把粘在模板、支承杆上的砂浆等清理干净，脱模后的溢流面混凝土表面及时抹面。

④仓内有两种以上标号的混凝土时，一般采用先中间后两边的下料次序，如导墙，先浇筑中间非抗冲耐磨混凝土，下料时局部非抗冲耐磨混凝土下至抗冲耐磨混凝土部位，人工将其挖出，然后浇筑抗冲耐磨混凝土。

⑤各种埋件按设计图纸和规范要求安装，确保安装精度，并予加固。混凝土浇筑过程

中，做好保护工作。

2）仓面准备

①闸墩、导墙、牛腿的仓面准备工作同基础垫层混凝土。

②溢流堰面常态混凝土浇筑前，将碾压混凝土预留台阶上的杂物清理干净，混凝土面人工凿毛、冲洗干净并保持湿润，预留台阶上的预埋插筋需除锈、校直。按设计图纸施工测量放样后，标出表孔底板的设计轴线、边线、底板外轮廓线。样架施工段，标出样架安装位置，进行样架安装。拉模施工段，标出拉模装置主要构件的位置，然后在拉模施工段内整段进行拉模滑轨安装、横缝止水及模板安装、底板结构钢筋安装、拉模牵引设备、拉模模体及人工抹面平台的安装。安装完成的样架或拉模，经测量校核、总体检查验收合格后，方可进行堰面混凝土的浇筑。

③经缝面处理并验收满足混凝土浇筑条件的仓面，在浇筑上一仓混凝土前，铺设一层厚 2~3cm 的砂浆，砂浆的标号比同部位的混凝土高一级，每次铺设的砂浆面积与浇筑强度相适应，以铺设后 30 分钟内被覆盖为限。

3）平仓振捣

①闸墩、导墙、牛腿混凝土的平仓、振捣方法与基础垫层常态混凝土的小仓面相同。

②表孔常态混凝土平仓方式：将振捣棒插入料堆顶部，缓慢推或拉动振捣棒，逐渐借助振动作用铺平混凝土。平仓不能代替振捣，并防止骨料分离。

③由于溢流面钢筋密集，采用软管振捣器振捣时，要加强振捣，既要防止漏振及还要防止过振，以免产生内部架空及离析。振捣器在仓面按一定的顺序和间距逐点振捣，间距为振捣作用半径的一倍半，并插入下层混凝土面 5cm，每点振捣时间控制在 15~25s，以混凝土表面停止明显下沉、周围无气泡冒出、混凝土面出现一层薄而均匀的水泥浆为准。振捣器距模板的垂直距离不小于振捣有效半径 1/2，不得触动钢筋及预埋件。浇筑的第一坯混凝土以及在两罐混凝土卸料后的接触处加强振捣。

④拉模滑动时严禁振捣混凝土。

4）抹面收仓

①溢流堰面样架施工段采用人工在样架间搭设的施工平台上，根据样架曲线进行抹面收仓。

②溢流堰面拉模施工段采用人工在抹面平台上进行抹面收仓。

（七）横缝及结合层面施工

（1）本标段碾压混凝土横缝采用切缝机切割或设置隔板等方法形成，缝面位置及缝内填充材料应满足施工图纸和监理人指示的要求。

（2）并仓施工的横缝采取"先振后切"的方式进行，采用振动切缝机连续切缝，振动切缝机由电动振动夯扳机加装刀片改制而成，切缝刀片长 45cm，切缝深度 25cm，其重量约 70kg，切缝速度约为 22m/h。以振动的方法用刀板沿横缝切缝，缝宽 10~12mm，成缝后将分缝材料（塑料彩条布）压入横缝内。

（3）成缝面积每层应不少于设计缝面的60%，按施工图纸所示的材料填缝。

（4）对于采用立模浇筑成型的横缝，通过刮铲、修整等方法将其表面的混凝土或其他杂质清除，层面结合施工具体如下：

1）大坝碾压混凝土采取斜层平推法的铺筑方式施工，各层面间应保持清洁、湿润，不得有油类、泥土等有害物质，层间间隔时间控制在混凝土初凝时间以内。

2）第一层RCC摊铺前，均匀铺1.5~2cm厚标号比混凝土高一级的大流动度（8~12cm）垫层拌和物，然后再进行下一层碾压混凝土摊铺和碾压作业，其上部碾压混凝土须在砂浆初凝前碾压完毕，垫层拌和物由轮式砂浆摊铺机运入仓内摊铺均匀。

3）上游防渗区内（二级配范围内），每个碾压层面铺水泥净浆或水泥掺合料浆。水泥净浆、水泥掺合料浆的配合比及其覆盖时间应通过试验确定，并经监理人批准。

4）碾压混凝土铺筑层面在收仓时要基本上达到同一高程或预定的层面形状，因降雨或其他原因造成施工中断时，应及时对已摊铺的碾压混凝土进行碾压，停止铺筑处的混凝土面宜碾压成不陡于1∶4的斜坡面，并将坡角处厚度小于15cm的部分切除。当重新具备施工条件时，根据中断时间长短采取相应的层缝面处理措施后继续施工。

5）正常施工缝在混凝土收仓后10h左右用压力水冲毛，清除混凝土表面的浮浆，以露出粗砂粒和小石为准，具体高压水冲毛时间及压力通过试验确定。下仓混凝土摊铺前，须先铺一层1.5cm~2cm厚的砂浆。

6）工作缝的处理：当实际层间间歇时间在混凝土初凝时间与终凝时间之间时，需将层面的积水和松散物清理干净，在层面上铺一层厚3mm的水泥粉煤灰灰浆，然后进行下一层碾压混凝土的摊铺和碾压作业；当实际层间间隔时间大于混凝土终凝时间时，施工前先对层面进行冲毛处理，然后铺一层1.52cm厚、标号比混凝土高一级的大流动度（812cm）砂浆，再进行下一层碾压混凝土的摊铺和碾压作业。

7）为提高层间结合强度，应采取以下措施：

①采用高效缓凝减水剂，并根据气温条件的不同适当调整配合比，使RCC初凝时间满足连续浇筑层间允许间歇时间要求。

②尽量缩短RCC上下层面覆盖的间隔时间，确保RCC上下层覆盖时间比RCC的初凝时间缩短1~2h。

③高温多风天气，运输混凝土过程中应加以铺盖，避免阳光直射，混凝土仓面宜采取喷雾加湿措施，降低环境温度，防止混凝土表面失水，影响层面结合。

④施工中保持层面的清洁。在采取汽车直接入仓时，对汽车轮胎进行冲洗及冲洗后的脱水。仓面各种机械严格防止漏油，若发现油污及时清除。控制避免仓面各种机械的原地转动，减少对层面的扰动破坏。

（八）异种混凝土的施工

大坝河床部位基础面先浇筑常态混凝土垫层，间歇7~10天后再浇筑上层碾压混凝土。同一仓内的常态混凝土与碾压混凝土必须连续施工，相接部位的振捣密实或压实，必须在初凝前完成。异种混凝土相接部位浇筑顺序应优先考虑先常态后碾压，也可采取先碾压后常态，但在结合部位均应采用振动碾碾压3~5遍。

如果采取先碾压混凝土后常态混凝土，则在碾压完成后，铺筑略低于碾压混凝土面的常态混凝土，用高频插入式振捣器从模板边依次向相接部方向振捣，并插入下层混凝土3~5cm，在两种混凝土结合处必须认真振捣，确保两种混凝土融混密实。

如果采取先常态混凝土后碾压混凝土，则在常态混凝土浇筑完成后迅速铺筑略高于常态混凝土面的碾压混凝土10cm左右的细料。在碾压混凝土料铺好后随即碾压，碾压搭接长度以30~35cm为宜。

（九）碾压混凝土止水、排水系统施工

大坝横缝的止、排水系统采用了止水片和排水管的形式，上游止水系统布置了2道止水铜片和1道橡胶止水片，第一、二道止水铜片距上游坝面分别为100cm、175cm，第三道橡胶止水片距上游坝面分别为250cm。下游止水系统在585.0m高程以下布置1道止水铜片，止水铜片距下游坝面20cm。坝体横缝排水系统按设计要求进行埋设施工，施工过程中注意管道的保护，防止堵管（孔）。

混凝土浇筑前，在加工厂按设计要求尺寸将止水铜片加工成型，止水铜片及橡胶止水片由人工在现场按设计和规范要求用钢筋支撑或小型钢固定，铜片止水连接由人工用气焊现场焊接，橡胶止水采用硫化焊接，按设计位置将止水片接长固定后，分层安装沥青杉板，边上升边安装。碾压混凝土卸料时，采用D31Q—20平仓铲，在止水片附近保持一定距离卸料，用小型平仓机辅以人工将混凝土料在埋件附近摊平，并振捣密实。

坝体排水孔分为4种型式：钻孔成孔、拔管成孔、埋无砂管、埋MHY—200K塑料盲沟管（外包土工织物）。对于预埋排水孔，采用人工在现场按设计和规范要求用钢筋支撑或小型钢固定，边上升边安装。碾压混凝土卸料时，在止水片附近保持一定距离卸料，用小型平仓机辅以人工将混凝土料在埋件附近摊平，并振捣密实。施工中对无砂管及塑料盲沟管接头部分进行保护，防止混凝土进入造成堵塞。

（十）细部结构施工

工程碾压混凝土的细部结构施工，主要指永久横缝止水片、坝体排水管等施工。

永久横缝止水片施工时控制自卸汽车在该部位附近的装载量及采用分次卸料法卸料，用平仓机慢速将混凝土料推至该部位，按变态混凝土的施工方法进行混凝土浇筑。

（十一）主要技术控制要点

1. 主要技术要求

（1）混凝土设计主要技术指标

①大坝碾压混凝土主要为二级配和三级配碾压混凝土，混凝土设计龄期180天，与基岩相接部位为基础混凝土。

②各部位混凝土按设计要求进行标号分区，混凝土标号分区及主要设计指标见表：

混凝土标号分区及主要设计指标表

分区	部位	设计龄期	强度等级	轴心抗压强度标准值（N/mm2）	抗渗标号	抗冻标号	极限拉伸值	强度保证率	线膨胀系数（/℃）
A	堰体、闸墩	28	常态C25	17.00	W6	F100	≥0.85×10—4	≥85%	≤07×10—5
B	坝基垫层（固结灌浆压重）	90	变态（II）C20	13.50	W8	F100	≥0.85×10—4	≥85%	≤07×10—5
C	坝顶	28	常态C20	13.50	W6	F100	≥0.85×10—4	≥85%	≤07×10—5
D	坝上游	90	RCC（II）C20	13.50	W8	F100	≥0.85×10—4	≥85%	≤07×10—5
E	坝体内部下游	90	RCC（III）C20	13.50	W6	F100	≥0.85×10—4	≥85%	≤07×10—5
F	廊道顶部预制构件	28	常态C25	17.00	W8	F100	≥0.85×10—4	≥85%	≤07×10—5

②混凝土由水泥（或掺粉煤灰）、水、粗细骨料以及外加剂组成。

③为减少施工过程中骨料分离、提高层面抗渗性能，碾压混凝土配合比设计时适当减少大石含量。

（2）碾压混凝土的温度控制。

大坝设计允许最高温度控制标准表

部位	12~2月	3，11月	4，11月	5，9月
基础强约束区	24	27	29	29
基础弱约束区	24	27	30	30
脱离基础弱约束区	24	27	31	34

（3）冷缝视间歇时间的长短分成Ⅰ型和Ⅱ型冷缝，对Ⅰ型冷缝面，将层面松散物和积水清除干净，铺一层2cm~3cm厚的砂浆后，即可进行下一层RCC摊铺、碾压作业；Ⅱ型冷缝按施工缝处理。连续浇筑允许层间间歇时间及Ⅰ型、Ⅱ型冷缝之间歇时间具体的层间间隔时间应通过砼现场试验确定。

（4）浇筑升层层厚与层间间歇期：本工程碾压砼根据拌和楼生产能力、砼允许层间间隔时间和本公司拟配备的模板情况，按1.5m升层和3.0m升层全坝面采用斜层平推法或采用大仓面薄层连续铺筑或间歇铺筑，碾压混凝土压实层厚约30cm，采用连续上升的浇筑方式，正常工作缝和因故停歇的施工缝形成后，一般停歇3~5天。

（5）连续浇筑允许层间间歇时间

根据招标文件技术要求，碾压混凝土安排在低温季节（10~5月）浇筑，采用薄层连续铺筑，每一升程之间间歇期不少于4天。

（6）碾压砼拌和料从出机口到平仓、碾压完毕控制在2小时以内。

（7）仓面VC值控制在3~5s范围内，以不陷振动碾为原则。

（十二）施工流程控制要点

1）施工流程要点

①混凝土拌和：混凝土采用坝址右岸下游拌和系统拌和，水泥灰浆采用自设在右岸坝肩平台的制浆站拌制。

②混凝土运输入仓：416.0m高程以下碾压混凝土采用自卸汽车直接入仓的方式，入仓口设置在右岸，416.0m高程以上碾压混凝土采用自卸汽车运输，负压溜槽入仓。溢流坝段闸墩、导墙、溢流面以及门槽二期等常态混凝土采用混凝土搅拌车运输，泵送入仓的方式。

③碾压混凝土层厚及升层：采用通仓薄层连续或间歇上升、平层法和斜层平推法施工，升层1.5m和3.0m碾压层厚为30cm。

④铺料与平仓

碾压混凝土在仓内卸料从一端向另一端进行，边卸料边平仓。平仓采用平仓机，局部骨料集中时采用人工予以散开。

⑤碾压：采用LG513DD振动碾碾压，碾压参数按生产性试验成果，报监理工程师审批后实施。

⑥层面及缝面处理：必须间歇的层面，按要求采用高压水冲毛，浇筑混凝土前铺砂浆，止水片下游的横缝及诱导缝采用埋设预制混凝土模板的方式形成，上游止水带分缝采用白铁皮夹 PVC 板隔缝。

⑦模板提升：坝体上下游采用多卡翻转钢模板，利用吊车提升安装，随坝体上升而升高。

（十三）施工过程中施工质量保障措施

1）施工仓内的运行组织与管理

大坝混凝土施工仓面由项目部负责全面管理，工程管理部和安全质量环保部派 2~4 名人员现场专人值班，每班值班人员 1 人，实行轮班制，负责现场施工质量控制工作。根据现场施工的实际情况，每班设总指挥一名，副指挥 1~2 名，并佩戴袖标。总指挥负责现场混凝土施工的全面安排、组织、指挥与协调，并对进度、质量、安全负责。总指挥遇到处理不了的问题时，及时向有关部门直至项目经理反映，并尽快解决。现场各施工环节，均设代班工长一名，并持指挥旗，负责该环节（或两种）设备、运行方式的指挥调度，如卸料指挥，具体负责仓内汽车等的运行及卸料位置指挥，平仓工长负责平仓机运行指挥等。质量、安全、试验现场值班人员也佩戴袖标上岗，对施工质量进行检查和检测，并按规定填写记录。

除现场总指挥外，其他人员都不在仓面直接指挥生产，各级领导和有关部门现场值班人员发现问题或做出的决定均通过总指挥实施。

所有参加混凝土施工的人员，严格遵守现场交接班制度，并按规定作好施工记录，因公临时离开岗位经总指挥批准，不允许在交班前因私离开岗位。

施工仓面上的所有设备、检测仪器和工具，在暂不操作时都停放在不影响施工或现场指挥指定的位置上，出入仓面人员的行走路线或停留位置都不得影响正常施工。

必须保持仓面的无杂物、无油污、干净整洁：①进入碾压混凝土施工仓面的人员要将鞋子上黏着的泥污洗干净，禁止向仓内抛投任何杂物（如烟头、纸屑等）；②施工设备利用交接班的短暂空隙时间开出仓外加油，如在仓内加油，采取措施防止污染仓面，由质检人员负责监督与检查。

要保证仓面同拌和系统及有关部门的通信联系畅通，并设专人联络。

2）混凝土高温天气和雨天施工

工程碾压混凝土施工尽量安排在低温季节施工（1 ~ 4 月和 10 ~ 12 月），当必须在高温季节施工时，将采取各种温控措施，满足设计及规范要求。

（1）高温天气施工

①在高气温、强日照和大风季节条件下施工时，采取大面积喷雾的措施，以补偿仓内混凝土表面蒸发的水分，保持仓面湿润，控制整个仓面的温度随气温上升的幅度，必要时，在白天高温时段对碾压混凝土表面覆盖保温材料，以隔热保温。

②喷雾装置的主机用高压水冲毛机改制，采用喷头通过轻型耐压管与主机连接。在四、

五、六月份气温较高季节施工，当仓面宽度大于 20m 时，沿上、下游模板每隔 30m 各设一喷雾头；当仓面宽度小于 20m 时，沿上游或下游模板顶每隔 30m 设一喷雾头。

③在大风、干燥气候条件下施工时（气温不高），采用人工手持喷雾装置的方式对仓面进行局部喷雾增湿处理，防止混凝土及层面出现发干、发白现象。

④混凝土运输过程中，在运输设备上加设遮阳棚，减少因太阳直射引起混凝土的温度回升和 VC 值损失。

⑤采用较低的 VC 值，仓面控制在 1~5s 范围内。

⑥采用高效缓凝减水剂，延长混凝土初凝时间。

⑦控制碾压混凝土最高温度不超过设计允许最高温度，入仓温度根据设计最高温度及气温条件等因素确定。

（2）雨天施工

①施工期间加强气象预报工作，及时了解雨情和其它气象情况，妥善安排施工进度。

②雨天施工加强降雨量的测试工作，雨量测试由设置在拌和系统的现场试验室负责，每二十分钟向施工调度部门和仓面总指挥报告一次测试结果。

③当雨量小于 3mm/h 时，碾压混凝土继续施工，但采取如下措施：

a 拌和楼生产的碾压混凝土拌和物 VC 值适当调大，采用上限值，如降雨持续时间长，采取适当减小碾压混凝土水胶比的措施，具体减小幅度由现场试验室值班负责人根据现场情况确定。

b 汽车卸料后立即用塑料编织布覆盖，平仓时再揭开，并立即平仓、碾压，严禁未碾压好的混凝土拌和物长时间暴露在雨中。

c 在靠近边坡基础和老混凝土与仓面交结的部位，做好临时排水沟，使边坡水不侵入碾压混凝土。

④当雨量达到或超过 3mm/h 时，由总指挥发出暂停施工命令，拌和系统停止拌和，仓面迅速完成尚未进行的卸料、平仓和碾压作业。如遇大雨或暴雨，将卸入仓内的混凝土料堆、未完成碾压作业的条带和整个仓面全部覆盖，待雨后再做处理。

⑤暂停施工命令发布后，碾压混凝土生产、施工一条龙的所有施工人员都仍坚守岗位，并做好随时恢复施工的准备工作。

⑥雨后恢复施工前做好如下工作：

a 停放在露天运送混凝土的施工车辆，必须将车斗内的水倾倒干净，立即排除场内的积水，当符合要求后，即开始碾压混凝土的铺筑施工；

b 新生产的碾压混凝土 VC 值按上限控制；

c 由质检人员对仓面进行认真检查，挖除有漏碾或其他被水严重侵入的混凝土。对混凝土面因受雨水冲刷裸露砂石严重的部位采用铺灰浆或砂浆。

4）原材料控制

所有原材料必须符合设计与规范要求，钢材、水泥、粉煤灰、外加剂等都必须有出厂合格证和有关技术指标或试验参数，试验中心根据规范要求对所有的原材料进行抽样检查，不合格的原材料严禁使用。

5）施工配合比试验

试验室设计和试验的配合比在满足混凝土主要设计指标及施工工艺要求的同时，还必须通过现场生产试验后调整确定，并报监理工程师批准后方可使用。

6）过程中质量控制

根据设计及规范质量标准和监理工程师指令，按质检程序规定及要求对本工程施工全过程实施过程受控。

（1）配料与拌和

a 由试验确定并经监理工程师审批的配料单必须严格执行，严禁擅自更改。

b 为确保配料的准确性，拌和系统料斗斗门设自动控制并相互连锁装置，称量设备设补充和扣除系统，所有称量设备都按期进行校准、测试，拌和楼配置砂子含水量自动装置，用于随时监测砂子含水量的变化情况。

c 混凝土拌和时，严格按现场试验确定的并由监理工程师批准的投料顺序、拌和时间进行。为保证混凝土有足够的拌和时间，拌和楼应设定时器及信号设施。

（2）混凝土运输

a 运输机具在使用前进行全面检查和清理，雨天及高温季节在运输机具上安置防雨设施。

b 混凝土运输过程中转料及卸料的最大自由下落高度控制在 1.5m 以内，因故停歇过久，已经初凝的混凝土作废料处理。

c 对早龄期碾压混凝土部位及入仓口部位的混凝土采用铺设钢板的方法进行保护。

（3）碾压混凝土铺筑

a 严格控制砂浆的摊铺厚度和均匀性。

b 碾压混凝土的铺筑分条带进行，汽车入仓时采用退铺法依次卸料。平仓作业采用平仓机摊铺，平仓机不允许直接在已压实的混凝土面上行走。

c 严禁在仓内加水，不合格的混凝土不允许入仓。

d 铺筑过的碾压混凝土表面平整、无凹坑，并稍向上游倾斜，坡度为 1∶50 ～ 1∶100，不允许有向下游倾斜的坡度。

e 当铺筑施工时，开仓前按拟定的层厚在模板上放样，并严格按放样要求进行铺筑。

f 所用施工机械进仓前，均冲洗干净，仓内施工机械设备不得有污染混凝土的现象，否则按正常工作缝处理。

g 混凝土碾压时严格按现场碾压试验确定的并报监理工程师批准的施工程序、施工工艺参数进行。

h 碾压分条带进行，条带之间采用搭接法，搭接长度为 10~20cm，端头部位的搭接宽度为 100cm 左右。

i 连续上升铺筑的混凝土，层间允许间隔时间控制在混凝土的初凝时间内，混凝土拌和物从拌和到碾压完毕的时间控制在 1.0h 以内，并不大于 2.0h。

l 为保证混凝土质量，拆模时间必须达到施工详图和设计文件规定的要求。

（4）层间结合及施工缝处理

严格按技术条款的要求进行层间结合及施工缝处理，对于碾压前摊放过久或因气温较高而造成表面发白的混凝土料，作废料处理，严禁加水碾压。

因施工计划改变、降雨或其他原因造成施工中断时，及时对已摊铺的混凝土进行碾压，停止铺筑处的混凝土面碾压成不大于 1∶4 的斜坡面。

（5）变态混凝土浇筑

在对变态混凝土进行注浆前，先将相邻部位的碾压混凝土压实，以免灰浆流到碾压混凝土内影响碾压质量，注浆量严格按设计要求控制。

（6）碾压混凝土的温度控制

高温季节严格控制碾压混凝土的入仓温度，质检人员应随时检查碾压混凝土的入仓温度，使碾压混凝土的入仓温度不大于设计要求温度。专人控制喷雾的范围，保证碾压混凝土的湿润和仓面气温。设专人控制混凝土入仓时间和覆盖时间，使碾压混凝土在初凝前施工完毕。

（7）测量控制

施工期工程测量利用业主提供的三角网点和水准网点进行逐层施工放样，放样过程严格按测量规范进行，保证施工尺寸满足设计精度要求。

（8）建立健全质保体系

①建立健全岗位责任制，让人人各行其职、各负其责。

②质量检查实行"三检制"，即班组自检、质安科复检，项目部质安部终检，上道工序不合格下道工序不施工，做到层层把关。

③施工时配备三班专职质检人员进行盯仓，严把质量关。

（9）及时检测

碾压混凝土质量的检测采取随机取样的方式进行，检测项目及至样次数如"碾压混凝土检测标准表"所示：

①碾压混凝土仓面 VC 值控制 3~5s，超出界限时，调整碾压混凝土的用水量。

②严格控制掺引气剂的碾压混凝土中的含气量，其变化范围宜为 ±1%。

③碾压混凝土铺筑时，按规范规定进行检测并作好纪录，每 4 小时检测一次碾压混凝土入仓温度和浇筑温度。

④压实容重检测采取表面型核子水分子密度仪，铺筑 100~200m² 碾压混凝土至少有一个检测点，每层有 3 个以上检测点，测试在压实后 1 小时内进行。

⑤碾压混凝土施工质量评定标准见"碾压混凝土施工质量评定标准"表。用于确定抗压强度均方差的强度数据应能代表一批至少 30 次连续试验，每次试验的抗压强度应为一

盘碾压混凝土取样制作的 3 个试件平均值。

⑥钻孔取样是评定碾压混凝土质量的综合方法，钻孔在碾压混凝土铺筑后 3 个月进行，钻孔的位置及数量根据现场施工情况确定。

（10）试验检验

①试验检验的主要项目

A 混凝土原材料（砂、石、水泥、粉煤灰、外加剂、水）性能检测试验；

B 钢筋及止水材料性能检验试验、焊接试验；

C 混凝土物理力学、变形、耐久性能检验试验；

D 混凝土生产质量控制检验；

E 砌体材料性能检验；

F 灌浆材料性能检验；

G 支护锚杆、注浆材料性能试验；

H 芯样性能试验及砼强度无损检测；

I 混凝土补强材料性能试验；

G 砂浆性能检测试验。

②试验检验方案

建立符合技术规范要求的试验室，配置充足的试验检测技术人员和试验检测设备，按 ISO9002 标准完善质量保证体系、试验检测质量手册，并通过计量认证。

试验工作按招标文件、监理工程师的要求和相应的规程规范进行，使进场的原材料质量、施工过程质量、以及混凝土制成品质量完全处于试验室的检验和控制之中，保证各类原材料和混凝土制成品的质量，满足设计和相应的规程规范要求。

混凝土现场质量检测与控制。

A 依据招标文件和《混凝土质量控制标准》（GB50164—1992）及相应规范要求，对喷射混凝土、普通混凝土、砂浆、注浆和灌浆材料的生产质量实行跟班检查。将原材料及混凝土配合比试验成果、现场质量控制计划（包括各类材料和产品取样频次）报监理工程师审批后实施。

B 根据经监理工程师批准的原材料和混凝土施工配合比，按相应部位的施工通知单签发混凝土施工配料单，做到严格按混凝土配合比施工。

C 按招标文件、相应规范要求以及经批准的质量控制计划，在原材料堆放场地、拌和机口、浇筑点对原材料、混凝土、砂浆、水泥净浆适时跟班取样检验，成型抗压强度和性能试验试件。

D 做好值班记录，内容包括：施工部位、浇筑时间、原材料质量情况、使用的混凝土配合比、实际用水量、称量检查记录、拌和时间、取样检验成果、试件编号等。对主要测试成果，在现场编制质量控制管理图，以便及时掌握混凝土、砂浆、水泥净浆等工程质量情况，并接受业主和监理工程师对现场质量的监督检查。

E 对所有检验成果进行分析，分类整理归档，形成质量检测月报，报送监理工程师和发包人。

F 试验室成立检测与试验质量控制 QC 小组，对施工过程中的材料和产品的质量检测与试验成果从各个不同的环节进行控制和分析，不断提高工程质量。

G 在混凝土质量检测与控制过程中随时接受监理工程师的监督检查，并予以全力配合，若其对质量控制另有指示，则遵照执行。

H 业主提供的材料，按照招标文件要求以及上述试验工作程序进行试验检验，其试验成果报监理工程师。

⑤质量保证措施

A 贯彻科学管理、精心施工、过程受控、质量一流的方针，坚持质量第一、质量一票否决、质量重奖重罚的原则，确保各项质量技术指标达到国优标准。

B 建立健全质量保证体系，明确质量第一责任人、质量主管责任人、技术责任人，建立质量责任制，确保出具的试验检验报告具有科学、精确、公正性。

C 贯彻相关规范和监理工程师的批示，所有试验检验均在监测工程师的监督下开展工作，并建立资料分析与报送制度。

D 建立健全内部管理。试验检验人员全部持证上岗，按质量手册履行职责，并定期接受业务、质量、安全文明生产等知识培训；制定严格的操作规程和试验规程，所有原始试验资料均有试验人、计算人、校核人的签名，数据资料均妥善保管直到移交。

E 试验检验设备定期按规定进行计量鉴定，对不合格的计量器具即刻停用和淘汰，以确保试验数据的准确性。

（十四）大坝混凝土温控防裂施工技术措施

大坝混凝土施工过程中，混凝土的温度控制严格遵照招标技术文件执行。对混凝土原材料、配合比优化、拌和生产、运输、入仓浇筑、覆盖保温、通水冷却及洒水养护等全过程进行质量监控，合理安排混凝土施工浇筑顺序及施工时间，坝混凝土温控防裂施工技术措施主要体现在以下几方面：

（1）优化大坝混凝土配合比设计提高混凝土抗裂能力

大坝混凝土开始浇筑前，安排充分的时间进行大坝混凝土施工配合比优化设计。选用中热 42.5Mpa 水泥、粉煤灰和优质的高效缓凝减水剂，尽量多掺粉煤灰，减少混凝土水化热温升，提高混凝土抗裂能力，最大粉煤灰掺量达到 30%。

（2）合理控制浇筑层厚度及层间间隔

大坝混凝土采用薄层短间歇均匀上升，河床坝段基础强约束区及度汛过渡的老混凝土浇筑分层厚度为 1.5m，约束区以上浇筑层厚为 3.0m，层间间隔时间控制在 4~10 天左右。

（3）混凝土拌制

在筛分楼净料堆场、集料斗的上方搭设遮阳棚，铺设四层遮阳材料防晒防止太阳光直接照射骨料升温，适当降低骨料拌和温度。同时拌和系统采取一定的制冷系统进行混凝土拌和等方法，确保夏季混凝土浇筑温度不超过设计规定要求。

（4）混凝土浇筑工艺

充分利用高温季节中有利的浇筑时段，抓住早、晚和夜间温度相对较低的时机，抢阴雨时段，合理组织安排仓位砼浇筑，加快砼入仓速度，减少砼中转次数，控制砼浇筑温度。一方面强调设备运行人员现场交接班制度，另一方面严格控制浇筑砼期间吃饭时间，保证仓内砼浇筑不停。

采用仓面洒水措施，一般在每仓面安装 1~2 根通水水管，由人工持通水水管对仓面洒水，可降低仓面的环境温度的目的，使浇筑范围的环境温度降低约 2~3℃，必要时可采用 75kw 的 GCHJ 系统高压冲毛机喷雾降温。

砼水平运输车辆增设隔热遮阳棚，防止砼运输过程冷量损失。砼运输车辆进入拌和楼前，冲洗大厢、降低大厢钢板温度，同时运输道路应经常保养，确保道路畅通。

仓面砼加盖弹性聚氨酯保温被，采用彩条雨布和 1.5cm 厚的聚氨酯泡沫板做成保温被，在砼浇筑过程中随浇筑随覆盖，表面砼强度达到 2.5MPa 后，取下保温被，进行下一层砼施工仓位准备。

（5）通水冷却及表面散热

初期通水冷却能有效削减混凝土水化热温升峰值，根据混凝土施工温控要求，高温季节浇筑大体积混凝土时，冷却水管增加通制冷水削减混凝土前期水化热温升，单回路流量不小于 20~25L/min，通水历时 15 天左右，保证坝体混凝土最高温度在设计要求允许范围内。高温和较高温季节的混凝土浇筑完成后，人工对已浇筑混凝土进行不间断流水养护，保持仓面潮湿，使混凝土充分散热。

（6）加强混凝土表面保护

由于坝址气温骤降频繁，必须做好混凝土的表面保温工作，减少内外温差，降低混凝土表面温度梯度，避免出现混凝土表面裂缝。主要措施包括：气温骤降期间，适当推迟拆模，尤其防止在傍晚气温下降时拆模；当日平均气温在 2~3 天内连续下降超过 6℃时，28d 龄期的混凝土表面（顶、侧面）覆盖塑料被进行表面保温保护；入冬后，将廊道及其他孔洞进出口进行封堵保护，以防冷风贯通产生混凝土表面裂缝。

（7）表面保护及养护

A 在碾压混凝土的施工过程中，保持仓面湿润，正在施工和刚碾压完毕的仓面，防止外来水的侵入。

B 水平层面未继续铺筑上层碾压混凝土时，在混凝土收仓 12h 混凝土终凝后开始洒水养护；遇气温较低（日平均气温小于 3℃）时，停止碾压混凝土施工，已浇筑的混凝土仓面用保温被覆盖，并进行洒水养护，养护维持到上一层混凝土开始铺筑为止。

C 坝体上、下游面流水养护 28d 以上，低温季节及气温骤降时（日平均气温 3 天内连续下降 6℃以上），拆模后迅速覆盖保温被，对龄期小于 28 天的混凝土也进行保温被覆盖保温。

第二节　碾压混凝土施工

一、原材料控制与管理

1. 碾压混凝土所使用原材料的品质必须符合国家标准和设计文件及本工法所规定的技术要求。

2. 水泥品质除符合现行国家标准 GB175—1999 普通硅酸盐水泥要求外，且必须具有低热、低脆性、无收缩的性能，其矿物成分控制在 C4AF≥15%.C2S≥25.C3S≤50%.C3A < 6%。本工程选用了通海秀山水泥 42.5 普通硅酸盐水泥。

3. 粉煤灰质量按《水工混凝土掺用粉煤灰技术规范》（DL/T5055—96）Ⅱ级灰或准Ⅱ级灰要求进行控制。高温条件下施工时，为降低水化热及延长混凝土的初凝时间，粉煤灰掺量可适量增加，但总量应控制在 65% 以内。

4. 砂石骨料绝大部分采用红河天然砂石骨料。开采砂、石的质量需满足规范要求，粗骨料逊径不大于 5%，超径 10%，RCC 用砂细度模数必须控制在 2.3 ± 0.2，且细粉料要达到 18%。不许有泥团混在骨料中。试验室负责对生产的骨料按规定的项目和频数进行检测。

5. 外加剂质量按《水工混凝土外加剂技术规范》（DL/T5100—1999）执行。为满足碾压混凝土层间结合时间的要求，必须根据温度变化的情况对混凝土外加剂品种及掺量进行适当调整，平均温度 ≤20℃时，采用普通型缓凝高效减水剂掺量，按基本掺量执行；温度高于 30℃时，采用高温型缓凝高效减水剂掺量，掺量调整为 0.7 ~ 0.8%。在施工大仓面时，若间隔时不能保证在砼初凝时间之内覆盖第二层时，宜采用在 RCC 表喷含有 1% 的缓凝剂水溶液，并在喷后立即覆上彩条布，以防砼被晒干，保证上下层砼的结合。外加剂配置必须按试验室签发的配料单配制外加剂溶液，要求计量准确、搅拌均匀，试验室负责检查和测试。

6. 水：混凝土拌和、养护用水必须洁净、无污染。

7. 凡用于主体工程的水泥、粉煤灰、外加剂、钢材均须按照合同及规范有关规定，作抽样复检，抽样项目及频数按抽样规定表执行。

8. 混凝土公司应根据月施工计划（必要时根据周计划）制定水泥、粉煤灰、外加剂、氧化镁、钢材等材料物资计划，物资部门保障供应。

9. 每一批水泥、粉煤灰、外加剂及钢筋进场时，物资部必须向生产厂家索取材料质保（检验）单，并交试验室，由物资部通知试验室及时取样检验。检验项目：水泥细度、安定性、标准稠度、抗压、抗折强度、粉煤灰（细度、需水量比、烧失量、SO_3）。严禁不符合规范要求的材料入库。

10. 仓库要加强对进场水泥、粉煤灰、外加剂等材料的保管工作，严禁回潮结块。袋装水泥贮藏期超过 3 个月、散装水泥超过 6 个月时，使用前进行试验，并根据试验结果来确定是否可以使用。

11. 混凝土开盘前须检测砂、石料含水率、砂细度模数及含泥量，并对配合比作相应调整，即细度 ±0.2，砂率 ±1%。对原材料技术指标超过要求时，应及时通知有关部门立即纠正。

12. 拌和车间对外加剂的配置和使用负责，严格按照试验室要求配置外加剂，使用时搅拌均匀，并定期校验计量器具，保证计量准确，混凝土外加剂浓度每天抽检一次。

13. 试验室负责对各种原材料的性能和技术指标进行检验，并将各项检测结果汇入月报表中报送监理部门。所有减水剂、引气剂、膨胀剂等外加剂需在保质期内使用，进场后按相应材料保质保存措施进行，严禁使用过期失效外加剂。

二、配合比的选定

1. 碾压混凝土、垫层混凝土、水泥砂浆、水泥浆的配合比和参数选择按审批后的配合比执行。

2. 碾压混凝土配合比通过一个月施工统计分析后，如有需要，由工程处试验室提出配合比优化设计报告，报相关方审核批准后使用。

三、施工配料单的填写

1. 每仓混凝土浇筑前由工程部填写开仓证，注明浇筑日期、浇筑部位、混凝土强度等级、级配、方量等，交与现场试验室值班人员，由试验员签发混凝土配料单。

2. 施工配料单由试验室根据混凝土开仓证和经审批的施工配合比制定、填写。

3. 试验室对所签发的施工配料单负责，施工配料单必须经校核无误后使用，除试验室根据原材料变化按规范规定调整外，任何人无权擅自更改。

4. 试验室在签发施工配料单之前，必须对所使用的原材料进行检查及抽样检验，掌握各种原材料质量情况。

5. 试验室在配料单校核无误后，立即送交拌和楼，拌和楼应严格按施工配料单进行拌制混凝土，严禁无施工配料单情况下拌制混凝土。

四、碾压混凝土施工前检查与验收

（一）准备工作检查

1. 由前方工段（或者值班调度）负责检查 RCC 开仓前的各项准备工作，如机械设备、人员配置、原材料、拌和系统、入仓道路（冲洗台）、仓内照明及供排水情况检查、水平和垂直运输手段等。

2.自卸汽车直接运输混凝土入仓时，冲洗汽车轮胎处的设施符合技术要求，距大坝入仓口应有足够的脱水距离，进仓道路必须铺石料路面并冲洗干净、无污染。指挥长负责检查，终检员把它列入签发开仓证的一项内容进行检查。

3.若采用溜管入仓时，检查受料斗弧门运转是否正常、受料斗及溜管内的残渣是否清理干净、结构是否可靠、能否满足碾压混凝土连续上升的施工要求。

4.施工设备的检查工作应由设备使用单位负责（如运输车间）。

（二）仓面检查验收工作

1.工程施工质量管理

实行三检制：班组自检，作业队复检，质检部终检。

2.基础或混凝土施工缝处理的检查项目

建基面、地表水和地下水、岩石清洗、施工缝面毛面处理、仓面清洗、仓面积水。

3.模板的检查项目

a、是否按整体规划进行分层、分块和使用规定尺寸的模板。

b、模板及支架的材料质量。

c、模板及支架结构的稳定性、刚度。

d、模板表面相邻两面板高差。

e、局部不平。

f、表面水泥砂浆黏结。

g、表面涂刷脱模剂。

h、接缝缝隙。

i、立模线与设计轮廓线偏差预。

j、留孔、洞尺寸及位置偏差。

k、测量检查、复核资料。

4.钢筋的检查项目

a、审批号、钢号、规格。

b、钢筋表面处理。

c、保护层厚度局部偏差。

d、主筋间距局部偏差。

e、箍筋间距局部偏差。

f、分布筋间距局部偏差。

g、安装后的刚度及稳定性。

h、焊缝表面。

i、焊缝长度。

j、焊缝高度。

k、焊接试验效果。

L、钢筋直螺纹连接的接头检查。

5. 止水、伸缩缝的检查项目

a、是否按规定的技术方案安装止水结构（如加固措施、混凝土浇筑等）。

b、金属止水片和橡胶止水带的几何尺寸。

c、金属止水片和橡胶止水带的搭结长度。

d、安装偏差。

e、插入基础部分。

f、敷沥青麻丝料。

g、焊接、搭结质量。

h、橡胶止水带塑化质量。

6. 预埋件的检查项目

a、预埋件的规格。

b、预埋件的表面。

c、预埋件的位置偏差。

d、预埋件的安装牢固性。

e、预埋管子的连接。

7. 混凝土预制件的安装

a、混凝土预制件外型尺寸和强度应符合设计要求。

b、混凝土预制件型号、安装位置应符合设计要求。

c、混凝土预制件安装时其底部及构件间接触部位连接应符合设计要求。

d、主体工程混凝土预制构件制作必须按试验室签发的配合比施工，并由试验室检查，出厂前应进行验收，合格后方能出厂使用。

8. 灌浆系统的检查项目

a、灌浆系统埋件（如管路、止浆体）的材料、规格、尺寸应符合设计要求。

b、埋件位置要准确、固定，并连接牢固。

c、埋件的管路必须畅通。

9. 入仓口

汽车直接入仓的入仓口道路的回填及预浇常态混凝土道路的强度（横缝处），必须在开仓前准备就绪。

10. 仓内施工设备

包括振动碾、平仓机、振捣器和检测设备，必须在开仓前按施工要求的台数就位，并保持良好的机况，无漏油现象发生。

11. 冷却水管

采用导热系数 $\lambda \geq 1.0KJ/m \cdot h \cdot \text{℃}$，内径 28mm，壁厚 2mm 的高密度聚乙烯塑料管，按设计图蛇行布置。单根循环水管的长度不大于 250m，冷却水管接头必须密封，开仓之前检查水管不得堵塞或漏水，否则进行更换。

（三）验收合格证签发和施工中的检查

1. 施工单位内部"三检"制对本章第二节中的各条款全部检查合格后，由质检员申请监理工程师验收，经验收合格后，由监理工程师签发开仓证。

2. 未签发开仓合格证，严禁开仓浇筑混凝土，否则作严重违章处理。

3. 在碾压混凝土施工过程中，应派人值班并认真保护，发现异常情况及时认真检查处理，如损坏严重应立即报告质检人员，通知相关作业队迅速采取措施纠正，并需重新进行验仓。

4. 在碾压混凝土施工中，仓面每班专职质检人员包括质检员 1 人，试验室检测员 2 人，质检人员应相互配合，对施工中出现的问题，需尽快反应给指挥长，指挥长负责协调处理。仓面值班监理工程师或质检员发现质量问题时，指挥长必须无条件按监理工程师或质检员的意见执行，如有不同意见可在执行后向上级领导反映。

五、混凝土拌和与管理

（一）拌和管理

1. 混凝土拌和车间应对碾压混凝土拌和生产与拌和质量全面负责。值班试验工负责对混凝土拌和质量全面监控，动态调整混凝土配合比，并按规定进行抽样检验和成型试件。

2. 为保证碾压混凝土连续生产，拌和楼和试验室值班人员必须坚守岗位，认真负责和填写好质量控制原始记录，严格坚持现场交接班制度。

3. 拌和楼和试验室应紧密配合，共同把好质量关，对混凝土拌和生产中出现的质量问题应及时协商处理，当意见不一致时，以试验室的处理意见为准。

4. 拌和车间对拌和系统必须定期检查、维修保养，保证拌和系统正常运转和文明施工。

5. 工程处试验室负责原材料、配料、拌和物质量的检查检验工作，负责配合比的调整优化工作。

（二）混凝土拌和

1. 混凝土拌和楼计量必须经过计量监督站检验合格才能使用。拌和楼称量设备精度检验由混凝土拌和车间负责实施。

2. 每班开机前（包括更换配料单），应按试验室签发的配料单定称，经试验室值班人员校核无误后方可开机拌和。用水量调整权属试验室值班人员，未经当班试验员同意，任何人不得擅自改变用水量。

3. 碾压混凝土料应充分搅拌均匀，满足施工的工作度要求，其投料顺序按砂＋小石＋中石＋大石→水泥＋粉煤灰→水＋外加剂，投料完后，强制式拌和楼拌和时间为75S（外掺氧化镁加60S），自落式拌和楼拌和时间为150S（外掺氧化镁加60S）。

4. 混凝土拌和过程中，试验室值班人员对出机口混凝土质量情况加强巡视、检查，发现异常情况应查找原因并及时处理，严禁不合格的混凝土入仓。构成下列情况之一者作为碾压混凝土废料，经处理合格后方使用：

a、拌和不充分的生料。

b、VC值大于30s或小于1s。

c、混凝土拌和物均匀性差，达不到密度要求。

d、当发现混凝土拌和楼配料称超重、欠称的混凝土。

5. 拌和过程中，拌和楼值班人员应经常观察灰浆在拌和机叶片上的黏结情况，若黏结严重应及时清理。交接班之前，必须将拌和机内黏结物清除。

6. 配料、拌和过程中出现漏水、漏液、漏灰和电子秤频繁跳动现象后，应及时检修，严重影响混凝土质量时应临时停机处理。

7. 混凝土施工人员均必须在现场岗位上交接班，不得因交接班中断生产。

8. 拌和楼机口混凝土VC值控制，应在配合比设计范围内，根据气候和途中损失值情况由指挥长通知值班试验员进行动态控制，如若超出配合比设计调整值范围，值班试验员需报告工程处试验室，由工程处试验室对VC值进行合理的变更，变更时应保持W/C+F不变。

六、混凝土运输

（一）自卸汽车运输

1. 由驾驶员负责自卸汽车运输过程中的相关工作，每一仓块混凝土浇筑前后应冲洗汽车车厢使之保持干净，自卸汽车运输RCC应按要求加盖遮阳棚，减少RCC温度回升，仓面混凝土带班负责检查执行情况。

2. 采用自卸汽车运输混凝土时，车辆行走的道路必须平整，自卸汽车入仓道路采用道路面层用小碎渣填平，防止坑洼及路基不稳，道路面层铺设洁净卵（碎）石。

3. 混凝土浇筑块开仓前，由前方工段负责进仓道路的修筑及其路况的检查，发现问题及时安排整改。冲洗人员负责自卸汽车入仓前用洗车台或人工用高压水将轮胎冲洗干净，并经脱水路面以防将水带入仓面，轮胎冲洗情况由砼值班人员负责检查。

4. 汽车装运混凝土时，司机应服从放料人员指挥。由集料斗向汽车放料时，自卸汽车驾驶员必须坚持分二次受料，防止高堆骨料分离，装满料后驾驶室应挂标识牌，标明所装混凝土的种类后才可驶离拌和楼，未挂标识牌的汽车不得驶离拌和楼进入浇筑仓内。装好的料必须及时运送到仓面，倒料时必须按要求带条依次倒料，混凝土进仓采用进占式，倒料叠压在已平仓的混凝土面上，倒完料后车必须立即开出仓外。

5 驾驶员负责在仓面运输混凝土的汽车应保持整洁，加强保养、维修，保持车况良好，无漏油、漏水。

6. 自卸汽车进仓后，司机应听从仓面指挥长的指挥，不得擅自乱倒。自卸汽车在仓面上应行驶平稳、严格控制速度，无论是空车还是载重，其行驶速度必须控制在 5Km/h 之内，行车路线尽量避开已铺砂浆或水泥浆的部位，避免急刹车、急转弯等有损 RCC 质量的操作。

（二）溜管运行管理

1. 溜管安装应符合设计要求。溜管由受料斗、溜管、缓解降器、阀门、集料斗（或转向溜槽、或运输汽车）等几部分组成。

阀门开关应灵活，可调节速度，保证砼料均匀流动；

受、集料斗按 16m³ 设计，放料时必须有存底料；

缓解降器左右旋成对安装，安装间距为 9~15m，但最下部的缓解降器距集料斗（或转向溜槽）不超过 6m，出料口距自卸车车厢内混凝土面的高度小于 2m。

2. 溜管在安装后必须经过测试、验收合格，方可投入生产。

3. 仓面收仓后、RCC 终凝前，如需对溜槽冲洗保养，其出口段设置水箱接水，防止冲洗水洒落仓内。

七、仓内施工管理

（一）仓面管理

1. 碾压混凝土仓面施工由前方工段负责，全面安排、组织、指挥、协调碾压混凝土施工，对进度、质量、安全负责。前方工段应接受技术组的技术指导，遇到处理不了的技术问题时，应及时向工程部反映，以便尽快解决。

2. 实验室现场检测员对施工质量进行检查和抽样检验，按规定填写记录。发现问题应及时报告指挥长和仓面质检员，并配合查找原因且做详细记录，如发现问题不报告则视为失职。

3. 所有参加碾压混凝土施工的人员，必须遵守现场交接班制度，坚守工作岗位，按规定做好施工记录。

4.为保持仓面干净，禁止一切人员向仓面抛掷任何杂物（如烟头、矿泉水瓶等）。

（二）仓面设备管理

1.设备进仓

（1）仓面施工设备应按仓面设计要求配置齐全。

（2）设备进仓前应进行全面检查和保养，使设备处于良好运行状态方可进入仓面，设备检查由操作手负责，要求作详细记录并接受机电物资部的检查。

（3）设备在进仓前应进行全面清洗，汽车进仓前应把车厢内外、轮胎、底部、叶子板及车架的污泥冲洗干净，冲洗后还必须脱水干净方可入仓，设备清洗状况由前方工段不定期检查。

2.设备运行

（1）设备的运行应按操作规程进行，设备专人使用，持证上岗，操作手应爱护设备，不得随意让别人使用。

（2）驾驶员负责汽车在碾压混凝土仓面行驶时，应避免紧急刹车、急转弯等有损混凝土质量的操作，汽车卸料应听从仓面指挥，指挥必须采用持旗和口哨方式。

（3）施工设备应尽可能利用RCC进仓道路在仓外加油，若在仓面加油必须采取铺垫地毡等措施，以保护仓面不受污染，质检人员负责监督检查。

3.设备停放

（1）仓面设备的停放由调度安排，做到设备停放文明整齐，操作手必须无条件服从指挥，不使用的设备应撤出仓面。

（2）施工仓面上的所有设备、检测仪器工具，暂不工作时，均应停放在指定的位置上或不影响施工的位置。

4.设备维修

（1）设备由操作手定期维修保养，维修保养要求作详细记录，出现设备故障情况应及时报告仓面指挥长和机电物资部。

（2）维修设备应尽可能利用碾压混凝土入仓道路开出仓面，或吊出仓面，如必须在仓面维修时，仓面须铺垫地毡，保护仓面不受污染。

（三）仓面施工人员管理

1.允许进入仓面人员的规定

（1）凡进入碾压混凝土仓面的人员必须将鞋子上黏着的污泥洗净，禁止向仓面抛掷任何杂物。

（2）进入仓面的其他人员行走路线或停留位置不得影响正常施工。

2.施工人员的培训与教育

（1）施工人员必须经过培训并经考核合格、具备施工能力方可参加 RCC 施工。

（2）施工技术人员要定期进行培训，加强继续教育，不断提高素质和技术水平。

（3）培训工作由混凝土公司负责，工程部协助，各种培训工种按一体化要求进行计划、等级和考核。

（四）卸料

1.铺筑

180 高程以下碾压混凝土采用汽车直接进仓，大仓面薄层连续铺筑，每层间隔层为 3m，为了缩短覆盖时间，采用条带平推法，铺料厚度为 35cm，每层压实厚度为 30m。高温季节或雨季应考虑斜层铺筑法。

2.卸料

（1）在施工缝面铺第一碾压层卸料前，应先均匀摊铺 1~1.5cm 厚水泥沙浆，随铺随卸料，以利层面结合。

（2）采用自卸汽车直接进仓卸料时，为了减少骨料分离，卸料宜采用双点叠压式卸料。卸料尽可能均匀，料堆旁出现的少量骨料分离，应由人工或其他机械将其均匀地摊铺到未碾压的混凝土面上

（3）仓内铺设冷却水管时，冷却水管铺设在第一个碾压混凝土坯层"热升层"30cm 或 1.5m 坯层上，避免自卸汽车直接碾压 HDPE 冷却水管，造成水管破裂渗漏。

（4）采用吊罐入仓时，由吊罐指挥人员负责指挥，卸料自由高度不宜大于 1.5m。

（5）卸料堆边缘与模板距离不应小于 1.2m。

（6）卸料平仓时应严格控制三级配和二级配混凝土分界线，分界线每 20m 设一红旗进行标识，混凝土摊铺后的误差对于二级配不允许有负值，也不得大于 50cm，并由专职质检员负责检查。

（五）平仓

1.测量人员负责在周边模板上每隔 20m 画线放样，标识桩号、高程，每隔 10m 绘制平仓厚度 35cm 控制线，用于控制摊铺层厚等；对二级配区和三级配区等不同混凝土之间的混凝土分界线每 20m 进行放样一个点，放样点用红旗标识。

2.采用平仓机平仓，运行时履带不得破坏已碾好的混凝土，人工辅助边缘部位及其他部位的堆卸与平仓作业。平仓机采用 TBS80 或 D50，平仓时应严格控制二级配及三级配混凝土的分界线，二级配平仓宽度小于 2.0m 时，卸料平仓必须从上游往下游推进，保证防渗层的厚度。

3.平仓开始时采用串联式摊铺法及深插中间料分散于两边粗料中，来回三次均匀分布粗骨料后，才平整仓面，部分粗骨料集中应用人工分散于细料中。

4. 平仓后仓面应平顺没有显著凹凸起伏，不允许仓面向下游倾斜。

5. 平仓作业采取"少刮、浅推、快提、快下"操作要领平仓，RCC 平仓方向应按浇筑仓面设计的要求，摊铺要均匀，每碾压层平仓一次，质检员根据周边所画出的平仓线进行拉线检查，每层平仓厚度为 35cm，检查结果超出规定值的部分必须重新平仓，局部不平部位用人工辅助推平。

6. 混凝土卸料应及时平仓，以满足由拌和物投料起至拌和物在仓面上于 1.5h 内碾压完毕的要求。

7. 平仓过程出现在两侧和坡脚集中的骨料由人工均匀分散于条带上，在两侧集中的大骨料未做人工分散时，不得卸压新料。

8. 平仓后层面上若发现层面有局部骨料集中，可用人工铺洒细骨料予以分散均匀处理。

（六）碾压

1. 对计划采用的各类碾压设备，应在正式浇筑 RCC 前，通过碾压试验来确定满足混凝土设计要求的各项碾压参数，并经监理工程师批准。

2. 由碾压机手负责碾压作业，每个条带铺筑层摊平后，按要求的振动碾压遍数进行碾压，采用 BM202AD、BM203AD 振动碾。VC 值在 4~6S 时，一般采用无振 2 遍 + 有振 6 遍 + 静碾 2 遍；VC 值大于 15S 时，采用无振 2 遍 + 有振 8 遍 + 静碾 2 遍；当 VC 值超过 20S 或平仓后 RCC 发白时，先采用人工造雾使混凝土表面湿润，在无振碾时振动碾自喷水，振动后使混凝土表面泛浆。碾压遍数是控制砼质量的重要环节，一般采用翻牌法记录遍数，以防漏压，碾压机手在每一条带碾压过程中，必须记点碾压遍数，不得随意更改。砼值班人员和专职质检员可以根据表面泛浆情况和核子密度仪检测结果决定是否增加碾压遍数。专职质检员负责碾压作业的随机检查，碾压方向应按仓面设计的要求，碾压方向应为顺坝轴线方向，碾压条带间的搭结宽度为 20cm，端头部位搭结宽度不少于 100cm。

3. 由试验室人员负责碾压结果检测，每层碾压作业结束后，应及时按网格布点检测混凝土压实容重，核子密度计按 100~200m2 的网格布点且每一碾压层面不少于 3 个点，相对压实度的控制标准为：三级配混凝土应 ≥97%、二级配应 ≥98%，若未达到，应重新碾压达到要求。

4. 碾压机手负责控制振动碾行走速度在 1.0~1.5km/h 范围内。

5. 碾压混凝土的层间间隔时间应控制在混凝土的初凝时间之内。若在初凝与终凝之间，可在表层铺砂浆或喷浆后，继续碾压；达到终凝时间，必须当冷缝处理。

6. 由于高气温、强烈日晒等因素的影响，已摊铺但尚未碾压的混凝土容易出现表面水分损失，碾压混凝土如平仓后 30min 内尚未碾压，宜在有振碾的第一遍和第二遍开启振动碾自带的水箱进行洒水补偿，水分补偿的程度以碾压后层面湿润和碾压后充分泛浆为准，不允许过多洒水而影响混凝土结合面的质量。

7. 当密实度低于设计要求时，应及时通知碾压机手，按指示补碾，补碾后仍达不到要求，应挖除处理。碾压过程中仓面质检员应做好施工情况记录，质检人员做好质检记录。

8. 模板、基岩周边采用 BM202AD 振动碾直接靠近碾压，无法碾压到的 50~100cm 或复杂结构物周边，可直接浇筑富浆混凝土。

9. 碾压混凝土出现有弹簧土时，检测的相对密实度达到要求，可不处理，若未达到要求，应挖开排气并重新压实达到要求。混凝土表层产生裂纹、表面骨料集中部位碾压不密实时，质检人员应要求砼值班人员进行人工挖除，重新铺料碾压达到设计要求。

10. 仓面的 VC 值根据现场碾压试验，VC 值以 3~5s 为宜，阳光暴晒且气温高于 25℃时取 3s，出现 3mm/h 以内的降雨时，VC 值为 6~10s，现场试验室应根据现场气温、昼夜、阴晴、湿度等气候条件适当动态调整出机口 VC 值。碾压混凝土以碾压完毕的混凝土层面达到全面泛浆、人在层面上行走微有弹性、层面无骨料集中为标准。

（七）缝面处理

1. 施工缝处理

（1）整个 RCC 坝块浇筑必须充分连续一致，使之凝结成一个整体，不得有层间薄弱面和渗水通道。

（2）冷缝及施工缝必须进行缝面处理，处理合格后方能继续施工。

（3）缝面处理应采用高压水冲毛等方法，清除混凝土表面的浮浆及松动骨料（以露出砂粒、小石为准），处理合格后，先均匀刮铺一层 1~1.5cm 厚的砂浆（砂浆强度等级与 RCC 高一级），然后才能摊铺碾压混凝土。

（4）冲毛时间根据施工时段的气温条件、混凝土强度和设备性能等因素，经现场试验确定，混凝土缝面的最佳冲毛时间为碾压混凝土终凝后 2~4h，不得提前进行。

（5）RCC 铺筑层面收仓时，基本上达到同一高程，或者下游侧略高、上游侧略低(i=1%)的斜面。因施工计划变更、降雨或其他原因造成施工中断时，应及时对已摊铺的混凝土进行碾压，停止铺筑处的混凝土面宜碾压成不大于 1：4 的斜面。

（6）由仓面混凝土带班责在浇筑过程中保持缝面洁净和湿润，不得有污染、干燥区和积水区。为减少仓面二次污染，砂浆宜逐条带分段依次铺浆。已受污染的缝面待铺砂浆之前应清扫干净。

2. 造缝

由仓面指挥长负责安排切缝时间，在混凝土初凝前完成。切缝采用 NPFQ—1 小型振动式切缝机，宜采用"先碾后切"的方法，切缝深度不小于 25cm，成缝面积每层应不小于设计面积的 60%，填缝材料用彩条布，随刀片压入。

3. 层面处理

（1）由仓面指挥长负责层面处理工作，不超过初凝时间的层面不作处理，超过初凝时间的层面按表 6-1 要求处理。

表 6-1 碾压混凝土层面凝结状态及其处理工艺

凝结状态	时限（h）	处理工艺
热缝	≤5	铺筑前表面重新碾压泛浆后，直接铺筑
温缝	≤12	铺筑高一强度等级砂浆 1~1.5cm 后铺筑上一层
冷缝	＞12	冲毛后铺筑高一强度等级砂浆或细石砼再铺筑上一层

备注：当平均气温高于 25℃时按上表进行控制，当平均气温小于 25℃时时限可再延长 1~1.5h。

（2）水泥砂浆铺设全过程，应由仓面混凝土带班安排，在需要洒铺作业前 1h，应通知值班人员进行制浆准备工作，保证需要灰浆时可立即开始作业。

（3）砂浆铺设与变态混凝土摊铺同步连续进行，防止砂浆的黏结性能受水分蒸发的影响，砂浆摊铺后 20~30min 内必须覆盖。

（4）洒铺水泥浆前，仓面混凝土带班必须负责监督洒铺区干净、无积水，并避免出现水泥砂浆晒干问题。

（八）埋件施工与管理

1. 止水结构

（1）伸缩缝上下游止水片的材料及施工要求应符合《水工混凝土施工规范》（DC/T5144—2001）的有关规定。

（2）止水结构施工由机电车间负责，位置要有测量放样数据（测量大队提供），要求放样和埋设准确，止水片埋设必须采用"一字型"且以结构缝为中对称的安装方法，禁止采用贴模板内的"7字型"的安装方法。在止水材料周围 1.5m 范围采用一级配混凝土和软轴振捣器振捣密实，以免产生任何渗水通道，质检人员应把止水设施的施工作为重要质控项目加以检查和监督。

（九）入仓口施工

1. 采用自卸汽车直接运输碾压混凝土入仓时，入仓口施工是一个重要施工环节，直接影响 RCC 施工速度和坝体混凝土施工质量。

2. RCC 入仓口应精心规划，一般布置在坝体横缝处，且距坝体上游防渗层下游 15m~20m。

3. 入仓口采用预先浇筑仓内斜坡道的方法，其坡度应满足自卸汽车入仓要求。

4. 入仓口施工由仓面指挥长负责指挥，采用常态混凝土，其强度等级不低于坝体混凝土设计强度等级，应与坝体混凝土同样确保振捣密实，（特别是斜坡道边坡部分）。施工时段应有计划的充分利用混凝土浇筑仓位间歇期，提前安排施工，以便斜坡道混凝土有足够强度行走自卸汽车。

八、变态混凝土施工

（一）富浆混凝土浇筑

1. 电站变态混凝土施工的第一方案采用在拌和楼生产富浆混凝土，运输至工作采用高频振捣器振捣密实，主要施工部位为上游面 50cm 变态混凝土区域，以及岸坡 60cm、廊道周边 50cm、下游斜面模板边等。

2. 富浆混凝土采用在拌和二级配碾压混凝土中掺 50 l/m³ 的胶浆，胶浆水胶比控制在 0.5，粉煤灰掺量为 50%，外加剂掺量为 0.7%，使砼坍落度达到 1~1.5cm 左右。

3. 针对上游模板或沿基岩边坡这种振动碾无法碾压地区，采用富浆混凝土施工，其铺筑宽度为 50cm，采用 φ100 高频振捣器，沿模板边有外到里，依次振捣，防止超捣及漏振，若砼稠度偏小时，用力尽快将振捣器插入砼，直到砼表面翻浆粗骨多数下沉时缓慢拔起，边拔边用脚踏平孔洞。为了防止边部有气泡，可采用软轴振捣器，沿模板边进行二次振捣，待全部振实后用平板振捣器拖平。

（二）加浆混凝土浇筑

1. 加浆混凝土为 ×× 电站变态混凝土施工的第二方案。加浆混凝土采用在摊铺好的碾压混凝土面上用 Φ100 的振捣棒人工造孔，造孔按矩形或梅花形布置，孔距约为 30cm，孔深 20cm，然后人工手提桶定量定孔数进行顶面加浆的方式，加浆量控制在 50 l/m3，最大不得大于 60 l/m³，加浆 5~10 分钟后进行振捣。

2. 加浆混凝土主要用于两岸坡基岩面、大坝上下游模板面、伸缩缝、上、下游止水位置、廊道、电梯井周边及振动碾压不到的地方，也可用在常态混凝土与 RCC 交接部位。变态混凝土与 RCC 可同步或交叉浇筑，并应在两种混凝土规定时间内振捣或碾压完毕。

3. 根据现场情况，宜采用先变态混凝土后碾压混凝土的方式。如采用先碾压后变态的方式，在变态混凝土与 RCC 交接处，用振捣器向 RCC 方向振捣，使两者互相融混密实。

4. 对于上游面 30cm 变态混凝土区域，以及岸坡 60cm、廊道周边 50cm、下游斜面模板边的变态混凝土施工，采用在摊铺好的碾压混凝土面上用 Φ100 的振捣棒人工造孔，造孔按矩形或梅花形布置，孔距约为 30cm，孔深 20cm，先变态混凝土后碾压混凝土时的振捣时间 ≥20s，先碾压混凝土后变态混凝土时的振捣时间 ≥30s。对于变态混凝土与碾压混凝土搭接凸出部分，用振动碾把搭接部位碾平。

5. 对于岸坡部位的基础面垫层混凝土，应与坝体 RCC 同步浇筑，先施工碾压混凝土，后加浆振捣基础变态混凝土，两种混凝土均在 1.5h 内振捣完毕。

6. 制浆站接到浇筑工区的通知后即可制浆，水泥浆的配比由试验室提供，制浆应做到配料准确、均匀，特别要控制好外加剂掺量。

7. 加浆混凝土的浇筑控制在变态混凝土区，不得在仓内出现灰浆漫溢、飞溅等现象。

（三）防渗层施工

1. 电站碾压混凝土坝的上游面，设置二级配RCC混凝土作为防渗结构体，它的厚度根据上游面所承受的水压力和水位变化情况做了适当变化。

2. 大坝上游面变态混凝土、二级配RCC混凝土防渗体尤其要严格控制混凝土施工质量，防渗体的渗透系数要求小于坝体垂直向的渗透系数，这是目前碾压混凝土坝防渗工作的难点之一。

3. 实际碾压混凝土工程整体的抗渗能力主要受水平施工缝面抗渗性能所控制，要特别注意对碾压混凝土坝上游区二级配混凝土层面进行抗渗处理，确保层面有良好的结合，达到防渗的目的。

4. 防渗体变态混凝土采用拌和楼集中搅拌富浆混凝土、现场振捣密实的浇筑方法。当采用加浆混凝土时，应在模板边缘人工铺料的基础上进一步剔除大石，以利水泥浆的渗入和振捣棒插入操作，确保掺浆变态混凝土质量，上游防渗体变态混凝土必须加强振捣（亦应防止过振），确保混凝土密实。

九、斜层平推法施工

1. 碾压混凝土坝在高气温、强烈日照的环境条件下，碾压混凝土放置时间越长质量越差，所以大幅度缩减层间间隔时间是提高层间结合质量的最有效、最彻底的措施。而采用斜层铺筑法，浇筑作业面积比仓面面积小，可以灵活地控制层间间隔时间的长短，在质量控制上有着特殊重要的意义。

2. 每一仓块由工程部绘制详细的仓面设计，仓面指挥长、质检员等必须在开仓前熟悉浇筑要领，并按仓面设计的要求组织实施。

3. 浇筑工区测量员负责在周边模板上按浇筑要领图上的要求和测量放样，在每隔10m画出碾压层控制线上，标识桩号、高程和平仓控制线，用于控制斜面摊铺层厚度。

4. 按1∶10~1∶15坡度放样，砂浆摊铺长度与碾压混凝土条带宽度相对应。

5. 下一层RCC开始前，挖除坡脚放样线以外的RCC，坡脚切除高度以切除到砂浆为准，已初凝的混凝土料作废料处理。

6. 采用斜层平推法浇筑碾压混凝土时，"平推"方向可以为两种：一种方向垂直于坝轴线，即碾压层面倾向上游，混凝土浇筑从下游向上游推进；另一种是平行于坝轴线，即碾压层面从一岸倾向另一岸。碾压混凝土铺筑层以固定方向逐条带铺筑，坝体迎水面8~15m范围内，平仓、碾压方向应与坝轴线方向平行。

7. 开仓段碾压混凝土施工。碾压混凝土拌和料运输到仓面，按规定的尺寸和规定的顺序进行开仓段施工，其要领在于减少每个铺筑层在斜层前进方向上的厚度，并要求使上一层全部包容下一层，逐渐形成倾斜面。沿斜层前进方向每增加一个升程H，都要对老混凝土面（水平施工缝面）进行清洗并铺砂浆，碾压时控制振动碾不得行驶到老混凝土面上，以避免压碎坡角处的骨料而影响该处碾压混凝土的质量。

8. 碾压混凝土的斜层铺筑。这是碾压混凝土的核心部分，其基本方法与水平层铺筑法相同。为防止坡角处的碾压混凝土骨料被压碎而形成质量缺陷，施工中应采取预铺水平垫层的方法，并控制振动碾不得行驶到老混凝土面上去，施工中按图中的序号施工。首先清扫、清洗老混凝土面（水平施工缝面），摊铺砂浆，然后沿碾压混凝土宽度方向摊铺并碾压混凝土拌和物，形成水平垫层，水平垫层超出坡脚前缘 30~50cm，第一次不予碾压而与下一层的水平垫层一起碾压，以避免坡脚处骨料压碎，接下来进行下一个斜层铺筑碾压，如此往复，直至收仓段施工。

9. 收仓段碾压混凝土施工。首先进行老混凝土面的清扫、冲洗、摊铺砂浆，然后采用折线形状施工，其中折线的水平段长度为 8~10m，当浇筑面积越来越小时，水平层和折线层交替铺筑，满足层间间歇的时间要求。

十、特殊气候条件下的施工

（一）高温气候条件下的施工

1. 改善和延长碾压混凝土拌和物的初凝时间

针对碾压混凝土坝高气温条件下连续施工的特点，比较了不同的高效缓凝剂对碾压混凝土拌和物缓凝的作用效果，研究掺用高效缓凝减水剂对碾压混凝土物理力学性能的影响。长期试验和较多工程实践表明，掺用高温型缓凝高效剂效果显著、施工方便，是一种有效的高气温施工措施。

2. 采用斜层平推法

在高气温环境条件下，由于层面暴露时间短，预冷混凝土的冷量损失也将减少；施工过程遇到降雨时，临时保护的层面面积小，同时有利于斜层表面排水，对雨季施工同样有利，因此，××碾压混凝土坝应优先采用该方法。

3. 允许间隔时间

日平均气温在 25℃以上时（含 25℃），应严格按高气温条件下经现场试验确定的直接铺筑允许间隔时间施工，一般不超过 5h。

4. 碾压混凝土仓面覆盖

（1）在高气温环境下，对 RCC 仓面进行覆盖，不仅可以起到保温、保湿的作用，还可以延缓 RCC 的初凝时间，减少 VC 值的增加。现场试验表明，碾压混凝土覆盖后的初凝时间比裸露的覆盖时间延缓 2h。

（2）仓面覆盖材料要求具有不吸水、不透气、质轻、耐用、成本低廉等优点，工地使用经验证明，采用聚乙烯气垫薄膜和 PT 型聚苯乙烯泡沫塑料板条复合制作而成的隔热保温被具有上述性质。

（3）仓面混凝土带班、专职质检员应组织专班作业人员及时进行仓面覆盖，不得延误。

（4）除了全面覆盖、保温、保湿外，对自卸汽车、下料溜槽等应设置遮阳防雨棚，尽可能减少运输、卸料时间和 RCC 的转运次数。

5. 碾压混凝土仓面喷雾

（1）仓面喷雾是高温气候环境下，碾压混凝土坝连续施工的主要措施之一。采用喷雾的方法，可以形成适宜的人工小气候，起到降温保湿、减少 VC 值的增长、降低 RCC 的浇筑温度以及防晒作用。

（2）仓面喷雾采用冲毛机配备专用喷嘴。仓面喷雾以保持混凝土表面湿润，仓面无明显集水为准。

（3）仓面混凝土带班、专职质检员一定要高度重视仓面喷雾，真正改善 RCC 高气温的恶劣环境，使 RCC 得到必要的连续施工条件。

6. 降低浇筑温度，增加拌和用水量和控制 VC 值

（1）降低混凝土的浇筑温度，详见第十二章《碾压混凝土温度控制》。

（2）在高气温环境下，RCC 拌和物摊铺后，表层 RCC 拌和物由于失水迅速而使 VC 值增大，混凝土初凝时间缩短，以致难以碾压密实。因此，可适当增加拌和用水量，降低出机口的 VC 值，为 RCC 值的增长留有余地，从而保证碾压混凝土的施工质量。

（3）在高气温环境条件下，根据环境气温的高低，混凝土拌和楼出机口 VC 值按偏小、动态控制。

7. 避开白天高温时段

在高气温环境条件下，尽量避开白天高温时段（11：00~16：00）施工，做好开仓准备，抢阴天、夜间施工，以减少预冷混凝土的温度回升，从而降低碾压混凝土的浇筑温度。

（二）雨天施工

1. 加强雨天气象预报信息的搜集工作，应及时掌握降雨强度、降雨历时的变化，妥善安排施工进度。

2. 要做好防雨材料准备工作，防雨材料应与仓面面积相当，并备放在现场。雨天施工应加强降雨量的测试工作，降雨量测试由专职质检员负责。

3. 当每小时降雨量大于 3mm 时，不开仓混凝土浇筑，或浇筑过程中遇到超过 3mm/h 降雨强度时，停止拌和，并尽快将已入仓的混凝土摊铺碾压完毕或覆盖妥善，用塑料布遮盖整个新混凝土面，塑料布的遮盖必须采用搭接法，搭接宽度不少于 20cm，并能阻止雨水从搭接部流入混凝土面。雨水集中排至坝外，对个别无法自动排出的水坑用人工处理。

4. 暂停施工令发布后，碾压混凝土施工一条龙的所有人员，都必须坚守岗位，并做好随时复工的准备工作。暂停施工令由仓面指挥长首先发布给拌和楼，并汇报给生产调度室和工程部。

5. 当雨停后或者每小时降雨量小于 3mm，持续时间 30min 以上，且仓面未碾压的混凝土尚未初凝时，可恢复施工。雨后恢复施工必须在处理完成后，经监理工程师检查认可后，方可进行复工，并做好如下工作：

（1）拌和楼混凝土出机口的 VC 值适当增大，适当减少拌和用水量，减少降雨对 RCC 可碾性的影响，一般可采用 VC 上限值。如持续时间较长，可将水胶比缩小 0.03 左右，由指挥长通知试验室根据仓内施工情况进行调整。

（2）由仓面工段长组织排除仓内积水，首先是卸料平仓范围内的积水。

（3）由质检人员认真检查，对受雨水冲刷混凝土面的裸露砂石严重部位，应铺水泥砂浆处理。对有漏振（混凝土已初凝）或被雨水严重浸泡的混凝土要立即挖除。

十一、碾压混凝土温度控制

大坝温控防裂主要采用：（1）通水冷却、仓面喷雾降温，以及骨料、粉料、运输车辆遮阳防晒等降低砼入仓温度等措施。（2）基础填塘、大坝强约束区常态混凝土、碾压混凝土外掺 MgO。通过上述措施以达到坝体温控防裂之目的。

（一）遮阳、喷雾降温措施

1. 砼料仓搭设敞开式遮阳雨篷。

2. 在水泥和煤灰储罐顶部、罐身外围环形布置塑料花管喷水，对粉罐进行淋水降温处理。

3. 上料皮带机搭设敞开式遮阳篷。

4. 晴天气温超过 25℃或工区风速达到 1.5m/s 时，砼开仓前半小时应对仓面进行喷雾降温。在完成砼浇筑 6 小时后，方能改用其他砼养护方式或措施，养护至上一层混凝土开始浇筑（或 28d）。喷雾用水采用基坑内渗出的洁净地下水。

（二）通水冷却

1. 水管布设。在砼开仓前技术组提供冷却水管布置图，并严格按图放样，层间距偏差 ±10cm。采用 U 型钢筋固定在碾压层面上。接头部位应严格按照操作规程施工，保证质量，做到滴水不漏。水管通水前，管口采用封口塞封闭，严禁采用无封闭管头的冷却管在仓面施工。

2. 冷却水管可以边碾压（浇筑）边布设。施工时禁止任何设备或重物直接积压水管。

3. 冷却水管完成一个单元施工后，不论水管完全覆盖与否，应在半小时内即开始通水保压或冷却，并做好相应的记录工作。

4. 通水过程严格按设计要求控制。

（三）MgO 砼施工

基础强约束区常态砼外掺 4%MgO，强约束区碾压态砼外掺 4.5%MgO。要求计量准确，拌和均匀，控制均匀性离差系数 ≤0.2。并按试验操作规程要求做好原材料品质检测，仓面测量和取样。

（四）混凝土表面保护

在混凝土表面覆盖保温材料，以减少内外温差、降低表面温度梯度。低温季节施工未满 28d 龄期混凝土的暴露面均应进行表面保护。

（五）测量混凝土入仓、浇筑温度

混凝土浇筑过程中，施工单位专职质检员每隔 2h（高温时段 1h）测量混凝土入仓温度、浇筑温度，每 100m² 仓面面积不少于一个测点，每一浇筑层不少于三个测点，及时、准确记录，情况有异常时应及时向质检员反映。

十二、质量检测与控制

（一）原材料

1. 碾压混凝土所使用的各类原材料，必须有相关的质量检测合格证明，并按规定进行使用前质量检测试验，原材料质量检验和控制由试验室负责。如发现较大的质量问题，试验室应将试验成果及处理意见报工程部，再由工程部向上反映，并提出整改措施。

2. 严格控制细骨料的含水率。砂子细度模数允许偏差为 0.2，超过时应调整碾压混凝土的配合比。细骨料必须有一定的脱水时间，搅拌前含水率不大于 6%，含水率允许偏差为 0.5%。

3. 严格控制各级骨料超、逊径含量。原孔筛检验时，其控制标准为：超径小于 5%，逊径小于 10%。石子含水率的允许偏差为 0.2%。

4. 外加剂需按品种、进场日期分别存放，存放场所应通风、干燥。检验合格的外加剂存储期超过 6 个月，使用前必须重新检验。

（二）拌和

1. 当称量误差超过偶然波动范围时，操作人员应采用手动添加或扣除。当情况严重，对混凝土质量影响大时，则应作为废料处理。当频繁发生且波动范围大，混凝土质量失控时，则应立即报告值班领导，停机检修。

2. 碾压混凝土拌和质量检测，在拌和楼出机口进行取样，检测项目和频率按规定的检测表确定。

表 6-2　碾压混凝土的检测项目和频率

检测项目	检测频率	检测目的
VC 值	每 2h 一次	检测碾压混凝土的可碾性，控制工作度变化
拌和物的均匀性	每班一次，在配合比或工艺改变、机具投产或检修后另检测一次	调整拌和时间，检测拌和物均匀性
拌和物含气量	使用引气剂时，每班（1~2 次）	调整外加剂量
出机口混凝土温度	每 2~4h 一次	温控要求
水胶比	每班一次	检测拌和物质量
拌和物外观	每 2h 一次	检测拌和物均匀性

3. 混凝土强度检测

（1）混凝土质量检验以抗压强度为主，同一强度等级混凝土的试件数量如下：28d 龄期试件数，每 300~500m³ 成型试件一组，不足 300m³，至少每班成型试件 3 个，设计龄期（90d、180d）试件数每 1000m³ 成型试件一组，但必须满足每一台班、每一部位、每一种配合比至少有一组抗压试件

（2）混凝土质量检查龄期，取用混凝土抗压强度的龄期与设计龄期（90d）相一致。混凝土生产质量的过程控制以标准养护 28 天试件抗压强度为准。

4. 混凝土抗拉、抗渗、抗冻及其他性能检测频率按规范及技术要求取样检验。

（三）仓面施工质量检测

1. 碾压混凝土施工中，质检人员、试验室值班人员应按规定的项目对仓面施工进行检查、测试，并做好记录。

2. 碾压混凝土现场质量检测

（1）碾压混凝土铺筑检测项目和标准见表 6-3。

检测项目	检测频率	控制标准
仓面实测 VC 值及外观评判	每 2h 一次	现场 VC 值允许偏差 3s
碾压遍数	全过程控制	无振 2 遍→有振 6~8 遍→无振 2 遍
强度	相当于机口取样数量的 5%~10%	
压实容重	每铺筑 100~200m² 碾压混凝土至少应有一个检测点，每一铺筑层仓面内应有 3 个以上检测点	每个铺筑层测得的相对密实度不得小于：三级配 97%，二级配 98%
骨料分离情况	全过程控制	不允许出现骨料集中现象

检测项目	检测频率	控制标准
两个碾压层间隔时间	全过程控制	由试验确定不同气温条件下的层间允许间隔时间，并按其判定
混凝土加水拌和至碾压完毕时间	全过程控制	小于 1.5h
浇筑温度	1~2h 一次	

（2）压实容重采用核子密度仪检测。每铺筑 100~200m² 碾压混凝土至少应有一个检测点，每铺筑一个浇筑层面应有三个以上检测点。压实容重以碾压完毕 10min 后核子密度仪测试结果为准，宜采用四个方向的均值为代表值。

3. 质检人员、试验人员应按规定做好各自分管的检测项目的检查和质检记录。对重要问题的产生原因及处理过程必须记录清楚。

4. 仓面施工质量控制：在碾压混凝土施工中，质检部门、试验室值班人员应按表 6-4 规定的项目检查、测试并做好记录。

表 6-4　仓面施工质量检查、测试项目表

编号	检查项目	质量标准	检查人
一	层间结合		质检员、仓面施工员
	1、汽车冲洗	无泥水带入仓内	
	2、仓面洁净	无杂物、油污	
	3、泌水、外来水	无积水	
	4、砂浆、水泥浆铺设	均匀、无遗漏	
	5、层间间隔时间	下层混凝土未初凝	
	6、灰浆比重	每班 1~2 次	
二	卸料平仓		质检员、仓面施工员
	1、骨料分离处	分散处理	
	2、平仓厚度、平整度	高差小于 5 cm	
三	碾压		质量员
	1、碾压层表面	平整、泛浆	
	2、相对密实度	≥98%	试验室检测员
四	混凝土质量		试验室检测员
	1、VC 值	符合要求	
	2、废料处理	予以清除	质检员
五	异种混凝土结合	符合要求	质检员
六	1、变态混凝土施工	符合要求	试验室检测员
七	特殊气候下施工		仓面混凝土带班、质检员、试验室
	1、高温、强烈日晒施工	防高温、防日晒措施及要求	
	2、雨天施工	符合措施及要求	

5. 碾压混凝土的每一升层作为一个单元工程，当一个升层的碾压混凝土施工结束后，质检员和试验室应根据现场质检记录，按不同项目依次对每一碾压层进行评定，根据各项目的质量评定结果，质量部会同试验室对该升层的碾压混凝土施工质量等级做出评定，作为混凝土单元工程质量评定的依据。

6. 碾压混凝土施工中，对较大的质量问题必须及时进行处理不得遗留下来，否则要追究责任，属施工人员不执行质检和试验人员意见造成的，由施工人员负全部责任，属质检和试验漏检或未及时提出的，施工人员负施工责任，质检和试验负检查责任。

7. 本工法要求仓面指挥长对 RCC 作业人员有直接行政处罚权，处罚包括批评、罚款和解除施工资格（退场）。对仓面指挥长指挥失误或拒绝执行质检员整改意见造成质量事故的，首先解除其指挥长职务，并按有关规定处罚。

（四）混凝土表面质量缺陷检查

1. 大坝上、下游表面及其他外露面质量情况，在拆模后由工程部负责检查，检查项目及内容见表 6-5，并记录拆模时间，对缺陷的比例进行统计。

表 6-5　混凝土表面质量缺陷检查表

序号	项目	检查内容	分项等级	总评
1	整体外观效果	变形、模板水平、竖直缝线		
2	混凝土面损坏	处数、面积、深度		
3	表面平整度	平整度、光洁度		
4	麻面	数量、面积		
5	蜂窝、孔洞	数量、长度、深度		
6	层面结合	是否有明显的分层		
7	渗水	点数、严重情况		

2. 质量部应对混凝土表面质量缺陷产生的原因进行分析，会同有关部门提出处理措施。并对处理后的质量情况进行评定。

3. 混凝土表面蜂窝、麻面、气泡密集区、错台、挂帘、狗洞、表面裂缝等，由工程部提出处理措施报监理审批后，应及时予以处理。

（五）钻孔取样

1. 钻孔取样是检验混凝土质量的综合方法，对评价混凝土的各项技术指标十分重要。钻孔在碾压混凝土浇筑 3 个月后进行，钻孔的位置、数量根据现场施工情况由监理工程师审定。

2. 钻孔应能保证最大限度地取得芯样。为保证混凝土芯样的施工质量，确定使用金刚石钻头双套管单动钻孔取样，混凝土芯样直径为 150~250mm。钻孔时钻机必须固定牢靠，不得摆动，应严格控制钻孔压力与钻进速度。

3.钻孔芯样应按顺序编号装箱，连同芯样素描，送交试验室对混凝土芯样进行外观描述和照相，并按要求对混凝土的各种力学性能进行试验，提出混凝土芯样检测试验报告，以评定碾压混凝土的均质性和力学性能。

4.芯样外观描述：评定碾压混凝土的均质性和密实性，评定标准见表6-6。

表6-6　碾压混凝土芯样外观评定标准

级别	表面光滑程度	表面致密程度	骨料分布均匀性
优良	光滑	致密	均匀
一般	基本光滑	稍有孔	基本均匀
差	不光滑	有部分孔	不均匀
注：取芯需采用金刚石钻头。			

注：取芯需采用金刚石钻头。

5.利用混凝土芯样的钻孔，按监理通知要求进行分段压水试验，提出压水试验报告，以评价碾压混凝土抗渗性。

6.坝体碾压混凝土压水试验，按《水利工程钻孔压水试验规程》有关条文的规定进行。

十三、安全与文明施工

（一）施工安全

1.所有进入施工现场的工作人员，必须着装劳保工作服，正确佩戴安全帽。

2.所有特殊工种操作人员必须经过培训，持证上岗。

3.仓内所有机械设备的行驶均应遵从仓面指挥长的指挥，不得随意改变行驶方向，防止发生设备碰撞事故。

4.浇筑共振捣、电焊工焊接时均应佩戴绝缘手套，防止触电。

5.施工现场电气设备和线路，必须配置漏电保护器，并有可靠的防雨措施，以防止因潮湿漏电和绝缘损坏引起触电及设备事故。

6.电气设备的金属外壳应采用接地或接零保护。汽车运输必须执行交通规则和有关规定，严禁无证驾驶、酒后开车、无证开车。

7.翻转模板、悬臂模板的提升、安装，必须采用吊车吊装。起重人员必须熟悉模板的安装要求，提升前，必须检查确认预埋螺栓是否已拆除，不得强行起吊。

8.利用调节螺杆进行模板调节时，螺帽必须满扣，且螺杆伸出螺帽的长度不得少于两个丝扣。

9.悬臂模板的外悬工作平台每周必须检查一次，发现变形、螺丝松动时，要及时校正、加固，工作平台网板要确保牢固、满铺。

10. 入仓道路必须保证路面良好，以便车辆行驶安全。栈桥或跳板必须架设牢固，面上必须采取防滑措施。

11. 运输混凝土的车辆，车速控制在 25km/h 以内，进入仓道路及仓内后，车速不得大于 5km/h。

12. 夜间施工仓内必须有充足的照明。仓面指挥人员必须持手旗，且配明显标志。

13. 振捣棒必须保持良好的绝缘，每台振捣棒均应配备漏电保护器。平仓及碾压设备应定期检查保养，灯光及警示灯信号必须完好、齐全。

14. 其他未尽事宜参照相关安全规定执行。

（二）文明施工

1. 从沙石系统、拌和系统，到浇筑仓面，每一道工序的工作部位，均应设置施工作业牌、安全标志牌及其他指示牌，明确责任范围、责任人，以警示进入工作部位的各方面人员。所有施工人员必须佩戴"工卡"上岗。

2. 筛分楼作业区、拌和楼区等部位，常产生泥浆、废渣、洒料等，必须随时派人清理干净，以形成一个清洁的工作环境。

3. 混凝土运输道路应平顺，无障碍物，排水有效。当路面洒料后，应及时清理。如遇天晴路面扬灰时，应及时洒水。

4. 施工过程中，仓内设备应服从仓面指挥人员的指挥，各行其道，有条不紊。设备加油必须行驶出仓外，严禁设备在仓内加油。

5. 在施工过程中，汽车直接入仓的，入仓道路应经常清理和维护，以保证整洁安全。

6. 仓面收仓后，必须做到工完场清，施工机具摆放整齐，不出仓的设备应在仓面上停放整齐，出仓的设备应在指定的停放点停放整齐。

7. 施工现场文明施工的关键在措施落实，应将现场划分若干责任区，挂牌标示，配有专人负责清洁打扫，施工废料运往指定的弃渣场，对文明施工有突出贡献的单位和个人给予适当奖励，对不文明行为应予处罚。

第三节　混凝土水闸施工

一、施工准备

1. 按施工图纸及招标文件要求制定混凝土施工作业措施计划，并报监理工程师审批；

2. 完成现场试验室配置，包括主要人员、必要试验仪器设备等；

3. 选定合格原材料供应源，并组织进场、进行试验检验；

4. 设计各品种、各级别混凝土配合比，并进行试拌、试验，确定施工配合比；

5. 选定混凝土搅拌设备，进场并安装就位，进行试运行；

6. 选定混凝土输送设备，修筑临时浇筑便道；

7. 准备混凝土浇筑、振捣、养护用器具、设备及材料；

8. 进行特殊气候下混凝土浇筑准备工作；

9. 安排其他施工机械设备及劳动力组合。

二、混凝土配合比

工程设计所采用的混凝土品种主要为 C30，二期混凝土为 C40，在商品混凝土厂家选定后分别进行配合比的设计，用于工程施工的混凝土配合比，应通过试验并经监理工程师审核确定，在满足强度耐久性、抗渗性、抗冻性及施工要求的前提下，做到经济合理。

混凝土配合比设计步骤如下：

（1）确定混凝土试配强度：为了确保实际施工混凝土强度满足设计及规范要求，混凝土的试配强度要比设计强度提高一个等级。

（2）确定水灰比：严格按技术规范要求，根据所有原料、使用部位、强度等级及特殊要求分别计算确定。实际选用的水灰比应满足设计及规范的要求。

（3）确定水泥用量：水泥用量以不低于招标文件规定的不同使用部位的最小水泥用量确定，且能满足规范需要及特殊用途混凝土的性能要求。

（4）确定合理的含砂率：砂率的选择依据所用骨料的品种、规格、混凝土水灰比及满足特殊用途混凝土的性能要求来确定。

（5）混凝土试配和调整：按照经计算确定的各品种混凝土配合比进行试拌，每品种混凝土用三个不同的配合比进行拌和试验并制作试压块，根据拌和物的和易性、坍落度、28 天抗压强度、试验结果，确定最优配合比。

对于有特殊要求（如抗渗、抗冻、耐腐蚀等）的混凝土，则需根据经验或外加剂使用说明按不同的掺入料、外加剂掺量进行试配并制作试压块，根据拌和物的和易性、坍落度和 28 天抗压强度、特殊性能试验结果，确定最优配合比。

在实际施工中，要根据现场骨料的实际含水量调整设计混凝土配合比的实际生产用水量并报监理工程师批准。同时在混凝土生产过程中随时检查配料情况，如有偏差及时调整。

三、混凝土运输

工程商品混凝土使用泵送混凝土，运输方式为混凝土罐车陆路运输，从出厂到工地现场距离约为 30KM，用时约为 40Min。

四、混凝土浇筑

工程主体结构以钢筋混凝土结构为主，施工安排遵循"先主后次、先深后浅、先重后轻"的原则，以闸室、翼墙、导流墩、便桥为施工主线，防渗铺盖、护底、护坡、护面等穿插进行。

建筑物的分块分层

工程建筑物的施工根据各部位的结构特点、型式进行分块、分层。底板工程分块以设计分块为准。

a、闸室、泵室：底板以上分闸墩、排架 2 次到顶。

b、上下游翼墙：底板以上 1 次到顶。

五、部位施工方法

（一）水闸施工内容

1.地基开挖、处理及防渗、排水设施的施工。

2.闸室工程的底板、闸墩、胸墙及工作桥等施工。

3.上、下游连接段工程的铺盖、护坦、海漫及防冲槽的施工。

4.两岸工程的上、下游翼墙、刺墙及护坡的施工。

5.闸门及启闭设备的安装。

（二）平原地区水闸施工特点

1.施工场地开阔，现场布置方便。

2.地基多为软基，受地下水影响大，排水困难，地基处理复杂。

3.河道流量大，导流困难，一般要求一个枯水期完成主要工程量的施工，施工强度大。

4.水闸多为薄而小的混凝土结构，仓面小，施工有一定干扰。

（三）水闸混凝土浇筑次序

混凝土工程是水闸施工的主要环节（占工程历时一半以上），必须重点安排，施工时可按下述次序考虑：

1.先浇深基础，后浅基础，避免浅基础混凝土产生裂缝。

2.先浇影响上部工程施工的部位或高度较大的工程部位。

3.先主要后次要，其他穿插进行。主要与次要由以下三方面区分：

（1）后浇是否影响其他部位的安全；

（2）后浇是否影响后续工序的施工；

（3）后浇是否影响基础的养护和施工费用。

上述可概括为一六字方针即"先深后浅、先重后轻、先主后次、穿插进行。"

（四）闸基开挖与处理

1.软基开挖

（1）可用人工和机械方法开挖，软基开挖受动水压力的影响较大，易产生流沙，边坡失稳现象，所以关键是减小动水压力。

（2）防止流沙的方法（减小动水压力）

1）人工降低地下水位：可增加土的安息角和密实度，减小基坑开挖和回填量。可用无砂混凝土井管或轻型井点排水。

2）滤水拦砂法稳定基坑边坡：当只能用明式排水时，可采用如下方法稳定边坡：

A 苇捆叠砌拦砂法

B 柴枕拦砂法

C 坡面铺设护面层

2.软基处理

（1）换土法

当软基土层厚度不大，可全部挖出，可换填砂土或重粉质壤土，分层夯实。

（2）排水法

采用加速排水固结法，提高地基承载力，通常用砂井预压法。砂井直径为 30 ~ 50cm，井距为 4 ~ 10 倍的井径，常用范围 2 ~ 4m。一般用射水法成井，然后灌注级配良好的中粗砂，成为砂井。井上区域覆盖 1m 左右砂子，作排水和预压载重，预压荷载一般为设计荷载的 1.2 ~ 1.5 倍。砂井深度以 10 ~ 20m 为宜。

（3）.振冲法

用振冲器在土层中振冲成孔，同时填以最大粒径不超 5cm 的碎石或砾石，形成碎石桩以达到加固地基的目的。桩径为 0.6 ~ 1.1m，桩距 1.2 ~ 2.5m。适用于松砂地基，也可用于黏性土地基。

（4）混凝土灌注桩

（5）旋喷法

（6）强夯法

采用履带式起重机，锤重 10t，落距 10m，有效深度达 4 ~ 5m。可节约大量的土方开挖。

（五）闸室施工（平底板）

1.筑块划分

由于受运用条件和施工条件等的限制，混凝土被结构缝和施工缝划分为若干筑块。一般采用平层浇筑法。当混凝土拌和能力受到限制时，亦可用斜层浇筑法。

（1）搭设脚手架，架立模板

利用事先预制的混凝土柱，搭设脚手架。底板较大时，可采用活动脚手浇筑方案。

（2）混凝土的浇筑

可分两个作业组，分层浇筑。先一、二组同时浇筑下游齿墙，待齿墙浇平后，将一组调到上游浇齿墙，二组则从下游向上游开始浇第一坏混凝土。

（六）闸墩施工

1. 闸墩模板安装

（1）"铁板螺栓，对拉撑木"的模板安装

采用对销螺栓、铁板螺栓保证闸墩的厚度，并固定横、纵围图，铁板螺栓还有固定对拉撑木之用，对销螺栓与铁板螺栓间隔布置。对拉撑木保证闸墩的铅直度和不变形。

（2）混凝土的浇筑

需解决好同一块闸底板上混凝土闸墩的均衡上升和流态混凝土的入仓及仓内混凝土的铺筑问题。

（七）止水设施的施工

为了适应地基的不均匀沉降和伸缩变形，水闸设计应设置温度缝和沉陷缝（一般用沉陷缝代替温度缝的作用）。沉陷缝有铅直和水平两种，缝宽1.0～2.5cm，缝内设填料和止水。

1. 沉陷缝填料的施工

常用的填料有沥青油毛毡、沥青杉木板、沥青芦席等。其安装方法如下：

（1）先固定填料，后浇混凝土

先用铁钉将填料固定在模板内侧，然后浇筑混凝土，这样拆模后填料即可固定在混凝土上。

（2）先浇混凝土，后固定填料

在浇筑混凝土时，先在模板内侧钉长铁钉数排（使铁钉外露长度的2/3），待混凝土浇好、拆模后，再将填料钉在铁钉上，并敲弯铁钉，使填料固定在混凝土面上。

2. 止水的施工

位于防渗范围内的缝，都应设止水设施。止水缝应形成封闭整体。

（1）水平止水

常用塑料止水带，施工方法同填料。

（2）垂直止水

1）常用金属片，重要部分用紫铜片，一般用铝片、镀锌铁片或镀铜铁片等。

2）沥青井：构造如图。

（3）接缝交叉的处理

1）交叉缝的分类

A 垂直交叉：垂直缝与水平缝的交叉。

B 水平交叉：水平缝与水平缝的交叉。

2）处理方法

A 柔性连接：在交叉处止水片就位后，用沥青块体将接缝包裹起来。一般用于垂直交叉处理。

B 刚性连接：将交叉处金属片适当裁剪，然后用气焊焊接。一般用于水平交叉连接。

（八）门槽二期混凝土施工

大中型水闸的导轨、铁件等较大、较重，在模板上固定较为困难，宜采用预留槽，浇二期混凝土的施工方法。

1. 门槽垂直度控制

采用吊锤校正门槽和导轨模板的铅直度，吊锤可选用 0.5 ~ 1.0kg 的大垂球。

2. 门槽二期混凝土浇筑

（1）在闸墩立模时，于门槽部位留出较门槽尺寸大的凹槽，并将导轨基础螺栓埋设于凹槽内侧，浇筑混凝土后，基础螺栓固定于混凝土内。

（2）将导轨固定于基础螺栓上，并校正位置准确，浇筑二期混凝土。二期混凝土用细骨料混凝土。

六、混凝土养护

混凝土的养护对强度增长、表面质量等至关重要，混凝土的养护期时间应符合规范要求，在养护期前期应始终保持混凝土表面处于湿润状态，其后养护期内应经常进行洒水养护，确保混凝土强度的正常增长条件，以保证建筑物在施工期和投入使用初期的安全性。

工程底部结构采用草包、塑料薄膜覆盖养护，中上部结构采用塑料喷膜法养护，即将塑料溶液喷洒在混凝土表面上，溶液挥发后，混凝土表面形成一层薄膜，阻止混凝土中的水分不再蒸发，从而完成混凝土的水化作用。为达到有效养护目的，塑料喷膜要保持完整性，若有损坏应及时补喷，喷膜作业要与拆模同步进行，模板拆到哪里喷到哪里。

七、施工缝处理

在施工缝处继续浇筑混凝土前，首先对混凝土接触面进行凿毛处理，然后清除混凝土废渣、薄膜等杂物以及表面松动砂石和混凝土软弱层，再用水冲洗干净并充分湿润，浇筑前清除表面积水，并在表面铺一层与混凝土中砂浆配合比一致的砂浆，此时方可开始混凝土浇筑，浇筑时要加强对施工缝处混凝土的振捣，使新老混凝土结合严密。

施工缝位置的钢筋回弯时，要做到钢筋根部周围的混凝土不至受到影响而造成松动和破坏，钢筋上的油污、水泥浆及浮锈等杂物应清除干净。

八、二期混凝土施工

二期混凝土浇筑前，应详细检查模板、钢筋及预埋件尺寸、位置等是否符合设计及规范的要求，并作检查记录，报监理工程师检查验收。一期混凝土彻底打毛后，用清水冲洗干净并浇水保持 24 小时湿润，以使二期混凝土与一期混凝土牢固结合。

二期混凝土浇筑空间狭小，施工较为困难，为保证二期混凝土的浇筑质量，可采取减小骨料粒径、增加坍落度，使用软式振捣器，并适当延长振捣时间等措施，确保二期混凝土浇筑质量。

九、大体积混凝土施工技术

工程混凝土块体较多，如闸身底板、泵站底板、墩墙等，均属大体积混凝土。混凝土在硬化期间，水泥的水化过程释放大量的水化热，由于散热慢，水化热大量积聚，造成混凝土内部温度高、体积膨胀大，而表面温度低，产生拉应力。当温差超过一定限度时，使混凝土拉应力超过抗拉强度，就产生裂缝。混凝土内部达到最高温度后，热量逐渐散发而达到使用温度或最低温度，二者之差便形成内部温差，促使了混凝土内部产生收缩。再加上混凝土硬化过程中，由于混凝土拌和水的水化和蒸发，以及胶质体的胶凝作用，促进了混凝土的收缩。这两种收缩在进行时，受到基底及结构自身的约束，而产生收缩力，当这种收缩应力超过一定限度时，就会贯穿混凝土断面，成为结构性裂缝。

针对以上成因，为了能有效地预防混凝土裂缝的产生，本工程施工过程中，将从混凝土原材料质量、方式工艺、混凝土养护等方面，预防混凝土裂缝产生。

1. 混凝土原材料质量控制措施

①严格控制砂石材料质量，选用中粗砂和粒径较大石子，砂石含泥量控制在规范允许范围内。

②水泥供应到工后，做到不受潮、不变质，先到先用。

③各种材料到工后，做到及时检测。对不合格料应及时处理，清理出场。

2. 施工工艺控制措施

（1）混凝土浇筑成型过程

①混凝土施工前，制定详细的混凝土浇筑方案，混凝土生产能力必须满足最大浇筑强度要求，相邻坯层混凝土覆盖的间隔时间满足施工规范要求，避免产生施工冷缝。混凝土振捣要依次振捣密实，不能漏振，分层浇筑时，振捣棒要深入到下层混凝土中，以确保混凝土结合面的质量。

②在浇筑过程中，要及时排除混凝土表面泌水，混凝土浇筑完成后，按设计标高用刮尺将混凝土抹平。在混凝土成型后，采用真空吸水措施，排除混凝土多余水分，然后用木

蟹拓磨压实，最后收光压面，以提高混凝土表面密实度。

③在混凝土浇筑过程中，要确保钢筋保护层厚度。

④混凝土施工缝处理要符合施工规范要求，混凝土接合面充分凿毛，表面冲洗干净，混凝土浇筑前，必须先铺摊与混凝土相同配合比水泥砂浆，以提高混凝土施工缝粘接强度。

（2）拆模过程

①适当延迟侧向模板拆模时间，以保持表面温度和湿度，减少气温陡降和收缩裂缝。②承重模板必须符合规范要求。

（3）混凝土养护措施

①混凝土浇筑后，安排专人进行养护。对底板部分，表面采用草包覆盖，浇水养护措施，保持表面湿润。

②夏季施工时，新浇混凝土应防止烈日直射，采用遮阳措施。

十、混凝土工程质量控制

1. 按招标文件及规范要求制定混凝土工程施工方案，并报请监理工程师审批。

2. 严格按规范和招标文件的要求的标准选用混凝土配制所用的各种原辅材料，并按规定对每批次进场材料抽样检测。

3. 严格按规范和招标文件的要求设计混凝土配合比，并通过试验证明符合相关规定及使用要求，尤其是有特殊性能要求的混凝土。

4. 加强混凝土现场施工的配料计量控制，随时检查、调整，确保混凝土配料准确。并按规范规定和监理工程师的指令，在出机口及浇筑现场进行混凝土取样试验，并制作混凝土试压块。关键部位浇筑时应有监理工程师旁站。

5. 控制混凝土熟料的搅拌时间、塌落度等满足规范要求，确保拌和均匀。混凝土的拌和程序和时间应符合规范规定。

6. 混凝土浇筑入仓要有适宜措施，避免大高差跌落造成混凝土离析。

7. 按规范要求进行混凝土的振捣，确保混凝土密实度。

8. 做好雨季混凝土熟料及仓面的防雨措施，浇筑中严禁在仓内加水。

9. 加强混凝土浇筑值班巡查工作，确保模板位置、钢筋位置及保护层、预埋件位置准确无误。

10. 做好混凝土正常养护工作，浇水养护时间不低于规范和招标文件的要求。

11. 按规范规定做好对结构混凝土表面的保护工作。

第四节 大体积混凝土的温度控制

随着我国各项基础设施建设的加快和城市建设的发展，大体积混凝土已经愈来愈广泛地应用于大型设备基础、桥梁工程、水利工程等方面。这种大体积混凝土具有体积大、混凝土数量多、工程条件复杂和施工技术要求高等特点，在设计和施工中除了必须满足强度、刚度、整体性和耐久性的要求外，还必须控制温度变形裂缝的开展，保证结构的整体性和建筑物的安全。因此控制温度应力和温度变形裂缝的扩展，是大体积混凝土设计和施工中的一个重要课题。

一、裂缝的产生原因

大体积混凝土施工阶段产生的温度裂缝，是其内部矛盾发展的结果，一方面是混凝土内外温差产生应力和应变，另一方面是结构的外约束和混凝土各质点间的内约束阻止这种应变，一旦温度应力超过混凝土所能承受的抗拉强度，就会产生裂缝。

1. 水泥水化热

在混凝土结构浇筑初期，水泥水化热引起温升，且结构表面自然散热。因此，在浇筑后的 3d~5d，混凝土内部达到最高温度。混凝土结构自身的导热性能差，且大体积混凝土由于体积巨大，本身不易散热，水泥水化现象会使得大量的热聚集在混凝土内部，使得混凝土内部迅速升温。而混凝土外露表面容易散发热量，这就使得混凝土结构温度内高外低，且温差很大，形成温度应力。当产生的温度应力（一般是拉应力）超过混凝土当时的抗拉强度时，就会形成表面裂缝

2. 外界气温变化

大体积混凝土结构在施工期间，外界气温的变化对防止大体积混凝土裂缝的产生起着很大的影响。混凝土内部的温度是由浇筑温度、水泥水化热的绝热温度和结构的散热温度等各种温度叠加之和组成。浇筑温度与外界气温有着直接关系，外界气温愈高，混凝土的浇筑温度也就会愈高；如果外界温度降低则又会增加大体积混凝土的内外温差梯度。如果外界温度的下降过快，会造成很大的温度应力，极其容易引发混凝土的开裂。另外外界的湿度对混凝土的裂缝也有很大的影响，外界的湿度降低会加速混凝土的干缩，也会导致混凝土裂缝的产生。

二、温度控制措施

针对大体积混凝土温度裂缝成因，可从以下几方面制定温控防裂措施。

（一）温度控制标准

混凝土温度控制的原则是：（1）尽量降低混凝土的温升、延缓最高温度出现时间；（2）降低降温速率；（3）降低混凝土中心和表面之间、新老混凝土之间的温差以及控制混凝土表面和气温之间的差值。温度控制的方法和制度需根据气温（季节）、混凝土内部温度、结构尺寸、约束情况、混凝土配合比等具体条件确定。

（二）混凝土的配置及原料的选择

1. 使用水化热低的水泥

由于矿物成分及掺合料数量不同，水泥的水化热差异较大。铝酸三钙和硅酸三钙含量高的，水化热较高，掺合料多的水泥水化热较低。因此选用低水化热或中水化热的水泥品种配制混凝土。不宜使用早强型水泥。采取到货前先临时贮存散热的方法，确保混凝土搅拌时水泥温度尽可能较低。

2. 使用微膨胀水泥

使用微膨胀水泥的目的是在混凝土降温收缩时膨胀，补偿收缩，防止裂缝。但目前使用的微膨胀水泥，大多膨胀过早，即混凝土升温时膨胀，降温时已膨胀完毕，也开始收缩，只能使升温的压应力稍有增大，补偿收缩的作用不大。所以应该使用后膨胀的微膨胀水泥。

3. 控制砂、石的含泥量

严格控制砂的含泥量使之不大于3%；石子的含泥量，使之不大于1%，精心设计、选择混凝土成分配合如尽可能采用粒径较大、质量优良、级配良好的石子。粒径越大、级配良好，骨料的孔隙率和表面积越小，用水量减少，水泥用量也少。在选择细骨料时，其细度模数宜在26~29。工程实践证明，采用平均粒径较大的中粗砂，比采用细砂每方混凝土中可减少用水量20~25kg，水泥相应减少28~35kg，从而降低混凝土的干缩，减少水化热，对混凝土的裂缝控制有重要作用。

4. 采用线胀系数小的骨料

混凝土由水泥浆和骨料组成，其线胀系数为水泥浆和骨料线胀系数的加权（占混凝土的体积）平均值。骨料的线胀系数因母岩种类而异。不同岩石的线胀系数差异很大。大体积混凝土中的骨料体积占75%以上，采用线胀系数小的骨料对降低混凝土的线胀系数，从而减小温度变形的作用是十分显著的。

5. 外掺料选择

水泥水化热是大体积混凝土发生温度变化而导致体积变化的主要根源。干湿和化学变化也会造成体积变化，但通常都远远小于水泥水化热产生的体积变化。因此，除采用水化热低的水泥外，要减小温度变形，还应千方百计地降低水泥用量，减少水的用量。根据试验每减少10kg水泥，其水化热将使混凝土的温度相应升降1℃。这就要求：（1）在满足结构安全的前提，尽量降低设计要求强度。

（2）众所周知，强度越低，水泥用量越小。充分利用混凝土后期强度，采用较长的设计龄期混凝土的强度，特别是掺加活性混合材（矿渣、粉煤灰）的。大体积混凝土因工程量大，施工时间长，有条件采用较长的设计龄期，如 90d、180d 等。折算成常规龄期 28d 的设计强度就可降低，从而减小水泥用量。

（3）掺加粉煤灰：粉煤灰的水化热远小于水泥，7d 约为水泥 1/3，28d 约为水泥的 1/20 掺加粉煤灰减小水泥用量可有效降低水化热。大体积混凝土的强度通常要求较低，允许参加较多的粉煤灰。另外，优质粉煤灰的需水性小，有减水作用，可降低混凝土的单位用水量和水泥用量；还可减小混凝土的自身体积收缩，有的还略有膨胀，有利于防裂。掺粉煤灰还能抑制碱骨料反应并防止因此产生的裂缝。

（4）掺减水剂：掺减水剂可有效地降低混凝土的单位用水量，从而降低水泥用量。缓凝型减水剂还有抑制水泥水化作用，可降低水化温升，有利于防裂。大体积混凝土中掺加的减水剂主要是木质素磺酸钙，它对水泥颗粒有明显的分散效应，可有效地增加混凝土拌合物的流动性，且能使水泥水化较充分，提高混凝土的强度。若保持混凝土的强度不变，可节约水泥 10%。从而可降低水化热，同时可明显延缓水化热释放速度，热峰也相应推迟。

三、混凝土浇筑温度的控制

降低混凝土的浇筑温度对控制混凝土裂缝非常重要。相同混凝土，入模温度高的温升值要比入模温度低的大许多。混凝土的入模温度应视气温而调整。在炎热气候下不应超过 28℃，冬季不应低于 5℃。在混凝土浇筑之前，通过测量水泥、粉煤灰、砂、石、水的温度，可以估算浇筑温度。若浇筑温度不在控制要求内，则应采取相措施。

1. 在高温季节、高温时段浇筑的措施

（1）除水泥水化温升外，混凝土本身的温度也是造成体积变化的原因，有条件的应尽量避免在夏季浇筑。若无法做到，则应避免在午间高温时浇筑。

（2）高温季节施工时，设混凝土搅拌用水池（箱），拌和混凝土时，拌和水内可以加冰屑（可降低 3~4）和冷却骨料（可降低 10 以上），降低搅拌用水的温度。

（3）高温天气时，砂、石子堆场的上方设遮阳棚或在料堆上覆盖遮阳布，降低其含水率和料堆温度。同时提高骨料堆料高度，当堆料高度大于 6m 时，骨料的温度接近月平均气温。

（4）向混凝土运输车的罐体上喷洒冷水、在混凝土泵管上裹覆湿麻袋片控制混凝土入模前的温度。

（5）预埋钢管，通冷却水：如果绝热温升很高，有可能因温度应力过大而导致温度裂缝时，浇灌前，在结构内部预埋一定数量的钢管（借助钢筋固定），除在结构中心布置钢管外，其余钢管的位置和间距根据结构形式和尺寸确定（温控措施圆满完成后用高标号灌浆料将钢管灌堵密实）。大体积混凝土浇灌完毕后，根据测温所得的数据，向预埋的管内通以一定温度的冷却水，应保证冷却水温度和混凝土温度之差不大于 25，利用循环水带走水化热；冷却水的流量应控制，保证降温速率不大于 15/d，温度梯度不大于 2/m。尽管这种方法需要增加一些成本，却是降低大体积混凝土水化热温最为有效的措施。

（6）可采用表面流水冷却，也有较好效果。

2. 保温措施

冬季施工如日平均气温低于 5℃时，为防止混凝土受冻，可采取拌和水加热及运输过程的保温等措施。

3. 控制混凝土浇筑间歇期、分层厚度

各层混凝土浇筑间歇期应控制在 7 天左右，最长不得超过 10 天。为降低老混凝土的约束，需做到薄层、短间歇、连续施工。如因故间歇期较长，应根据实际情况在充分验算的基础上对上层混凝土层厚进行调整。

四、浇筑后混凝土的保温养护及温差监测

保温效果的好坏对大体积混凝土温度裂缝控制至关重要。保温养护采用在混凝土表面覆盖草垫、素土的养护方法。养护安排专人进行，养护时间 5 天。

自施工开始就派专人对混凝土测温并做好详细记录，以便随时了解混凝土内外温差变化。

承台测温点共布设 9 个，分上中下三层，沿着基础的高度，分布于基础周边，中间及肋部。测温点具体埋设位置见专项施工方案（作业指导书）。混凝土浇筑完毕后即开始测温。在混凝土温度上升阶段每 2 ~ 4h 测一次，温度下降阶段每 8h 测一次，同时应测大气温度，以便掌握基础内部温度场的情况，控制砼内外温差在 25℃以内。根据监测结果，如果砼内部升温较快，砼内部与表面温度之差有可能超过控制值时，在混凝土外表面增加保温层。

当昼夜温差较大或天气预报有暴雨袭击时，现场准备足够的保温材料，并根据气温变化趋势以及砼内部温度监测结果及时调整保温层厚度。

当砼内部与表面温度之差不超过 20℃，且砼表面与环境温度之差也不超过 20℃，逐层拆除保温层。当砼内部与环境温度之差接近内部与表面温差控制值时，则全部撤掉保温层。

五、做好表面隔热保护

大体积混凝土的裂缝，特别是表面裂缝，主要是由于内外温差过大产生的浇筑后，水泥水化使混凝土温度升高，表面易散热温度较低，内部不易散热温度较高，相对地表面收缩内部膨胀，表面收缩受内部约束产生拉应力。但通常这种拉应力较小，不至于超过混

凝土抗拉强度而产生裂缝。只有同时遇冷空气袭击。或过水或过分通风散热、使表面降温过大时才会发生裂缝（浇筑后 5~20d 最易发生）。表面隔热保护防止表面降温过大，减小内外温差，是防裂的有效措施。

1. 不拆模保温蓄热养护

大体积混凝土浇灌完成后应适时地予以保温保湿养护（在混凝土内外温差不大于 25 的情况下，过早地保温覆盖不利于混凝土散热）。养护材料的选择、维护层数以及拆除时间等应严格根据测温和理论计算结果而定。

2. 不拆模保温蓄热及混凝土表面蓄水养护

对于筏板式基础等大体积混凝土结构，混凝土浇灌完毕后，除在模板表面裹覆保温保湿材料养护外，可以通过在基础表面的四周砌筑砖围堰而后在其内蓄水的方法来养护混凝土，但应根据测温情况严格控制水温，确保蓄水的温度和混凝土的温度之差小于或等于 25℃，以免混凝土内外温差过大而导致裂缝出现。

六、控制混凝土入模温度

混凝土的入模温度指混凝土运输至浇筑时的温度。冬期施工时，砼的入模温度不宜低于 5℃。夏季施工时，混凝土的入模温度不宜高于 30℃。

夏季施工砼入模温度的控制：

（1）原材料温度控制。混凝土拌制前测定砂、碎石、水泥等原材料的温度，露天堆放的砂石应进行覆盖，避免阳光曝晒。拌合用水应在混凝土开盘前的 1 小时从深井抽取地下水，蓄水池在夏天搭建凉棚，避免阳光直射。拌制时，优先采用进场时间较长的水泥及粉煤灰，尽可能降低水泥及粉煤灰在生产过程中存留的余热。

（2）采用砼搅拌运输车运输砼。运输车储运罐装混凝土前用水冲洗降温，并在砼搅拌运输车罐顶设置棉纱降温刷，及时浇水使降温刷保持湿润，在罐车行走转动过程中，使罐车周边湿润，蒸发水汽降低温度，并尽量缩短运输时间。运输混凝土过程中宜慢速搅拌混凝土，不得在运输过程加水搅拌。

（3）施工时，要做好充分准备，备足施工机械，创造好连续浇筑的条件。砼从搅拌机到入模的时间及浇筑时间要尽量缩短。同时，为避免高温时段，浇筑应多选择在夜间施工。

冬期施工砼入模温度的控制：

（1）冬期施工时，设置骨料暖棚，将骨料进行密封保存，暖棚内设置加热设施。粗细骨料拌和前置于暖棚内升温。暖棚外的骨料使用帆布进行覆盖。配制一台锅炉，通过蒸汽对搅拌用水进行加热，以保证混凝土的入模温度不低于 5℃。

（2）砼的浇筑时间有条件时应尽量选择在白天温度较高的时间进行。

（3）砼拌制好后，及时运往浇筑地点，在运输过程中，罐车表面采用棉被覆盖保温。运输道路和施工现场及时清扫积雪，保证道路通畅，必要时运输车辆加防滑链。

七、养护

混凝土养护包括湿度和温度两个方面。结构表层混凝土的抗裂性和耐久性在很大程度上取决于施工养护过程中的温度和湿度养护。因为水泥只有水化到一定程度才能形成有利于混凝土强度和耐久性的微观结构。目前工程界普遍存在的问题是湿养护不足，对混凝土质量影响很大。湿养护时间应视混凝土材料的不同组成和具体环境条件而定。对于低水胶比又掺用掺和料的混凝土，潮湿养护尤其重要。湿养护的同时，还要控制混凝土的温度变化。根据季节不同采取保温和散热的综合措施，保证混凝土内表温差及气温与混凝土表面的温差在控制范围内。

八、加强施工质量控制

工程实践证明，大体积混凝土裂缝的出现与其质量的不均匀性有很大关系，混凝土强度不均匀，裂缝总是从最弱处开始出现，当混凝土质量控制不严，混凝土强度离散系数大时，出现裂缝的机率就大。加强施工管理，提高施工质量，必须从混凝土的原材料质量控制做起。科学进行配合比设计，施工中严格按照施工规范操作，特别要加强混凝土的振捣和养护，确保混凝土的质量，以减少混凝土裂缝的发生。

第七章　水闸工程施工技术

第一节　基础知识

　　修建在河道和渠道上利用闸门控制流量和调节水位的低水头水工建筑物。关闭闸门可以拦洪、挡潮或抬高上游水位，以满足灌溉、发电、航运、水产、环保、工业和生活用水等需要；开启闸门，可以宣泄洪水、涝水、弃水或废水，也可对下游河道或渠道供水。在水利工程中，水闸作为挡水、泄水或取水的建筑物，应用广泛。

　　水闸，按其所承担的主要任务，可分为：节制闸、进水闸、冲沙闸、分洪闸、挡潮闸、排水闸等。按闸室的结构形式，可分为：开敞式、胸墙式和涵洞式。开敞式水闸当闸门全开时过闸水流通畅，适用于有泄洪、排冰、过木或排漂浮物等任务要求的水闸，节制闸、分洪闸常用这种形式。胸墙式水闸和涵洞式水闸，适用于闸上水位变幅较大或挡水位高于闸孔设计水位，即闸的孔径按低水位通过设计流量进行设计的情况。胸墙式的闸室结构与开敞式基本相同，为了减少闸门和工作桥的高度或为控制下泄单宽流量而设胸墙代替部分闸门挡水，挡潮闸、进水闸、泄水闸常用这种形式。如中国葛洲坝泄水闸采用 12m×12m 活动平板门胸墙，其下为 12m×12m 弧形工作门，以适应必要时宣泄大流量的需要。涵洞式水闸多用于穿堤引（排）水，闸室结构为封闭的涵洞，在进口或出口设闸门，洞顶填土与闸两侧堤顶平接即可作为路基而不需另设交通桥，排水闸多用这种形式。

　　水闸由闸室、上游连接段和下游连接段组成。闸室是水闸的主体，设有底板、闸门、启闭机、闸墩、胸墙、工作桥、交通桥等。闸门用来挡水和控制过闸流量，闸墩用以分隔闸孔和支承闸门、胸墙、工作桥、交通桥等。底板是闸室的基础，将闸室上部结构的重量及荷载向地基传递，兼有防渗和防冲的作用。闸室分别与上下游连接段和两岸或其他建筑物连接。上游连接段包括：在两岸设置的翼墙和护坡，在河床设置的防冲槽、护底及铺盖，用以引导水流平顺地进入闸室，保护两岸及河床免遭水流冲刷，并与闸室共同组成足够长度的渗径，确保渗透水流沿两岸和闸基的抗渗稳定性。下游连接段，由消力池、护坦、海漫、防冲槽、两岸翼墙、护坡等组成，用以引导出闸水流向下游均匀扩散，减缓流速，消除过闸水流剩余动能，防止水流对河床及两岸的冲刷。

　　水闸关门挡水时，闸室将承受上下游水位差所产生的水平推力，使闸室有可能向下游滑动。闸室的设计，须保证有足够的抗滑稳定性。同时在上下游水位差的作用下，水将从上游沿闸基和绕过两岸连接建筑物向下游渗透，产生渗透压力，对闸基和两岸连接建筑物的稳定不利，尤其是对建于土基上的水闸，由于土的抗渗稳定性差，有可能产生渗透变形，危及工程安全，故需综合考虑闸址地质条件、上下游水位差、闸室和两岸连接建筑物布置等因素，分别在闸室上下游设置完整的防渗和排水系统，确保闸基和两岸的抗渗稳定性。开门泄水时，闸室的总净宽度须保证能通过设计流量。闸的孔径，需按使用要求、闸门形式及考虑工程投资等因素选定。由于过闸水流形态复杂，流速较大，两岸及河床易遭水流冲刷，需采取有效的消能防冲措施。对两岸连接建筑物的布置需使水流进出闸孔有良好的收缩与扩散条件。建于平原地区的水闸地基多为较松软的土基，承载力小，压缩性大，在水闸自重与外荷载作用下将会产生沉陷或不均匀沉陷，导致闸室或翼墙等下沉、倾斜，甚至引起结构断裂而不能正常工作。为此，对闸室和翼墙等的结构形式、布置和基础尺寸的设计，需与地基条件相适应，尽量使地基受力均匀，并控制地基承载力在允许范围以内，必要时应对地基进行妥善处理。对结构的强度和刚度需考虑地基不均匀沉陷的影响，并尽量减少相邻建筑物的不均匀沉陷。此外，对水闸的设计还要求做到结构简单、经济合理、造型美观、便于施工管理，以及有利于环境绿化等。

水闸设计的主要内容如下：

1. 闸址和闸槛高程的选择

根据水闸所负担的任务和运用要求，综合考虑地形、地质、水流、泥沙、施工、管理和其他方面等因素，经过技术经济比较选定。闸址一般设于水流平顺、河床及岸坡稳定、地基坚硬密实、抗渗稳定性好、场地开阔的河段。闸槛高程的选定，应与过闸单宽流量相适应。在水利枢纽中，应根据枢纽工程的性质及综合利用要求，统一考虑水闸与枢纽其他建筑物的合理布置，确定闸址和闸槛高程。

2. 水力设计

根据水闸运用方式和过闸水流形态，按水力学公式计算过流能力，确定闸孔总净宽度。结合闸下水位及河床地质条件，选定消能方式。水闸多用水跃消能，通过水力计算，确定消能防冲设施的尺度和布置。估算判断水闸投入运用后，由于闸上下游河床可能发生冲淤变化，引起上下游水位变动，从而对过水能力和消能防冲设施产生的不利影响。大型水闸的水力设计，应做水力模型试验验证。

3. 防渗排水设计

根据闸上下游最大水位差和地基条件，并参考工程实践经验，确定地下轮廓线（即由防渗设施与不透水底板共同组成渗流区域的上部不透水边界）布置，须满足沿地下轮廓线的渗流平均坡降和出逸坡降在允许范围以内，并进行渗透水压力和抗渗稳定性计算。在渗流出逸面上应铺设反滤层和设置排水沟槽（或减压井），尽快地、安全地将渗水排至下游。两岸的防渗排水设计与闸基的基本相同。

4.结构设计

根据运用要求和地质条件，选定闸室结构和闸门形式，妥善布置闸室上部结构。分析作用于水闸上的荷载及其组合，进行闸室和翼墙等的抗滑稳定计算、地基应力和沉陷计算，必要时，应结合地质条件和结构特点研究确定地基处理方案。对组成水闸的各部建筑物（包括闸门），根据其工作特点，进行结构计算。

第二节　施工导流、降排水及防汛措施

一、施工导流

1.施工导流概况

建筑物施工围堰等级为 4 级，导流设计洪水标准为 10 年一遇，工程安排枯水期施工，施工时段为 10 月 ~11 月，围堰设计洪水位分别为 21.7m、20.4m。

2.建筑物施工导流方式

老闸围堰施工在瓦埠湖侧水位降至 18.0M 时开始实施填筑；施工期采用船闸输水洞进行全时段导流；水位达到 20.0M 时，将老闸段围堰破口过水。

3.围堰设计

由于淮河侧枯水期十年一遇水位为 21.7M，故围堰设计高程为 22.5M，顶宽 5 米。扩建闸段设计边坡为 1∶3，加固闸段围堰迎水面 18.5M 高程以下部分边坡为 1∶6，加固闸段围堰背水面 18.5M 高程以下部分边坡为 1∶5。围堰水面以上 0.8 米采用推土机碾压的压实方法，水面以上 0.8 米至设计高程压实后的干重度一般不小于 15.5Kn/m³，同时压实度应不小于 92%。详见围堰设计图。

由于施工期仅通过船闸导流，如瓦埠湖侧水位超过淹没水位 20.0 米时，则将老闸段围堰拆除破口过水，以防止上游瓦埠湖侧水位过高而淹没农田造成损失。上、下游分流岛与围堰之间要填筑子围堰，子围堰设计高程及顶宽同上下游围堰，以防止老闸段基坑过水时，水流自分流岛与主围堰间涌入扩建闸基坑。

4.冲填区围堰

由于征地范围减小，冲填区围堰顶高程设计为 23.5m 时，冲填区面积为 14166m²，冲填深度为 5m，可冲填约 70830m³。另在，结合土料场开挖，沿开挖区填筑一周围堰，作为淮河侧疏浚冲填区。围堰全长约 500 米，围堰顶高程设计为 22.5m，冲填区面积约为 14615m²，冲填深度为 5m，可冲填约 73075m³。可满足疏浚要求。

冲填区围堰设计顶宽为 3.0m，有交通要求的冲填区围堰，设计顶宽为 7.0m。横向围堰长 120 米，纵向围堰长 150 米。

冲填区围堰施工分两期进行，一期首先利用主坝及土料场取土填筑冲填区横向围堰，二期利用基坑围堰拆除土料进行填筑纵向围堰，围堰水面以上 0.8 米采用推土机碾压的压实方法，水面以上 0.8 米至设计高程压实后的干重度一般不小于 15.5Kn/m³，同时压实度应不小于 92%。淮河侧冲填区围堰设计顶宽为 3.0m，顶高程为 22.5m，边坡为 1：2，在土料场清理时，直接利用土料场土采用挖掘机，配合推土机填筑施工，详见围堰设计图。

二、施工降排水

施工降排水内容主要有基坑内经常性排水，基坑内深层降水和土料场排水沟排水。

初选闸址勘察期间测得稳定地下水位为 21.40~21.90m，推荐闸址测得稳定地下水位为 21.20~21.90m。①、② 2 层渗透系数为 $k=7.59 \times 10{-}5~1.02 \times 10{-}6 cm/s$，③层平均渗透系数 $k=5.82 \times 10{-}6 cm/s$，④层土平均渗透系数 $k=4.72 \times 10{-}5 cm/s$，②1、⑤层渗透系数 $k=i \times 10{-}3 cm/s~i \times 10{-}4 cm/s$。闸址区地下水源丰富，且第⑤层细砂层的透水性较强，承压含水层水位较高，对施工影响重大，计划采用措施降低地下水保障施工。

（一）经常性排水

经常性排水包括基坑渗水、雨水、施工废水等，基坑渗水和施工废水可以忽略，因此配备水泵数量主要考虑排除雨雪水。

（二）基坑深层降水

1.降水技术方法的选择

计划采用无砂管井排水方法降水。无砂管井布置简单，可一次到位，不用重复布井，且排水管路对场内施工道路影响较小。

2.降水井的布置

老闸布设无砂管井 8 眼，扩建闸布设无砂管井 12 眼，降水井具体布置位置详见"扩建闸基坑降排水平面布置图""老闸基坑降排水平面布置图"。

3.降水井结构设计

井管采用无砂滤水管，含水层（细砂层）以上采用实管，管外径 500mm，管径内径 400mm，滤水管长度约 5m，孔隙率不小于 20%，外包 80 目尼龙网两层。降水井打到透水砂层底部黏土层中，深入黏土层 1m，井底采用专用的井底管。滤料采用中粗砂。

4.降水井施工

（1）钻孔

由于该地区表层土质较松软，在打孔时应采用回旋钻机成孔。

（2）井管制作

井管中的滤管段采用无砂滤水管，透水面积不小于20%。

（3）下管及滤料

井深达到设计要求以后，将孔内泥浆用清水逐渐循环稀释到比重为1.05以后，立即下管，下管需居中，不能偏向一侧，致使井管贴壁，应在井管上绑上扶正器垫块，确保井管居中；每节管的接头处外包两层尼龙网。下完井管以后，应立即下滤料，滤料的高程超过含水层的顶高程20~30cm。然后用黏土球封填。

（4）洗井

采用抽水法洗井。滤料填完以后，立即下泵进行抽水，抽至水清后再持续抽12小时，如水继续保持清澈即可认为是合格井。

（5）下泵

由于降水井布置的距离较大，而承压水头又较高，任何一台水泵不能正常工作都有可能导致水位上升，因此，应采用质量较好的水泵。

5.降水运行管理

管井施工完成后，对管井设置明显标志，防止车辆、设备对管井造成破坏，配备足量的水泵和备用电源，在降水工作投入正常运行以后，尽量作到不停机，不使水位反弹。降水井设专人进行管理，定时检查出水量；出现其他异常情况，应分析原因，针对不同的情况进行处理。

6.停井及封井

（1）停井顺序

闸室底板、消力池浇筑过程中要设立变形观测点，浇筑完毕以后，逐步停掉部分降水井减少排水量，停井一般按顺序间隔进行。

（3）施工方案

施工流程：

填砂→清理管口→砼拌制、运输→砼封堵→养护

无砂管井中砂层以下部分用中砂回填，砂层以上部分用C10砼封堵。

7.土料场排水沟排水

在河道开挖区外侧土料场，沿水面边挖一条主排水沟，在主排沟上，每40~60米布设一条支排水沟，在主排水沟内布设抽水泵，将沟内积水直接抽排至淮河侧河道内。排水设备配备3台功率为4.5KW、扬程为20m、流量为45m3/h、型号为QY20—45—4.5的潜水泵。

三、粉喷桩地基处理

（一）施工布置

在靠近翼墙处各布置一个钻机后场操作区，操作区内布置水泥露天仓库、储料斗、空压机、配电柜及指挥篷。

（二）施工计划

1. 总体施工程序安排

配备桩机 4 台，左右岸各 2 台钻机，计划两岸同时施工。首先施工岸墙地基及靠近岸墙的部分翼墙地基，然后每一岸的 2 台钻机分别施工剩余的翼墙地基。

（三）工艺试验

1. 试验场地选择

试验场地计划选在淮河侧干砌石护坦上，场地相对平整，使成桩设备行走就位后应平整和稳固，确保试验中不发生倾斜、移动。

2. 试验方案

（1）钻机就位

水泥粉喷桩施工机械行走至放样孔位，搅拌机械塔架要保持垂直。

（2）下钻

启动钻机，钻头边旋转边钻进，钻进时喷射压缩空气。

（3）钻进结束

钻到 8m 深后停钻。

（4）提升

启动钻机，钻头反向边旋转边提升，同时通过粉体发送器将水泥粉喷入被搅动的土体中，使土体和水泥进行充分拌和。

（5）提升结束

当钻头提升至距离地面 30~50cm 时，发送器停止向孔内喷水泥粉。

进行复搅桩体自桩顶以下复搅深度不小于 1/3 桩长，且符合本工程工艺桩确定的搅拌要求。

（四）质量检查

施工结束后，对开挖出来的粉喷桩柱体，量测其直径应符合设计要求，桩身应连续均匀，灰土拌和应均匀，用打击物冲击应有坚实感。

（五）施工方案

粉喷桩施工工艺流程：场地平整→钻机就位→第一次下钻→第一次钻进结束→第一次提升→第一次提升结束→第二次下钻→第二次钻进结束→第二次提升→第二次提升结束

1. 场地平整

基坑开挖后，基坑底部留 30~50cm 的保护层。

用 D85 推土机平整粉喷桩施工场地。要求场地相对平整，使成桩设备行走就位后应平整和稳固，确保施工中不发生倾斜、移动。

2. 粉喷桩施工

按照粉喷桩试验确定的施工方法进行施工，粉喷桩进行跳桩施工法。

3. 质量检验

（1）外观检查

施工结束后，对开挖出来的粉喷桩柱体，量测其直径应符合设计要求，桩身应连续均匀，灰土拌和应均匀，用打击物冲击应有坚实感。

（2）室内外试验

1）在开挖出来的桩体上切取试件，在保养的条件下送试验室进行立方体强度和无侧限抗压强度试验。试验结果要满足设计要求。

2）对切取的试件进行压缩试验，其变形模量应满足设计要求。

（六）质量保证措施

1. 在桩架上设置用于施工中观测深度和斜度的装置。

2. 施工机械行走至放样孔位，搅拌轴对中偏差不大于 50mm；

3. 搅拌机械塔架要保持垂直，垂直度不超过 0.5%。

4. 按施工图纸要求控制下钻深度、输粉面、停粉面，确保施工桩长，深度误差不大于 10cm；

5. 有准确的输粉计量装置；

6. 搅拌、提升及输粉应均匀，并准确计量，保证桩体连续；

7. 桩体自桩顶以下复搅深度不小于 1/3 桩长，且符合本工程工艺桩确定的搅拌要求；

8. 使用钻头应定期复检，其直径磨耗量不得大于 15mm。

第三节　土方工程

一、工程概况

本标段土方工程包括围堰填筑、拆除；建筑物基坑开挖；建筑物内部及周围土方回填；分流岛、连接段填筑；老河道疏浚吹填等。土方工程包括围堰填筑、拆除；建筑物基坑开挖；建筑物内部及周围土方回填；分流岛、连接段填筑；老河道疏浚吹填等。根据施工图纸初步估算，土方填筑约 189345 方，土方开挖约 221147 方，河道疏浚 117344 方。

二、土方填筑工程

（一）施工方案

1. 围堰施工

用 TY220 推土机直接推运，挖掘机配合清除局部不平整部位和树根，清基必须把填筑区和取土区范围内的淤泥、树木、树根、杂草、垃圾、废渣等不适合筑堤的杂土清除干净，原则要求清除 50 厘米。

扩建闸围堰采用挖掘机配合自卸汽车施工，土料取自扩建闸基坑开挖的土方，调运至填筑区，老闸加固围堰土料一部分利用新闸围堰拆除土方，采用自卸车调土。

围堰施工时，填筑范围内无水区层层碾压，碾压设备为 YZ14 振动碾，水面以下采用进占法施工，推土机平整碾压，直至高于水面以上 80 厘米，然后用振动碾压实。

2. 建筑物周边及空箱内部土方回填施工

采用挖掘机装自卸车运土，挖掘机配合人工摊铺、平整。空箱内部及建筑物周边靠近建筑物 1 米范围内土方采用蛙式打夯机和冲击夯夯实，距离建筑物 1 米范围以外采用机械平整、夯实。

4. 连接段及分流岛施工

连接段及分流岛填筑土方利用围堰拆除土方，采用铲运机和推土机配合运输平整，YZ14 振动碾压实，施工方法同围堰施工方法。

5. 土方填筑施工应注意的问题

根据填筑部位的不同，采用不同的压实方法，确保填筑土方达到设计要求。岸翼墙后土方回填压实度为 92%，岸墙内土方回填压实度为 90%；

分段填筑时，各段土层之间应设立标志，以防漏压、欠压和过压，上、下层分段位置应错开；

严格控制铺土厚度及土块粒径。人工夯实每层不超过 20cm，土块粒径不大于 5cm；机械压实每层不超过 40cm，土块粒径不大于 8cm；每层压实后经监理人验收合格后方可铺筑上层土料；

由于气候等原因停工的填筑工作面应加以保护，复工时必须仔细清理，经监理人验收合格后，方准填土，并作记录备查；

如填土出现"弹簧"、层间光面、层间中空，松土层或剪力破坏现象时，应根据情况认真处理，并经监理人检验合格后，方可进行下一道工序；

雨前碾压应注意保持填筑面平整，以防雨水下渗和避免积水。雨后填筑面应晾晒或加以处理，并经监理人检验合格后，方可继续施工；

负温下施工，压实土料的温度必须在 —1.0℃以上，但在风速大于 10m/s 时应停止施工；

填土中严禁有冰雪或冻土块。如因冰雪停工，复工前需将表面积雪清理干净，并经监理人检验合格后，方可继续施工；

三、质量保证措施

（一）土方开挖质量保证措施

1. 现场测量放线必须正确，精度满足规范要求；

2. 严格控制建筑物开挖断面、高程，保证开挖误差满足设计要求及相关规范要求；

3. 建筑物开挖接近设计高程时，现场技术员要随时测量高程、尺寸。

4. 开挖完成后，必须经过复检、终检及监理工程师抽检等检查程序，合格后方可进行下道工序。

（二）土方填筑质量保证措施

1. 现场测量放线必须正确，精度满足规范要求；

2. 各工作面配置技术员、质检员进行严格的施工过程控制；

3. 按确定的碾压参数控制铺料厚度、碾压遍数。

4. 按规定的施工方法和工艺进行接缝处理，杜绝欠压、漏压。

5. 按规定的取样频率和试验项目进行现场取样检查，及时对实验数据进行整理和统计分析，用质量管理图进行质量管理，提高质量管理水平。

6. 严格质量检查、强化质量意识、丰富质量检测手段，把严格控制碾压参数和现场取样检测紧密结合，实施过程控制，确保建设优质工程的目标。

第四节　老闸拆除工程

一、工程内容

老闸桥台、公路桥、人行便桥、启闭台梁板、部分胸及闸墩局部砼拆除，启闭机房及桥头堡拆除，新老砼结合面凿毛，门槽凿除，上下游翼墙砼拆除及护底护坡砌石局部拆除、老闸工作闸门、埋件及启闭机拆除、老闸检修门埋件拆除等。

二、施工布置

在老闸布置 1 台 TC4208 塔机，用做老闸桥台、公路桥、人行便桥、启闭台梁板、部分胸墙及闸墩局部砼拆除及启闭机房及桥头堡拆除、新老砼结合面凿毛、门槽凿除施工的垂直运输机械设备。

在老闸南岸淮河侧和瓦埠湖侧导流堤上各修建一条临时便道用以上下游扶臂式翼墙砼拆除及护底护坡砌石局部拆除等运输临时通道，临时通道宽 4.5m，并在临时路上修建厚 15cm、宽 3.5m 的 C15 砼路，临时道路坡比不陡于 1∶8。

三、施工方案

1. 施工程序流程

老闸拆除工程施工程序流程遵循从上至下、同一水平面结构从中间至两边、先坝轴线后两侧的拆除施工程序。

2. 主要部位拆除施工方法

砼拆除主要采用风镐进行拆除，局部辅以人工。拆除砼时露出的钢筋用气焊割断。

（1）桥头堡、启闭机房

拆除桥头堡、启闭机房时，在桥头堡楼层、启闭机房内搭设满堂脚手架到楼层顶，脚手架顶满铺 5cm 厚的脚手板，拆除后的废渣掉落到脚手板上，然后人工装集料斗用 TC4208 塔机垂直运输到 10T 自卸车上，自卸车将废渣运到监理工程师指定的地点。

拆除桥头堡、启闭机房时，先拆除板结构，然后拆除梁结构。

（2）启闭台梁板

启闭台梁板下搭设满堂脚手架，其他施工方法与桥头堡、启闭机房的拆除方法相同。

（3）公路桥

先拆除人行道、铺装层结构，然后将公路桥板缝凿出，将公路桥板块用 25T 吊车吊到

10T 自卸车上外运。

（4）部分胸墙、闸墩和门槽砼

在闸室内搭设满堂脚手架，脚手架靠近待拆除部位铺 5cm 厚的脚手板，其他施工方法与桥头堡、启闭机房的拆除方法相同。

在闸室内搭设满堂脚手架时，注意与闸室结构加高工程施工相结合使用。

（5）上下游扶臂式翼墙

上下游扶臂式翼墙拆除，结合翼墙后土方开挖进行砼拆除工作，原则上土方每开挖 2m 深左右进行一次砼拆除工作。

（6）护底护坡局部砌石

护底护坡局部砌石拆除时，充分考虑利用护底部位做石料的储存场地。

3. 老闸闸门、埋件及启闭机拆除

施工内容包括：老闸工作闸门、埋件及启闭机拆除；老闸检修门埋件拆除。

（1）老闸启闭机拆除

启闭机拆除前，将启闭机上的钢丝绳与工作闸门的连接用气焊割断，并将钢丝绳头临时固定到启闭机卷筒上。

启闭机房拆除后，用气焊将启闭机的固定螺栓割除。

启闭机用 25T 吊车起吊并拆离启闭机房。25T 吊车在瓦埠湖侧的公路桥上就位，拆除启闭机用 10T 自卸车运到指定的地点。

（2）老闸工作门拆除

老闸工作门共拆除 5 扇，每扇工作门重 15T。

老闸启闭机房排架柱拆除后即开始拆除老闸工作门，工作门用气焊切割成四块，然后用 1 台 25T 吊车起吊，运输机械设备选用 10T 自卸汽车。

（3）老闸闸门埋件拆除

老闸闸门埋件拆除施工工艺流程：操作平台搭设→门槽砼拆除→导轨分段割开→吊车就位→割开连接埋件→分节起吊埋件→自卸车运输。

1）老闸闸门埋件拆除利用搭设的闸墩间脚手架做操作平台。

2）老闸门槽砼拆除后，将导轨埋件按 4~5m 的高度用气焊分段割开，分节割开连接埋件后用 25T 吊车起吊，起吊后埋件用 5T 自卸车运到指定的地点。

第五节　砼工程

一、工程内容

砼工程施工内容主要包括以下内容：老闸闸室闸墩接高、公路桥、工作桥拆除重建及消力池砼等；新闸闸室砼底板、闸墩、岸墙、公路桥、检修桥、工作桥排架、砼翼墙与消力池等。

二、砼施工部署

（一）砼施工布置

1. 扩建闸砼施工布置

扩建闸底部砼施工时，在瓦埠湖侧消力池处布置一台 TC4208 型号的塔机，用以闸墩、岸翼墙、启闭机房等上部工程的原材料的垂直运输。另在瓦埠湖侧砌石护坦处位置布置一台 HBT60 砼输送泵，用以闸底部砼垂直运输。

2. 老闸砼施工布置

老闸砼施工时，砼输送泵布置方式与扩建闸的相同；老闸砼拆除工程施工时，在瓦埠湖侧布置的塔机继续为砼工程做原材料的垂直运输工具。

（二）总体施工程序安排

扩建闸和老闸工程以闸室及两岸连接段为主要施工程序，护底、护坡为辅助施工程序的平面施工程序；先下部工程，后上部工程的立体施工程序。

三、钢筋工程

1. 贮存

对购进的钢筋材料，进场后会同监理工程师进行清点验收；然后按等级、规格分别验收、堆放，设立标示牌，按要求分批取样检验；垫高钢筋并加以遮盖，防止锈蚀及污染；无合格证和出厂试验报告的产品拒绝入场；现场检验不合格的产品立即清除出场。

2. 钢筋加工

（1）钢筋除锈

钢筋的表面洁净。油渍、漆污和用锤敲击时能剥落的浮皮、铁锈等在使用前清除干净。在焊接前，焊点处的水锈清除干净。

（2）加工

进场钢筋经检验合格后，根据施工图纸中的钢筋表开始下料和加工制作，钢筋的制作质量必须符合设计要求和规范的规定。

制作中，直径 20mm 及 20mm 以上的钢筋接长采用对焊工艺。对焊接头处不能有横向裂纹和明显的烧伤痕迹；接头处的弯折不得大于 4 度；接头处的轴线位移不大于钢筋直径的 0.1 倍，同时不大于 2mm。

直径 20mm 以下的钢筋接长采用搭接焊。搭接焊时，II 级钢筋搭接长度为 10 倍的钢筋直径长度，焊接采用单面焊。焊缝长度不小于搭接长度，焊缝高度 h≥0.3d，并不小于 4mm；焊缝宽度 b≥0.7d，并不小于 10mm。焊缝表面平整，无较大的凹陷、焊瘤；接头处无裂纹。

3. 现场绑扎

每块底板钢筋一次绑扎完成，每个闸墩钢筋一次绑扎完成；墙体厚度 ≥450mm 部分的钢筋一次绑扎完成，< 450mm 部分的钢筋单独一次绑扎完成；启闭机房排架柱帽梁以下的钢筋绑扎一次，帽梁钢筋单独绑扎一次；岸墙钢筋绑扎一次，工作桥的钢筋一次绑扎完成。检修桥、胸墙、启闭机房排架柱钢筋，在闸墩浇筑时预留插筋。

（1）在钢筋加工场加工制作的钢筋用人工及专用的钢筋运输车运到钢筋架立现场。

II 级钢筋绑扎接头受拉区的搭接长度为 35 倍的钢筋直径长度；受压区的搭接长度为 25 倍的钢筋直径。

钢筋接头相互错开。绑扎接头错开距离应大于钢筋搭接长度的 1.3 倍；焊接钢筋接头错开距离应大于钢筋直径的 35d 且不小于 500mm 的长度。

在钢筋绑扎、焊接加工中，直径 20mm 及 20mm 以上的钢筋接长采用焊接，焊接接头按 2 种下料加工；直径 20mm 以下的钢筋接长采用绑扎方式，受压区绑扎接头按 2 种下料加工，受拉区绑扎接头按 4 种下料加工。受拉区与受压区分不清时，按受拉区配制钢筋接头。

（2）钢筋绑扎严格按照设计要求和规范的规定执行。钢筋网绑扎时，四周两行钢筋交叉点每点扎牢，中间部分交叉点可相隔交错扎牢，保证受力钢筋不位移。绑扎时注意相邻绑扎点的铁丝扣要成八字形，以免网片歪斜变形。

（3）钢筋网片之间设置钢筋撑脚并与钢筋网焊接，防止钢筋变形，以保证钢筋位置正确。

（4）钢筋保护层。用预先按保护层厚度预制好的水泥砂浆块垫在钢筋与模板之间，所有水泥砂浆垫块相互错开，均匀分散布置，并将埋设的绑丝与钢筋绑扎牢固，确保保护层位置准确。

四、模板工程

1. 模板及支撑

围檩和支撑全部使用脚手架管。模板接缝采用橡胶条进行密封，确保模板不漏浆。施工前，模板内侧涂脱模剂。

底板、墙体（墩体）的隐蔽面模板主要采用标准钢模板，闸墩外露面平直段、墙体外露面平直段采用 0.75×1.5m 定型平面大模板，墩头及弧形翼墙外露面采用定型曲面模板（高度 3m、弧长 1.5~1.6m 左右），门槽采用木模板，排架柱采用定型组合模板，有止水装置的及局部采用木模板。

模板用 ϕ14mm 的拉条对拉固定，拉条外穿套管，控制墙体（墩体）厚度，拉条布置间距和排距均为 0.75m。

止水装置采用木模板固定。

2. 拉条强度计算

模板在砼浇筑过程中受砼侧压力影响（钢模板的设计承载侧压力 60kN/m²），其侧压力主要靠拉条作用，采用 ϕ14 的拉条。在此仅计算闸墩模板的拉条强度。

3. 模板制作、架立施工措施

（1）模板工程严格按照设计要求和规范施工。

（2）所有模板、支架要有足够的强度、刚度，支架稳定、不跑模、不漏浆。

（3）固定模板的拉条不应弯曲，拉条与锚环的连接必须牢固，在承受荷载时必须有足够的锚固强度。

（4）模板表面必须平整光滑。

（5）墙模板拼接时，从边角开始，向互相垂直的两个方向组接，这样可减少临时支撑设置。

4. 脚手架施工方法

（1）脚手架形式

闸墩、工作桥、桥头堡楼层内及启闭机房内采用满堂脚手架，墙体高度较大的搭设上部结构双排、下部五排脚手架，墙体高度较小的、桥头堡外围、启闭机房外围、底板搭设双排脚手架。

（2）脚手架搭设

脚手架搭设作业，必须在统一指挥下，严格按规定进行。

1）按施工设计放线、铺垫板和标定立杆位置。

2）按定位依次竖起立柱，竖立第一节立柱时，每 6 跨暂设置一根抛撑，直至固定件架设好后方可根据情况拆除；将立柱与纵、横向扫地杆连接固定，然后装设第一步的纵向和横向水平杆，随校正立杆垂直以后予以固定并按此要求继续向上搭设。

在脚手架立杆底端上由标准底座下皮向上 200mm 处遍设纵横向扫地杆，并与立杆连接牢固。

3）剪刀撑、横向斜撑等整体拉结杆件和连墙件随搭升的架子一起设置。

（3）脚手板的铺设

1）脚手板要铺平铺稳，必要时绑扎固定。

2）脚手板采用对接平铺时，在对接中心点与其下两侧支撑杆件的距离控制在 100~200mm 之间。

3）脚手板采用搭设铺设时，其搭接长度大于 200mm，且在搭接段的中部设有支撑横杆。铺板严禁出现端头超出支承横杆 250mm 以上未做固定的探头板。

4）工人在架上进行搭设作业时，作业面上铺设必要数量的脚手板并予以临时固定。工人必须戴安全帽和佩挂安全带。不得单人进行装设较重杆配件和其他易发生失衡、脱手、碰撞、滑跌等不安全的作业。

5）在搭设中不得随意改变构架设计、减少杆配件设置和对立柱柱距做 ≥100mm 的构架尺寸放大。

（4）脚手架使用

1）在脚手架上堆放的标准砖不多于单排立码 3 层；砂浆和容器总重不大于 1.5KN；施工设备单重不大于 1KN；使人力在架上搬运和安装的构件的自重不大于 2.5KN。

2）在架面上设置的材料码放整齐稳固，不影响施工操作和人员通行。严禁上架人员在架面上奔跑、退行。

3）作业人员在架上的最大作业高度为 1.8m，禁止在架板上加垫器物和单块脚手板以增加操作高度。

4）在作业中，禁止随意拆除脚手架的基本构架杆件、整体性杆件、连接紧固件和连墙件。确因操作要求需要临时拆除时，必须经主管人员同意，采取相应弥补措施，并在作业完成后，及时予以恢复。

5）工人在架上作业时，注意自我保护和他人的安全，避免发生碰撞、闪失和落物。严禁在架上嬉闹和坐在栏杆上等不安全处休息。

6）人员上下脚手架必须走安全防护的出入通道，严禁攀爬援脚手架上下。

7）每班工人上架作业时，先行检查有无影响安全作业的问题存在，在排除和解决后方可开始作业。在作业中发现有不安全的情况和迹象时，立即停止作业进行检查，解决后才能恢复正常作业；发现有异常和危险情况时，立即通知所有架上人员撤离。

8）在每步架的作业完成后，必须将架上剩余材料物品移至上（下）步架或室内；每日收工前清理架面，将架面上材料物品堆放整齐，垃圾清运出去；作业期间，及时清理落入安全网内的材料和物品。在任何情况下，严禁自架上向下抛掷材料物品和倾倒垃圾。

5. 模板及脚手架钢管的运输

模板及脚手架钢管水平运输主要采用 3T 自卸车，人工辅助运输；垂直运输主要采用 TC4208 塔机，人工辅助运输。

五、施工方案

1. 浇筑分缝划分

每块底板的砼一次浇筑完成；每个闸墩砼一次绑扎完成；墙体厚度 ≥450mm 部分的砼一次浇筑完成，< 450mm 部分的砼单独一次浇筑完成；启闭机房排架柱帽梁以下的砼浇筑一次，帽梁砼单独浇筑一次；岸墙砼浇筑一次，工作桥的砼一次浇筑完成。门槽二期砼一次浇筑完成，在完成门槽埋件安装后，浇筑门槽二期砼；利用闸墩浇筑时的拉条孔固定模板，采取边立模边浇筑，浇筑前在凿好的砼立面刷水泥素浆。垂直运输采用吊车将砼放在顶层的工作平台上，人工提料入仓。

大方量砼水平运输主要采用 2 台 6m³ 砼搅拌运输车运输，少量砼考虑采用 3T 自卸车运输；大方量砼垂直运输采用 HBT60 砼输送泵，少量砼采用 TC4208 塔机（塔机工作范围外的采用 25T 吊车配合吊罐）。

2. 砼浇筑

砼浇筑采用水平分铺筑层浇筑，铺筑层厚控制在 0.4m。每个铺筑层砼从拌和站出料，经运输到入仓振捣完毕，并考虑砼浇筑时对模板侧压力，防止模板变形，每层砼浇筑时间控制在 1h。浇筑时，人可以下到仓内的，振捣工下至仓内平仓振捣；人无法下到仓内的，振捣工站在操作平台上进行振捣作业。

掺加泵送剂的砼初凝时间按 8h 配制，实际使用时按 5h 计算。

砼拌和站拌制输送系统的砼供料量取 35m³/h。砼从搅拌站出料后，经泵送至摊铺地点进行摊铺、振捣、做面，直至浇筑完毕后的允许最长间歇时间取 5h，砼泵送量为 175m³。

振捣器的操作，要做到"快插慢拔"。快插是为了防止先将表面砼振实而与下面砼发生分层、离析现象；慢拔是为了使砼能填满振动棒抽出时所造成的空间。在振捣过程中，将振动棒上下略为抽动，以使上下振捣均匀。

每一插点要掌握好振捣时间，以砼表面不再显著下沉，不再出现气泡，表面泛出灰浆为准。

振捣棒插点按梅花型排列，以免发生漏振。每次移动位置的距离不大于 60cm。

振动棒使用时，尽量避免碰撞钢筋、接地极引上线、预埋件等。

振捣上层砼时，振捣棒插入下层砼中 5cm 左右，以消除两层之间的接缝，同时在振捣上层砼时，要在下层砼初凝之前进行。

对于拌和物不能直接到达的边、角等部位，采用人工平仓、捣实。

砼浇筑至橡胶止水带底部时，用钢筋钩将橡胶止水带钩起，用推板向橡胶止水带下方靠近模板处平料，砼密实后将橡胶止水带放下。橡胶止水带与紫铜片之间的砼浇筑时用推板向橡胶止水带与紫铜片之间推料，为了将砼中的空气挤出，砼密实与推料反复进行。止水设施处砼浇筑时，橡胶止水带下方作为砼浇筑分层处，橡胶止水带与紫铜片止水之间作为一层浇筑。止水设施处的砼密实，尤其是水平止水与垂直止水相交处，采用木锤轻轻敲击外侧下部模板，使砼充分密实。

振捣作业在砼初凝前进行。

3. 辅助设施配备

仓内照明采用低压灯，照明灯距离浇筑面层高度在 3m 左右；仓面上布置功率为 3.5W 的照明灯，以满足仓面上的照明需要。在每个浇筑面上准备篷布，在降雨时展开，减小降雨对浇筑的影响。

4. 施工缝处理

（1）新浇筑砼施工缝

对施工缝处理前，对于已硬化的砼表面，清除水泥浮浆和松动石子或软弱层，凿毛后的石子外露 1/3，高压水冲洗干净。在砼开始浇筑前，施工缝洒水湿润时间不少于 24h；砼浇筑时，水平接合面上先铺 20~30mm 厚的水泥砂浆，砂浆配合比与砼内的成分相同，垂直结合面刷水泥素浆一道。

（2）新老砼施工缝

1）老闸砼凿除后的石子外露 1/3，用高压水冲洗干净。

2）用 φ38 的风钻钻孔，钻孔直径 φ40，钻孔深 60cm。用风将钻孔清干净，将专用锚固剂蘸水后填塞入锚固孔，然后用锤击的方式将铆杆植入。每一部位的铆杆施工后用高压水冲洗干净。

3）用 CT203 砼多功能修补剂进行修补，修补剂厚约 3cm。

4）在砼开始浇筑前的施工工序与新浇筑砼施工缝的处理方式相同。

5. 泌水处理

砼浇筑时产生的泌水用海绵块吸附干净。

6. 砼养护

砼浇筑完毕后，及时覆盖麻袋进行洒水养护，砼养护时间不少于 14 天。

7. 拆模

非承重侧模在砼浇筑后 3 天方可拆模；其他承重模板在砼抗压强度达到设计抗压强度的 75% 以上时（以同等养护条件下的砼试块，经砼抗压强度试验为依据）方可拆模，拆模后，拉条孔用砂浆填密实。

8. 止水铜片与橡胶止水带制作加工

（1）止水的加工与连接

1）紫铜片的加工与连接

紫铜止水片按设计形状、尺寸，采用专门成型机根据需要长度加工挤压整体成型，确保成型质量。加工时，尽量减少接头数目。挤压加工成型的紫铜止水片长度大，容易发生扭曲变形，为避免发生此现象，应尽可能靠近工作面加工，成品出口处设置托架。对于异型接头，计划在现场根据实际需要进行加工和连接。详见"紫铜止水片制作与搭接"。

工程紫铜止水片连接方式采用搭接焊接，焊接时采用紫铜焊条气焊，双面焊接。气焊应预热，预热温度约为400℃~500℃，气焊时，使用硼酸盐、卤化物或二者的混合物作为焊剂，焰心离开工作表面的距离应保持在2mm~4mm，焊后沿焊缝两侧100mm范围内进行热锤击。水平止水之间连接时，搭接长度大于20mm，水平紫铜片与垂直紫铜片连接时，搭接长度大于70mm。焊接接头应保证表面光滑、无孔洞和缝隙、并检查是否有漏焊、欠焊等缺陷，保证紫铜止水片不漏水。

2）橡皮止水的加工与连接

A 将接头表面的污染物清理干净，用专用夹具将橡胶止水带夹紧，用钢锯将橡胶止水带从中间割开，露出完整的粘接面，再用手挫将粘接面打毛，清除粘接面的橡胶碎末后待用。

B 将按粘接面尺寸裁剪的生胶片粘贴在其中一条橡胶止水带的粘接面上，再将另一条橡胶止水带的粘接面与生胶片粘贴，以待加压热接。用专用钢板夹具将止水带粘接部位夹紧，然后加热钢板，加热过程中钢板两面反复烤热，以保证加热均匀。加热10~15min后取下一块由接头挤出的胶片，用手拉直，弹性好即热接合格，则停止加热，放置15~20min使其冷却，拆卸钢板即可。

粘接时仔细作业，保证接头内无气泡，粘接牢固，接头平顺、不毛糙。

3）紫铜止水片与橡皮止水的连接

紫铜止水片与橡皮止水的连接一般为垂直连接，连接方法采用氯丁胶粘接，粘接长度大于70mm，粘接前，将橡皮止水的凸起割掉形成平面，用手搓打毛，然后将粘接面涂上氯丁胶进行粘接，粘接必须牢固，防止裂缝。粘接后，将表面用螺栓加铁板进行固定。

（2）止水的安装

止水安装前首先要检查和校正加工的缺陷，止水表面要处理干净、平直，特别是紫铜片表面的浮皮、油漆、油渍、锈蚀等要处理干净。紫铜止水片如有砂眼要进行补焊。成型后的止水紫铜片，在安装时，应避免扭曲变形或其他损坏。

止水安装时，其中线应与缝中线重合，其偏差不大于±5mm，两侧平段倾斜误差紫铜止水不大于±5mm，橡皮止水不大于±10mm。对于紫铜止水片，鼻子有较大的变形性，为防止浇筑砼时砂浆或其他物质进入鼻子的空腔内，在鼻子内填塞可塑性填料或用胶带进行封闭，可塑性填料可用聚氨酯类泡沫塑料、沥青浸渍的泡沫塑料或其他塑料材料。在止水片埋设部位模板进行分缝，两片模板夹住止水片进行固定。

（3）浇筑砼时注意问题

1）止水片安装完毕，浇筑砼前，对所有止水要检查其接头质量、安装位置及固定情况，保证止水接头平顺，固定牢固。

2）浇筑砼时，对止水片附近的砼浇筑，指定专人进行平仓振捣，并有止水片安装人员现场监护，避免止水片变形、变位。发现问题随时纠正，同时要保证止水片附近砼振捣密实，避免骨料集中，以及气泡和泌水聚集现象，防止出现绕渗。

3）对所有漏出砼的止水片，如有损坏，应及时进行修补和更换；止水片有严重变形时，在下期浇筑砼前要进行整形处理。

9. 桥面板吊装

（1）桥面板预制

桥面板在预制场预制。砼预制板的强度达到设计强度的 75% 以上时，才可对其进行堆放装运，堆放装运时防止碰损。砼预制板堆放场地平整坚实，构件堆放时要轻稳，不得引起砼构件的损坏。

（2）桥面板运输

吊运构件时，其强度不应低于构件设计强度的 90%，起吊绳索与构件水平面的夹角不得小于 45°，起吊桥面板时，应注意避免构件变形，防止发生裂缝和损坏，在起吊前应做临时加固措施。

25T 汽车吊将桥面板吊放到 40T 平板运输车上，由 40T 平板运输车将其运送到消力池起吊地点附近。桥面板两边底部用方木垫起，防止桥面板在运输过程中相互碰撞损坏。

（3）桥面板安装就位

构件吊装采用 25T 汽车吊。桥面板两边的吊钩拴上牵引绳，用于吊装时调整板位。用 25T 汽车吊将桥面板吊起安放到桥面板的预定部位。桥面板安装工艺流程如下：

六、大体积砼抗裂控制措施

（一）技术措施

1. 降低水化热

（1）掺加粉煤灰，降低水泥用量并减水，降低砼早期水化热。

（2）闸墩砼掺加防渗抗裂剂，并具有减水效果。

（3）分层浇筑，在初凝前尽量放慢浇筑速度，有利于砼散热。

2. 降低砼的入模温度

（1）降低砼出料口的温度，首先对粗骨料洒水降温，细骨料用彩条布覆盖防止阳光直射。

（2）仓面底层提前 24 小时洒水保持老砼面湿润。

3. 加强施工中的温度控制

（1）各环节紧凑有序，缩短砼的运输时间。

（2）合理安排施工工序，控制砼浇筑均匀上升，不出现堆积过高高差过大的现象。

（3）砼浇筑完成后，加强砼保温保湿养护工作，延长养护时间。

4. 提高砼的抗拉强度

（1）严格控制粗、细骨料的含泥量，碎石含泥量低于1%，砂子含泥量低于2%。

（2）严格控制水胶比。

（3）采取二次振捣法，提高相应龄期砼抗拉强度和弹性模量。

（二）施工措施

1. 为尽量缩短闸墩与底板砼浇筑的间隔时间，减小底板对闸墩的约束力，组织施工积极抢工。

2. 在闸墩部位的底板砼全面彻底打毛，打毛深度不小于2厘米，以露出石子的1/3为宜，打毛面以高低不平为好。立模扎筋后仓内全面清洗，做到无砼渣、焊渣、油垢和积水等。

3. 仓内洒水，保持湿润24小时以上。砼浇筑前，在新老砼接合面铺设2cm的水泥砂浆，标号同砼标号。

4. 砼加粉煤灰，强制式拌和机净拌和时间不少于60秒。

5 铺筑层厚度控制在0.4m左右，浇筑时间控制在1小时左右。

6. 采用高频振捣，以砼表面泛出水泥浆为准。必须做到全面振捣，做到不漏振、不过振，保证振捣密实。

7. 及时清除泌水，泌水集水坑设在闸墩中间，严禁在模板边沿清除泌水。

8. 为保证砼表面颜色均匀一致，及时清除溅沾在模板上的砂浆，砂浆未干之前可用纱布擦净，以干砂浆用铲子清理。

七、质量保证措施

（一）原材料质量控制措施

1. 水泥

（1）运到工地的水泥，有生产厂家的产品质量试验报告，工地试验室按规定进行抽样复检。

（2）试验报告的内容进行逐项核对，水泥厂在水泥发出日起7天内，提供28天强度以外的各项试验成果，28天的强度数值在32天内补报。

（3）选用的水泥标号与砼的设计标号相适应。

（4）水泥的保管、使用必须符合下列规定：

1）袋装水泥按品种、标号、出厂日期分别码放。做到先到先用，并防止混掺使用。

2）码放袋装水泥时，设木板防潮层，距地面至少30cm，堆放高度不超过15袋。

3）先到的水泥先用，袋装水泥储运时间不超过3个月。

2.拌和用水

（1）凡适用于饮用的水，均可用于拌制和养护砼。

（2）对水质有怀疑时，进行检验及拌和物强度试验。

3.碎石

（1）碎石的力学性质的要求和检验，满足设计要求和《水工砼试验规程》（DL/T5150—2001）的规定。

（3）碎石的最大粒径，不超过钢筋净间距的2/3及构件断面最小边长的1/4。在施工中，将碎石按粒径分成10～20mm、20～40mm两个粒径级别进行控制检验。

（4）严格控制各级碎石的超逊径含量，以方孔筛检验，其控制标准为：超径＜5%，逊径＜10%。碎石中含有的活性骨料如黄绣等，尽量避免。

（二）碎石的堆存和运输

1.堆存碎石的场地有良好的排水系统，工地料场采用地坪。

2.不同粒径的碎石分别堆放，设置隔离墙。

3.碎石堆存时，不能堆成斜坡或锥体，以防产生分离。

4.碎石的堆存场地要足够，保证一定的堆料厚度，具备足够的富余量。

（三）砼拌和

1.砼配合比由试验室确定并报监理工程师批准。

2.拌制砼，严格按照试验室提供的配料单配料，严禁擅自更改，设专人定时检查。

3.砼的水胶比，通过试验确定。

4.碎石的级配及砂率选择，考虑骨料平衡、砼的和易性和最小用水量等要求。

5.砼的坍落度，根据建筑物的性质、钢筋含量、砼运输方式、浇筑方法和气候条件决定，尽可能采用最小坍落度。

6.砼的外加剂种类、用量根据试验确定，并报监理工程师批准后使用，添加时严格控制掺加量。

7.拌和物的原材料计量应严格，其偏差值如下表：

水泥	±1%
骨料	±2%
水、外加剂	±1%

本工程采用自动化搅拌站和自动配料系统，计量准确。

8.拌和过程中，根据气候条件及时地测定骨料的含水量，在降雨的条件下，相应的增加测量次数并随时调整砼的加水量。

9.拌和时间根据试验确定。

10.砼的搅拌设备经常进行检验。

11. 砼质量检测措施

（1）砼拌和均匀性检测

在出料口对一盘砼按出料先后各取一个试样（每个试样不少于30kg），以测定砼密度，其差值不应大于30kg/m³。

（2）塌落度检测

每班作业检查塌落度，出料口检测4次，仓面检测2次。

（3）砼强度的检测

砼抗压强度的检测，砼试样数量以28天龄期的试件按每100m³成型3个，设计龄期的试件每200m³成型3个。

砼抗拉强度的检查以28天龄期的试件每100m³成型3个，3个试件取自同一盘砼。

（四）砼运输技术措施

选择的砼运输设备与运输能力，与拌和能力、浇筑能力、仓面情况的需要相适应，以保证砼的运输和入仓质量。

1. 所有的运输设备，使砼在运输过程中不致发生离析、漏浆、严重泌水及过多降低坍落度等现象。

2. 在运输过程中，尽量缩短运输时间及转运次数，运输时间不超过下表规定：

气温	砼运输时间（分钟）
20—30°C	20
10—20°C	45
5—10°C	60

3. 砼的运输工具及浇筑地点，必要时采取遮盖措施，以避免因日晒、雨淋等影响砼的质量。

4. 砼的自由下落高度不大于2m；超过2m时，采用串筒缓降。

（五）砼的浇筑

1. 浇筑砼的最长时间按所用水泥品种及砼凝结条件确定。

2. 泌水处理：浇筑砼时，用海绵将泌水吸除，人工装桶将泌水提出。

3. 隔板和顶层周边的高程用模板控制；隔板中部位置采用周边挂线，人工整平控制；在整个施工过程中，测量人员实施检测。

4. 为防止顶层砼表面干裂，采用木搓板搓压两遍，使其表面密实。

5. 按设计要求和有关规范规定及时进行养护。

6. 严格控制水胶比，严格按监理工程师批准的配合比拌和，对每批砂石料及时测定含水量并相应调整配合比。

7. 下料点合理布置，使下料均匀，对于布料死角，采用人工入仓；振捣均匀，不漏振、不过振。

（六）拆模

非承重侧模在砼抗压强度不低于 3.5MPa 时方可拆模；其他承重模板在砼抗压强度达到设计抗压强度的 75% 以上时（以同等养护条件下的砼试块，经砼抗压强度试验为依据）方可拆模。拆模要仔细小心，不得损坏表面和棱角；拆模时，注意保护止水设施的完好无损。

八、砼施工安全施工控制措施

（一）安全帽佩戴

在基坑作业、在生产布置区从事砼生产、模板安装拆卸及钢筋加工的人员必须佩戴安全帽。

（二）脚手架的搭设、使用及拆除

1. 脚手架的搭设

（1）搭设场地平整、压实并设置排水措施

（2）立于土地面之上的立杆底部加设宽度 200mm、厚度 80mm 的方木。

（3）脚手架搭设之前，必须对进场的脚手架杆配件进行严格的检查，禁止使用规格和质量不合格的杆配件。

（4）工人在架上进行搭设作业时，作业面上铺设必要数量的脚手板并予临时固定。不得单人进行装设较重杆配件和其他易发生失衡、脱手、碰撞、滑跌等不安全的作业。

（5）在搭设中不得随意改变构架设计、减少杆配件位置和对立杆纵距作 ≥100mm 的构架尺寸放大。

2. 脚手架的使用

（1）在架面上堆放的材料码放整齐稳固，不影响施工操作和人员通行。严禁上架人员在架面上奔跑、退行。

（2）在作业中，禁止随意拆除脚手架的基本构架杆件、整体性杆件、连接紧固件等。确因操作要求需要临时拆除时，必须经主管人员同意，采取相应弥补措施，并在作业完毕后，及时予以恢复。

（3）工人在架上作业中，注意自我安全保护和他人的安全，避免发生碰撞、闪失或落物。

（4）严禁攀爬脚手架上下。每步架作业完成后，必须将架上剩余物品移至上（下）步架；严禁自架上向下抛掷材料物品和倾倒垃圾。

3. 脚手架的拆除

墙体连接件在位于其上的全部可拆杆件都拆除后才能拆除。拆除过程中，凡已松开连接的杆配件及时拆除运走，避免误扶或误靠已松脱的连接杆件。拆下的杆配件以安全的方式运出和吊下，严禁向下抛掷。在拆除过程中，做好配合、协调动作，禁止单人进行拆除较重杆件等危险性的作业。

（三）钢筋绑扎

1.绑扎钢筋时搭设作业架子，并不得站在钢筋骨架上或攀爬钢筋骨架上下。

2.闸墩、翼墙等建筑物的高大钢筋骨架设临时支撑固定，以防倾斜。

（四）砼工安全作业措施

1.砼料斗的斗门在装料吊运前要关好卡牢，防止吊运过程被挤开抛卸。吊车吊料斗时，料斗下方严禁站人。

2.砼输送泵的管道连接和支撑牢固，检修时卸压。

3.砼浇筑时，严禁站在模板上或支撑上作业。

4.使用振捣器时穿胶鞋、湿手不得接触开关，电源线不得有破皮漏电情况。

5.砼振捣时，发现模板撑胀、变形时立即停止作业并进行处理。

（五）电工安全作业措施

1.线路上禁止带电接电或断电，并禁止带电操作。

2.高空作业时，下方不得有人。

3.有人触电时，立即切断电源，使用干砂灭火。

4.登杆作业时，安全带拴于安全可靠处；工具、材料用绳子吊递、禁止上下抛扔。

5.变配电室、外高压部分及线路停电工作时，切断所有电源，操作手柄上锁及挂警示牌，验电时戴绝缘手套。

（六）电焊工及气焊工安全作业措施

电焊及气焊作业时，理顺各种管、线。

1.电焊作业

（1）电焊机外壳接地良好，电焊机设单独开关，焊钳和把线绝缘良好、连接牢固。

（2）作业时戴防护眼镜或面罩。

（3）雷雨时停止露天电焊作业。

（4）电焊结束后，切断焊机电源并检查操作地点，确认无起火危险后方可离开。

2.气焊作业

（1）清除施焊场地周围的易燃物品。

（2）氧气瓶、氧气表和割焊工具上严禁沾染油脂。

（3）氧气瓶有防震胶圈、旋紧安全帽，避免剧烈震动和碰撞，防止曝晒。

（4）点火时，枪口不得对人。正在燃烧的焊枪不得放在工件或地面上。

（5）作业完毕后，将氧气瓶气阀关好，拧上安全罩，检查场地并确认无着火危险后方可离开。

（七）吊车安全作业措施

（1）吊车作业前，仔细检查各部位，排除隐患，并保证作业的连续性。

（2）吊车作业时，吊车起重臂下严禁站人，设专业人员指挥吊装。

（八）塔机安全操作注意事项

1.起重作业人员班前、班中严禁喝酒，操作时精神饱满，精力集中，不准吃东西、看书报、打瞌睡等；

2.起重人员接班时，进行例行检查，发现装置和零件不正常时，必须在操作前排除；

3.塔机开机前，鸣铃和报警，操作中吊钩接近人时，给予继续铃声或报警；

4.操作按专人指挥信号进行，对停车信号，不论何人发出都立即执行；

5.非塔机驾驶人员不得随便进入塔机驾驶室。检修人员得到司机许可后，方可进入驾驶室；

6.当塔机上确认无人后，才可闭合主电源。如电源断路装置上装锁或有标牌时由有关人员除掉后才可闭合主电源；

7.闭合主电源前，将所有的控制开关置于零位；

8.塔机上有两人工作时，事先没有互相联系和通知，司机不得擅自开动或脱离塔机；

9.工作中遇到突然停电，将所有的控制开关扳回零位，因停电重物悬挂半空时，起重作业人员使地面人员紧急避让，并立即将危险区域围起来，不准任何人进入；

10.起吊重物时，一定要进行调试，调试高度 H≤0.5 米时，经试吊发现无危险后，方可起吊；

11.任何情况下，吊运重物不准从人的上方通过；

12.在吊运过程中，重物一般距离地面 0.5 米以上吊物下方严禁站人；

13.作业人员进行维修保养时，切断地面总电源，并挂上标志或枷锁；

14.控制开关逐步开动，严禁突然打反车，先将控制开关转到零位，再打反方向，否则吊起的重物容易晃动或因销子、轴等受力过大的扭力而发生事故；

15.塔机工作时，不得进行检查和维修，不得在有载荷的情况下调整起升、变幅机构的制动器；

16.不准利用限位器停车；

17.塔机工作时，塔梯上不得有人；

18.塔机不得斜拉、斜吊，并禁止拔桩式作业；

19.塔机停止作业时，回转制动器松开，吊钩升起，小车停在臂架端部即最大幅度处。

（九）其他安全作业措施

1.确保施工现场照明满足施工要求。

2.参与高空作业人员必须身体健康、精神状态良好，着衣灵便；禁穿硬底和带钉易滑的鞋。所带工具随手放入工具袋内，所用材料堆放平稳，来回传递物件时禁止抛掷。

3. 砼浇筑时，外围脚手架安装有防护栏。

4. 雨天施工时，运输机械和行驶道路、脚手板等采取防滑措施，保证安全。雨天作业时，机电设备的电气开关设置防雨防潮设施。

5. 遇恶劣气候（风力 6 级以上）影响施工安全时，禁止进行露天高空、起重等作业。风雨之后，检查工地临时设施、脚手架、机电设备、临时线路等有发生倾斜、变形、下沉、漏雨、漏电等现象，及时修理加固，有严重危险的立即排除。

第六节　砌体工程

一、施工方案

（一）浆砌石体砌筑

1. 砌石体应采用铺浆法砌筑，砂浆稠度应为 30~50mm，当气温变化时，应适当调整。

2. 采用浆砌法砌筑的砌石体转角处和交接处应同时砌筑，对不能同时砌筑的面，必须留置临时间断处，并应砌成斜槎。

3. 砌石体尺寸和位置的允许偏差，不应超过 GB50203—98 表 6-6 中的规定。

4. 当最低气温在 0~5℃时，砌筑作业应注意表面保护；当最低气温在 0℃以下或最高气温超过 30℃，应停止砌筑。无防雨棚的仓面，遇大雨应立即停止施工，妥善保护表面；雨后应先排除积水，并及时处理受雨水冲刷部位。

（二）浆砌石护坡、护底

1. 必须采用铺浆法砌筑，水泥砂浆沉入度宜为 4~6cm。不得采用外面侧立石块、中间填心的砌筑方法。

2. 砌体的灰缝厚度应为 20~30mm，砂浆应饱满，石块间较大的空隙应先填塞砂浆，后用碎块或片石嵌实，不得先摆碎石后填砂浆或干填碎块石的施工方法，石块间不应相互接触。

（三）浆砌石挡土墙

1. 毛石料中部厚度不应小于 200mm；

2. 每砌 3~4 皮为一个分层高度，每个分层高度应找平一次；

3. 外露面的水平灰缝宽度不得大于 25mm，竖缝宽度不得大于 40mm，相邻两层间的竖缝错开距离不得小于 100mm；

4. 砌筑挡土墙施工图纸要求收坡，并设置伸缩缝和排水孔。

（四）养护

砌体外露面，在砌筑后 12~18 小时之间及时养护，经常保持外露面的湿润。养护时间：水泥砂浆砌体不少于 14 天，砼砌体为 21 天。

（五）水泥砂浆勾缝防渗

1. 采用料石水泥砂浆勾缝作为防渗体时，防渗用的勾缝砂浆应采用细砂和较小的水灰比，灰砂比控制在 1：1 至 1：2 之间。

2. 防渗用砂浆应采用 425# 以上的普通硅酸盐水泥。

3. 清缝应在料石砌筑 24 小时后进行，缝宽不小于砌缝宽度，缝深不小于缝宽的 2 倍，勾缝前必须将槽缝冲洗干净，不得残留灰渣和积水，并保持缝面湿润。

4. 勾缝砂浆必须单独拌制，严禁与砌体砂浆混用。

5. 当勾缝完成和砂浆初凝后，砌体表面应刷洗干净，至少用浸湿物覆盖保持 21 天，在养护期间应经常洒水，使砌体保持湿润，避免碰撞和振动。

（六）干砌石体砌筑

1. 干砌石采用毛石砌筑料。

2. 石料使用前表面应洗除泥土和水锈杂质。

3. 干砌石砌体铺砌前，应先铺设一层厚为 100mm 的碎石垫层。铺设垫层前，应将地基平整夯实。

（七）干砌石护坡

1. 坡面上的干砌石砌筑，应在夯实的碎石垫层上，以一层与一层错缝锁结方式铺砌，垫层应与干砌石铺砌层配合砌筑，随铺随砌。

2. 护坡表面砌缝的宽度不应大于 25mm，砌石边缘应顺直、整齐牢固。

3. 砌体外露面的坡顶和侧边，应选用较整齐的石块砌筑平整。

4. 为使沿石块的全长有坚实支承，所有前后的明缝均应用小片石料填塞紧密。

二、注意事项

（一）石料

1. 砌石体的石料应采自经监理人批准的料场。砌石材质应坚实新鲜，无风化剥落层或裂纹，石材表面无污垢、水锈等杂质，用于表面的石材，应色泽均匀。石料的物理力学指标应符合施工图纸的要求。

2. 砌石体分毛石砌体和料石砌体，各种石料外形规格如下：

毛石砌体：毛石应呈块状，中部厚度不应小于 20cm，最小重量不应小于 25kg。规格小于要求的毛石（又称片石），可以用于塞缝，但其用量不得超过该处砌体重量的 10％。

料石砌体：料石各面加工要求应符合 GBJ50203—98 第 6-2 条的规定。用于挡墙外层的粗料石，应棱角分明、各面平整，其长度宜大于 50cm，宽、厚应不小于 20cm，石料外露面应修琢加工，砌面高差应小于 5mm。

砌石石料应根据监理人的指示进行试验，石料容重大于 25kN／m³，湿抗压强度大于 100MPa。

（二）砂

砂的质量应符合 SDl20—84 表的规定。砂浆的砂料要求粒径为 0.15~5mm，细度模数为 2.5~3.0。

（三）水泥和水

1.砌筑工程采用的水泥品种和标号应符合本技术条款的规定，到货的水泥应按品种、标号、出厂日期分别堆存，受潮湿结块的水泥，禁止使用。

2.按施工规范用水质量标准拌制砂浆。对拌和及养护的水质有怀疑时，应进行砂浆强度验证。

（四）胶凝材料

1.胶凝材料的配合比必须满足施工图纸规定的强度和施工和易性要求，配合比必须通过试验确定。

2.拌制胶凝材料，应严格按试验确定的配料单进行配料，严禁擅自更改，配料的称量允许误差应符合下列规定：

水泥为 ±2％；砂为 ±3％；水、外加剂为 ±1％。

3.胶凝材料拌和过程中应保持粗、细骨料含水率的稳定性，根据骨料含水量的变化情况，随时调整用水量，以保证水灰比的准确性。

4.胶凝材料拌和时间：机械拌和不少于 2~3 分钟，一般不应采用人工拌和。局部少量的人工拌和料至少干拌三遍，再湿拌至色泽均匀，方可使用。

第七节　观测工程

一、仪器施工方法

1.观测仪器设备的安装、埋设操作要点

（1）仪器设备埋设前，制定观测仪器设备安装、埋设计划和质量控制措施，报监理批准后实施。

（2）对各种观测设施等进行编号，并将有关资料报监理备查。

（3）仪器设备的安装、埋设严格按照施工图经过监理批准的埋设安装程序和方法进行。

（4）观测设施施工由专业人员现场操作，并事先通知监理工程师到场监督。

2. 观测仪器设备的安装、埋设

观测仪器设备的安装、埋设施工按施工图和施工规范进行。

（1）水平位移标点和垂直位移标点在浇筑砼时埋设。靠近标点的砼采用人工上料，人工振捣，确保标点在施工过程中不被损坏和安装位置的准确。埋设后，立即观测初始值；施工期间按不同荷载阶段，定期观测。

（2）测压管采用镀锌钢管，埋设时，水平段设 5% 的纵坡，进水口略低，各管段确保管身垂直，并分节架设和稳固，管口设封盖。

（3）水位标尺在该部位的砼拆模后即可开始进行安装，安装时利用砼工程脚手架做操作平台。水位标尺用膨胀螺栓固定到砼墙体上。

3. 施工期间的观测

（1）施工期间所有观测设施设专人负责观测、记录；

（2）所有观测设施的埋设、安装记录、率定检验记录和施工期的观测记录均整理成册移交监理工程师和业主。

二、观测

1. 监测内容

本工程的监测项目主要有以下几项：基坑降水监测、建筑物位移沉降监测。

2. 准备工作

（1）人员组织准备：根据本工程的规模、特点和复杂程度成立专门的监测小组，并对操作人员进行详细的检测方案交底。

（2）监测设备准备：根据每一监测工程的特殊要求，准备必要的仪器设备并组织操作人员、熟悉仪器仪表的使用方法，对原有设备进行保养、检验和维修。

3. 监测的实施

（1）地下水位及水量的监测

1）观测内容：观测井内水位、河水位、单井出水量及基坑总出水量等。

2）监测与管理

降水开始前，所有抽水井统一时间联测静止水位，统一编号，做好记录。在抽水开始的 10d 内，要求每天早晚各观测一次水位，以后改为每天观测一次，并做好记录。进入雨季时，应增加观测次数。单井出水量采用水表量测，基坑总出水量采用单井出水量相加。

同时对施工期间气象、地表径流情况做好记录，通过对比分析，确定地表径流与地下水的水力关系。对观测记录应及时整理，绘制观测线水位降深随时间（S~t）的关系曲线图；分析水位下降的趋势变化，预测水位下降达到设计要求的时间，根据水位随时间的实际变化情况，及时发现问题，调整抽排水系统，保证基坑降水顺利进行。

（2）沉降观测

1）水准基点的布设：在降水影响范围以外布设三个水准基点，组成水准控制网，对水准基点进行定期校核，防止其本身发生变化。水准基点应在初次观测前一个月埋设好，并相互通视，保证其坚固稳定。做法如右下图所示：

2）对原有建筑物的观测

3）停井时地基变形观测

A 观测点埋设：闸室底板、消力池施工时，各分缝块对角设观测点，每板设 2 点，以备停井时监测其变形情况，必要时采取紧急措施（重开刚停的井以防基础顶托破坏）。

B 观测：采用 DS3 水准仪进行，停井前开始观测、记录原始数据，在停井期间，根据已经取得的数据加强观测，采取每日 3~6 次观测，如变形不大，延长观测周期，为采取封井措施提供依据。

4）监测的组织实施

所有工作均定时由专人使用固定仪器完成，专人记录、整理、填写观测日记、报表等资料，并成立施工监测小组。

4. 资料整理分析

（1）提交监测方案

进场后，即根据抽水试验结果提交完整的监测方案给监理方，经监理同意，现场布设观测孔及观测点，开始监测工作，并将该方案作为施工期间监测工作的指导性文件编入监测资料。

（2）监测日记、监测数据及报表

监测工作进行中，由专人量测，专人记录当时气象、现场异常及完成的观测项目，并对观测数据进行整理、分析和误差评价，编制报表文件，按日期和项目内容编排、装订成册。

（3）监测报告

监测工作进行一段时间后，根据监测结果，总结实施情况，分析各工程项目变化规律，提出建议和措施，撰写阶段性报告。监测工作结束后，汇总各阶段成果，撰写总报告归入竣工资料。

第八节　建筑与装修工程

一、概况

建筑与装修工程包括老闸和扩建闸的启闭机房，两闸之间建一个桥头堡，桥头堡为四层结构。

二、施工安排

老闸和扩建闸的施工顺序和施工方法相同。桥头堡逐层向上施工，每层施工程序为：楼板面浇筑至楼梯的上层平台以上三个台阶部分、与楼梯联结的楼梯平台以下的构造柱、与楼梯联结的楼梯平台以下框架柱砼浇筑→框架柱施工（与楼梯无联结）→大梁、圈梁、阳台、楼板（含建筑构件）、楼梯平台以上至大梁以下的框架柱施工→墙体砌筑（中间穿插楼梯上半部分及墙梁砼浇筑）→构造柱施工

墙体砌筑时，如该部分墙体砌筑高度超过 4m，将墙梁做在门洞上方（过梁用墙梁代替）。

构造柱施工时，充分考虑构造柱是否与其他结构有关联，在有楼梯、墙梁等相关部位，按设计要求留出插筋。

大梁和楼板施工，净跨度大于 4m 时，大梁和楼板的模板要预留拱度，钢模板起拱高度为净跨度的 1/1000~2/1000。

模板及脚手架钢管水平运输采用自卸车及人工运输；垂直运输采用安置在桥头堡两端的 TC4208 型塔吊，人工配合、辅助进行。

三、脚手架工程

1. 脚手架形式

（1）桥头堡脚手架

桥头堡搭设双排脚手架，脚手架用连墙杆件与桥头堡里脚手架连接，桥头堡每层的里脚手架为满堂脚手架，结构形式根据桥头堡的布局搭设。框架柱、框架梁、楼板浇筑后，除留下的外脚手架连杆件与砌墙脚手架，其他的拆除。

（2）工作桥脚手架

工作桥施工时搭设满堂脚手架，搭设工作桥脚手架时，在公路桥人行道上加两排脚手架与工作桥脚手架连接。

（3）启闭机房脚手架

启闭机房上下游侧设双排外脚手架，脚手架从工作桥外脚手架向上延伸继续搭设，外脚手架用连墙杆件与启闭机房里脚手架连接。

桥头堡每层的里脚手架为满堂脚手架，脚手架搭设时考虑大梁位置和启闭机位置。框架柱、梁、屋顶板浇筑后，除留下的外脚手架连杆件与砌墙脚手架，其他的拆除。

2.脚手架施工

（1）脚手架材料运输

桥头堡、工作桥、启闭机房均属上部结构，所有脚手架材料通过公路桥作道路，水平运输设备选用10T自卸车、3T自卸车及架子车，垂直运输设备选用塔机，脚手架运输时，人工辅助进行。

（2）脚手架施工参数

1）桥头堡脚手架

外脚手架的立柱排距为1.2m，立柱柱距为1.3m，步距为1.5m。

浇筑框架柱、框架梁、楼板时，桥头堡每层的里脚手架立柱排距为1.2~1.4m，立柱柱距为1.2~1.4m，步距为1.5m。

桥头堡外脚手架的每个侧面两端设剪刀撑，剪刀撑的斜杆与水平面的交角在45~60°之间。里脚手架按每2倍的立柱柱距设置一道斜撑，斜杆与水平面的交角为45。

2）工作桥脚手架

工作桥脚手架搭设时，充分利用中跨检修桥板下有胸墙的特点，在搭设横向斜撑时，将斜撑支固在中跨检修桥板上，以减小中跨两边脚手架的荷载；沿纵距方向，每排立杆搭设一道斜撑，斜杆与水平面的交角为45°。每一跨上下游侧的脚手架均搭设剪刀撑，利用闸墩荷载能力强的优势，将剪刀撑支撑在闸墩上，剪刀撑中心距为4.6m，剪刀撑的斜杆与水平面的交角为45°。

3）启闭机房脚手架

外脚手架的立柱排距为1.2m，立柱柱距为1m，步距为1.6m。里脚手架立柱排距为1.0~1.4m，立柱柱距为1.2m，步距为1.5m。

启闭机房外脚手架的外侧面按4.8m中心距设剪刀撑，剪刀撑的斜杆与水平面的交角在45~60°之间。里脚手架按每2倍的立柱柱距设置一道斜撑，斜杆与水平面的交角为45°。

4）杆件连接

A 外脚手架连墙点的竖向间距＜4m，横向间距＜4.5m。剪刀撑、斜撑与脚手架基本构架连接牢固。

B 立柱接头除顶层可以采用搭接外，其余各接头均采用对接扣件连接；纵向水平杆的接头采用对接扣件连接；横向水平杆与纵向水平杆用直角扣件连接；剪刀撑（斜撑）的斜杆与立柱或纵向水平杆用旋转扣件连接。

C 立柱的搭接、对接符合下列要求：

搭接长度不小于 1m，不少于 2 个旋转构件固定，杆件在结扎处的端头伸出长度不小于 0.1m。

立柱上的对接扣件交错布置，两根相邻立柱扣件尽量错开一步，其错开的垂直距离不小于 500mm。对接扣件尽量靠近中心节点，其偏离中心的距离小于步距的 1/3。

3. 安全网挂设

（1）密度网挂设

考虑到桥头堡和启闭机房靠近公路桥侧人员行动较多，在桥头堡和启闭机房淮河侧外脚手架外侧满挂密度网，密度网挂设随作业高度的上升而上升。

（2）安全网

在桥头堡、启闭机房施工过程中，桥头堡四周和启闭机房的外脚手架外侧须挂设安全网，安全网与杆件之间用尼龙绳绑扎固定，支设安全网的斜杆间距与安全网所在部位的外脚手架立柱柱距相同。

4. 脚手架拆除

（1）桥头堡主体建筑过程中的里脚手架拆除

在桥头堡主体建筑过程中，每层的里脚手架随着框架梁、楼板的浇筑完成开始拆除（留下必需的砌筑脚手架），拆除后的脚手架通过楼梯空间向上层转移。

（2）工作桥脚手架拆除

工作桥砼浇筑后，除了启闭机房外脚手架向下延伸部分，其余的脚手架一律拆除。

工作桥脚手架拆除时，工作桥大梁砼的抗压强度必须达到设计抗压强度的 75% 以上（以同等养护条件下的砼试块，经砼抗压强度试验为依据）。

（3）装修脚手架拆除

1）外装修脚手架拆除

随着外装修从上向下逐步完成，外脚手架从上至下逐步拆除。桥头堡外脚手架可根据各面的外装修情况逐面拆除，启闭机房可根据外装修逐段装修情况将外脚手架逐段拆除。

外脚手架拆除时，将相应部位的密度网拆除。

2）内装修

桥头堡从上至下逐层内装修完成后，将该层的脚手架拆除后通过楼梯空放到桥头堡一层，再用人工和手推车相配合的方法将脚手架配件运出。

四、砼浇筑

1. 砼施工范围

砼浇筑主要有框架柱、构造柱、楼板、楼梯、墙梁、大梁、圈梁、阳台等。

2.振捣设备选择

框架柱、构造柱、楼梯、墙梁、大梁、圈梁、阳台砼振捣设备采用振捣棒；楼板砼振捣设备采用平板振捣器；其他一些薄壁（板）结构砼密实采用人工插捣密实。

3.砼浇筑要点

（1）每层的楼梯分两次浇筑完成。第一次从楼板面浇筑至楼梯的上层平台以上三个台阶部分，浇筑时连同楼梯平台以下的框架柱及构造柱一同浇筑；待上层楼板浇筑后，将楼板至该层楼梯的上层平台以上三个台阶部分浇筑。

（2）每层的大梁底面以下的框架柱一次浇筑完成（与楼梯联结的框架柱每层分两次浇筑，第一次浇筑楼梯平台以下部分，楼梯平台以上至大梁以下部分连同楼板、大梁、圈梁、阳台一同浇筑）。

（3）每层的构造柱分段浇筑，每次浇筑高度不超过 2m；每层的楼梯构造柱分两次浇筑，第一次浇筑楼梯平台以下部分，楼梯平台以上至大梁（圈梁）以下部分连同楼板、大梁、圈梁、阳台一同浇筑。

（4）每层的楼板及每层的大梁、圈梁、阳台（拦板除外）一次浇筑完成。

（5）各部位砼浇筑前，将预埋件安装好，将预留孔口留出。

五、墙体砌筑

桥头堡墙体采用 MU10 机制砖，混合砂浆砌筑。

1.砌砖前准备

（1）砖的边角整齐、色泽均匀，待砌筑的砖提前 1~2 天浇水湿润。砌筑前，将砌筑部位清理干净，放出墙身中心线及边线，洒水湿润。

（2）在砖砌墙的两边立起皮数杆，在皮数杆之间拉准线，依准线逐皮砌筑，其中第一皮砖按墙身边线砌筑。

2.砌砖

（1）墙体采用一顺一丁砌筑形式，砌砖操作方法采用铺浆法。铺浆法砌筑时，铺浆长度不超过 75cm。

（2）砖墙水平灰缝和竖向灰缝宽度宜为 10mm，但不小于 8mm，不大于 12mm。水平灰缝的砂浆饱满度不小于 80%；竖向灰缝采用加浆法，不得出现透明缝，严禁用水冲浆灌缝。

（3）砖墙的转角处，每皮砖的外角加砌七分头砖，七分头砖的顺面方向依次砌顺砖，丁面方向依次砌丁砖。

（4）砖墙的丁字交接处，横墙的端头隔皮加砌七分头砖，纵墙隔皮砌通，七分头砖丁面方向依次砌丁砖。

（5）每层承重墙的最上一皮砖是整砖丁砌，在梁的下面或挑檐等处，也是整砖丁砌。

（6）砖墙转角处和交接处同时砌起，对不能同时砌起而必须留槎时，砌成斜槎，斜槎长度不小于斜槎高度的2/3。在构造柱部位留直槎，直槎必须做成凸槎，并加设拉结钢筋，拉结筋的数量为每半砖厚墙放置1根直径为6mm的钢筋，间距沿墙高不超过500mm，埋入长度从墙的留槎处算起，每边均不小于500mm；钢筋末端有90°弯勾。

构造柱（框架柱）与砖墙沿高每隔500mm设置2根直径6mm的水平拉结钢筋，拉结钢筋两边伸入墙内不少于1m。拉结钢筋穿过构造柱（框架柱）与受力钢筋绑牢。当墙上门窗洞边到构造柱（框架柱）边的长度小于1m时，拉结钢筋伸到洞口边为止。

（7）考虑到以后抹墙、做地面等施工的需要，在每层桥头堡靠近堤坝侧的窗下留临时豁口，以备运送砂浆等物。临时豁口补砌时，豁口周围砖块表面清理干净，并浇水湿润，再用砂浆补砌严密。

（8）砖墙工作段的分段位置设在构造柱、门窗洞口处，相邻工作段的砌筑高度差不超过一个楼层的高度，同时也不超过4m。砖墙临时间断处的高度差，不超过一步脚手架的高度。

（9）每天砌筑高度不超过1.8m。

（10）在下列部位不得留脚手眼：

1）过梁上按净跨的1/2高度范围内的墙体；

2）宽度小于1m的窗间墙；

3）梁或梁垫下及其左右500mm范围内的墙体；

4）门窗洞口两侧200mm和转角处450mm范围内的墙体。

（11）墙体与圈梁连接处用混合砂浆填塞密实。

第九节　金属结构安装工程

1. 闸门埋件安装

埋件安装工艺流程：

底槛和门槽凿毛、清理→底槛、主反轨测量控制点设置→埋件检查→底槛安装→底槛二期砼浇筑→脚手架搭设→主反轨拼接→主、反轨埋件吊装→主、反轨调整加固→门槽二期砼浇筑→门槽清理复查→涂装→脚手架拆除清理

（1）底槛和门槽凿毛、清理

利用浇筑闸墩时架设的脚手架将底槛和门槽二期砼浇筑部位凿毛并清理干净，凿毛后将插筋调直。

（2）底槛、主反轨测量控制点设置

按照门槽埋件安装图和土建安装图相互校对主要尺寸控制点高程，并确定门槽安装基准控制点。校对无误后作为门槽安装的依据。

采用经纬仪、水准仪等检测器具对门槽中心线、孔口中心线进行测定，选择高程、中心位置，把安装所需的全部尺寸放样定位备用。

（3）埋件检查

检查埋件的外形尺寸、形位公差是否达到图纸、规范的技术要求，检查运输、搬运过程中是否碰撞扭曲，做好检查记录，以备安装。

（4）底槛安装

底槛安装前，将搭焊筋、连接板底槛腹板、肋板焊接，再与一期砼的预埋插筋按设计要求焊接，焊接后，根据底槛的腹板、肋板的位置相应调整搭焊筋的位置。

安装前，按设计要求将待拼接的底槛焊接部位打坡口。底槛用人工抬运就位。

底槛焊接后人工进行精确调整底槛安装位置。底槛的位置调整准确后，用钢筋与底槛肋板和一期预埋插筋焊牢。

（5）底槛二期砼浇筑

底槛安装就位后，开始浇筑底槛二期砼。砼浇筑时，注意振捣棒不要碰到底槛及其他埋件，底槛下的砼从腹板处向两边浇筑，并用钢筋插捣使砼密实。砼浇筑后，在底槛部位的上方搭设防护设施。

（6）脚手架搭设

底槛砼浇筑后，开始架设门槽二期砼浇筑用的脚手架，架设脚手架时注意保护底槛不被破坏。

（7）主反轨拼接

拼接场地设在上游铺盖上。

拼接前，首先按设计要求将待拼接的主反轨焊接部位打坡口。

主、反轨节间焊接时，在满足焊接要求的前提下，尽量将电焊机电流调小，并采用薄层焊，这样可以有效的控制焊接变形。

主、反轨焊接后将焊缝余高磨光。

（8）主、反轨埋件吊装就位

反轨吊装前搭焊筋、连接板与砼一期插筋焊接，焊接后调整搭焊筋的位置，防止搭焊筋与反轨肋板接触。

吊装时，在主、反轨肋板上绑牵引绳，用以吊装时调整主、反轨位置。主、反轨就位后，主、反轨与底槛的焊接同样采用反变形焊接方法。

（9）主、反轨调整加固

焊接后，再用千斤顶做主、反轨位置的细调工作。

用钢筋与搭焊筋及反轨肋板焊接；主、轨位置调整好后，将螺栓、连接板、一期砼插筋按设计要求焊接好，并将螺栓拧紧。

（10）门槽二期砼浇筑

主、反轨加固好后，开始门槽二期砼浇筑。

门槽二期砼浇筑时，模板每75cm高立一次，待该部分的砼浇筑后，继续向上立模板。砼浇筑每30cm一层，振捣时注意不要碰到主、反轨及其他预埋件。

（11）门槽清理复查

门槽二期砼拆模后，将门槽内的杂物清理干净，并复查主、反轨的位置及垂直度。

（12）涂装

用细砂纸将焊缝部位及其他磨损部位的污物及铁锈打磨干净。

在打磨干净后，首先将表面做喷锌防腐处理，喷锌厚度为0.16mm；表面喷锌后涂环氧云铁防锈漆；待环氧云铁防锈漆干燥后再涂0.08mm厚的氯化橡胶铝粉漆做面漆。

涂装要均匀无杂物，表面光滑，颜色一致，严禁出现漏涂、流挂、皱皮、凹凸不平等缺陷。

做涂装时，空气相对湿度超过85%时不能进行涂装，施工现场环境温度低于10℃不能进行涂装，钢材表面温度未高于大气露点3℃以上不能进行涂装。

（13）拆除脚手架

涂装完成后，开始拆除脚手架。脚手架拆除时，注意保护成品砼和金属构件不被破坏。脚手架拆除后，对二期砼拆模后的闸室进行全部清理。

2. 闸门安装及调试

闸门吊装施工流程：

闸门检查→工作门吊装→检修门吊装→清扫、涂装

（1）闸门检查

整体闸门安装前，对其各项尺寸进行复查，合格后方可进行下一步工序。

止水橡皮表面应光滑平直，胶合接头不得有错位、凹凸不平和疏松现象。止水橡皮委托闸门制造厂家进行安装。

（2）工作门吊装

扩建闸工作门与老闸工作门吊装方法相同。

公路桥砼抗压强度达到设计抗压强的100%以上时即可进行工作门吊装。

老闸每扇工作闸门重22.1T，吊车工作幅度5.5m，吊装设备选用1台40T吊车；扩建闸每扇工作闸门重11.82T，吊车工作幅度7.8m，吊装设备选用1台40T吊车。

扩建闸与老闸的新闸门吊装方法相同。吊车在公路桥上起吊闸门。将准备吊装的工作闸门40T平板运输车运至吊车侧面，闸门顶部的两个吊耳穿钢丝绳。先用吊车将闸门立起并进行平衡调整，调整好后将闸门吊入工作门槽内；起吊过程中，可用牵引绳调整闸门位置，防止闸门碰到砼建筑物。

吊装前全面检查吊车，确保工作时吊车能安全连续作业。整扇闸门吊装时要特别重视作业现场指挥和安全措施，确定专人指挥，吊车支腿必须用方木支垫好。

（3）检修门吊装

吊装设备选用 1 台 25T 吊车，吊车在公路桥上起吊闸门。

将准备吊装的检修闸门运至吊车侧面，闸门顶部的两个吊耳穿钢丝绳。先用吊车将闸门立起并进行平衡调整，调整好后将闸门吊入检修门槽内；起吊过程中，用牵引绳调整闸门位置，防止闸门碰到砼建筑物。

（4）清扫、涂装

闸门安装完毕后，进行一次全面清扫，把沾在门体上的杂物、锈

痕及焊渣彻底清扫干净，将焊缝部位及安装时损坏的防腐面喷锌 0.16mm；然后在其表面涂刷环氧云铁防锈漆封闭层；最后再涂刷氧化橡胶铝粉面漆，厚 0.08mm。

（5）闸门调试

闸门安装完毕后，会同监理工程师对闸门进行无水情况下和静水情况下全行程启闭调试。

1）无水情况下，滑道或滚轮运行时应无卡阻现象；偏心滚轮踏面经调整均在同一平面上，且与轨道接触良好；双吊点闸门的同步满足设计要求。在闸门全关位置，水封橡皮无损伤，漏光检查合格，止水严密。

在本项试验的全过程中，必须对水封橡皮与不锈钢水封座板的接触面采用清水冲淋润滑，以防损坏水封橡皮。

2）静水情况下的全行程启闭调试应在无水试验合格后进行。试验、检查内容与无水试验相同（水封装置漏光检查除外）。

3. 启闭机安装及调试

（1）验收

1）启闭机到货后，清点各零部件数量及规格是否与发货单及设计要求相符，并检查各零部件是否损伤。

2）减速器进行清洗检查，减速器内润滑油的油位应与油标尺的刻度相符，其油位不得低于高速级大齿轮最低齿的齿高，亦不得高于两倍齿高。减速器应转动灵活，其油封和结合面不得漏油。

（2）启闭机安装前处理

1）检查中梁上螺栓埋设位置的顶高程，其偏差不得超过 ±5mm；如偏差过大，砼顶面凿毛后用 M10 砂浆抹面，使螺栓埋设位置的顶高程满足安装要求。

2）将启闭机的起吊中心线找出，并将启闭机的安装边线用墨线弹出。

（3）启闭机吊装

启闭机工作桥大梁砼抗压强度达到设计抗压强的 100% 以上时即可进行启闭机吊装。

1）启闭机吊装设备采用 25T 吊车，用汽车将启闭机运至公路桥上起吊位置，25T 吊车在公路桥上起吊。

2）起吊至安装位置时，人工辅助进行调整，使启闭机安放准确。吊装就位后，将螺帽垫圈套在螺栓上，然后开始上螺帽，各螺帽要均匀拧紧。

3）每一孔的两台启闭机安装后，开始安装连接两台启闭机的传动轴。传动轴安装时，传动轴法兰盘上的螺栓孔要与启闭机上法兰盘上的螺栓孔对齐、无错台现象，法兰盘螺栓孔对齐后将螺栓插入螺栓孔内，套上螺帽垫圈后开始上螺帽，各螺帽要均匀拧紧。

4）启闭机安装就位后，将启闭机的接地接头与接地极焊接。

（4）安装后处理

启闭机安装后，搭架子并用彩条布覆盖，以保护启闭机在启闭机房施工过程中不受破坏。

（5）试运转

1）缠绕在卷筒上的钢丝长度，当吊点在下极限位置时，留在卷筒上的圈数不少于4圈，当吊点在上极限位置时，钢丝绳不得缠绕到卷筒的光筒部分。

2）无负荷试验

启闭机无负荷试验为上下全行程往返3次，检查并调整下列电气和机械部分：

电动机运行应平稳，三相电流不平衡不超过 ±10%，并测出电流值。电气设备应无异常发热现象。检查和调试限位开关（包括充水平压开度接点），使其动作准确可靠。高度指示和荷重指示准确反映行程和重量，到达上下极限位置后，主令开关能发出信号并自动切断电源，使启闭机停止运转。所有机械部件运转时，均不应有冲击声和其他异常声音，钢丝绳在任何部位，均不得与其他部件相摩擦。制动闸瓦松闸时应全部打开，并测出松闸电流值。

3）负荷试验

启闭机的负荷试验，在设计水头工况下，先将闸门在门槽内无水或静水中全行程上下升降二次；在设计水头动水工况下升降二次。负荷试运转时检查下列电气和机械部分：

电动机运行应平稳，三相电流不平衡不超过 ±10%，并测出电流值；电气设备应无异常发热现象。所有保护装置和信号应准确可靠；所有机械部件在运转中不应有冲击声；制动器应无打滑、无焦味和冒烟现象。

荷重指示器与高度指示器的读数能准确反映闸门在不同开度下的启闭力值，误差不超过 ±5%。

在上述试验结束后，机构各部分不得有破裂、永久变形、连接松动或损坏，电气部分无异常发热等影响启闭机安全和正常使用的现象存在。

4. 电动葫芦安装及调试

（1）验收

电动葫芦到货后，清点各零部件数量及规格是否与发货单及设计要求相符，并检查各零部件是否损伤。

（2）电动葫芦安装前处理

1）调整固定工字钢的螺栓。

对于超过允许偏差的螺栓，首先用气焊将螺栓烤红，然后用扳手等工具将螺栓调整到设计要求的位置。

2）划工字钢安装边线

将工字钢导轨的安装边线在槽钢面上用墨线弹出。

（3）工字钢轨道安装

工字钢轨道起吊机械设备选用 25T 吊车，吊车在公路桥上将工字钢轨道起吊到启闭机工作桥下的靠近排架帽梁处脚手架停放平台上。

用钢丝绳将工字钢轨道捆紧后，将钢丝绳挂在倒链钓钩上，人工拽倒链将工字钢上提，工字钢顶面靠近帽梁底时，利用木杠和捆在工字钢上牵引绳进行调整，使工字钢上螺栓孔对准帽梁下预埋的螺栓。

工字钢导轨就位后，将螺帽方斜垫圈套在螺栓上，然后开始上螺帽，各螺帽要均匀拧紧。

（4）电动葫芦安装

将电动葫芦一侧的滚轮拆下，然后用 25T 吊车将电动葫芦提升到工字钢下的脚手架操作平台上，先使一侧的滚轮安放到工字钢导轨上，然后将另一侧的滚轮安装好。安装时，用牵引绳和木杠使电动葫芦就位。

（5）输电导轨安装

工作人员安装时利用脚手架搭设的操作平台，输电导轨等物件人工用麻绳向上提升。

1）将固定支架按设计要求均匀布置焊接在工字钢顶面上，焊接固定支架时，考虑每节输电导管的长度和位置。

2）提升输电导管前，将该节输电导管上的悬吊夹安装在输电导管上，悬吊夹的数量要符合设计要求。输电导管提升到位后，将悬吊夹与固定支架用螺帽拧紧固定。

3）进行下一节输电导管安装时，两节输电导管间用导轨连接夹和导轨连接器连接，各输电导管的连接部位要平滑，无高低起伏现象。输电导管安装到电动葫芦处，将电动葫芦的集电器安装到输电导管中。

4）全部输电导管安装好后，在输电导管靠近南桥头堡的末端将端部供电器安装好。

电动葫芦各部件安装时，均要人工辅助进行仔细调整就位。各部件安装时均要防止被碰撞损坏。

第十节　电气设备安装工程

一、高低压开关电器设备的安装

1. 配电柜安装主要内容

高压电源进线柜安装；电压互感器柜安装；变压器柜安装；低压电气柜安装；公用PLC 控制屏（PK10）；现场控制屏（PK10）；计算机控制台安装；照明控制箱安装。

2. 高压开关电器设备安装

（1）施工流程图

设备检查→二次搬运→基础型钢制安→母线配置→一次回路接线→二次回路接线→试验调整→送电运行验收

（2）配电柜检查

配电柜到货后，检查各零部件数量及规格是否与发货单及设计要求相符，并检查外包装是否破损，各零部件是否损伤或遗失。

（3）二次搬运

桥头堡及启闭机房下游侧，在有配电柜的相位置，分别留有一面墙暂不封堵，以便配电柜吊装。

将配电柜用汽车运至公路桥上起吊位置，用 25T 吊车在公路桥上起吊，起吊至安装位置时，人工辅助进行调整，使配电柜安放准确。吊装就位后，人工调整各配电柜的水平和垂直。固定各配电柜的地脚螺栓，连接接地线。

（4）柜体的安装

基层型钢安装：按设计要求的尺寸下料焊接，预埋与砼表面，使基础型钢与建基面相平。柜体，柜内设备与各机件连接牢固。单独或成列安装时，其垂直度，水平偏差，柜面偏差，柜间接缝，按照施工规范的规定进行安装。

（5）母线配置

1）检查生产厂家的母线配置是否齐全，规格型号是否符合设计要求，外观是否无损伤；

2）柜内软母线连接无扭结、松股、变形、锈蚀。软母线端头用线耳压紧；

3）柜内硬母线连接采用镀锌螺栓在搭接面压紧；

4）固定绝缘子；

5）涂相线分别漆（黄、绿、红、黑）。

（6）一次回路接线

1）将母排固定与绝缘子上，用螺栓连接母排，母排与高压柜的接线端部用螺栓压紧。

2）将高压电缆（电缆头厂家已制作好）通过电缆桥架从底部预留孔穿过，用螺栓连接与相的端子上。

3）检查无误涂相线分别漆（黄、绿、红、黑）。

（7）二次回路接线

1）按图施工，接线正确；

2）导线与电气元件间采用螺栓连接，插接，焊接或压接牢固可靠；

3）柜内的导线不有接头，导线无损伤；电缆留有备用芯数。

4）电缆芯线和所配导线的端部套装标明其回路编号，编号正确，字迹清晰不易脱色；

5）配线整齐，清晰，美观，导线绝缘良好，无损伤；

6）每个接线端子的每侧接线宜为一根，不超过两根。插接式端子，不同截面的两根导线不接在同一端子上；对于螺栓连接端子，当接两根导线时，中间加平垫片；

7）二次回路接地设有专用螺栓，用于连接门上的电器等可动部位的导线采用多股软导线，敷设长度留有适当裕度。

8）线束外套塑料管加强绝缘层，与电器连接时，端部绞紧，终端加线耳或搪锡，不松散，断股。在可动部位两端用卡子固定。

9）引入柜内的电缆排列整齐，编号清晰，避免交叉，固定牢固，不使所接的端子排受到机械力；铠装电缆在进入柜内后，将钢带切断，切断处的端部扎紧，将钢带接地；柜内的电缆线，按垂直或水平有规律地配置，不任意歪斜，不交叉连接，备用芯长度留有适当余量；电压等级不同的用电回路不使用同一电缆，不同电压等级的电缆，分别成束分开排列。

（8）试验调整

高压电气柜在安装完毕后，进行耐压试验，试验合格后进行通电检查，在无负荷的情况下，各控制按钮反复操作三次，三相电流平衡，电气元件无异常。各开关元件动作准确可靠，各仪表指示正确。在有负荷情况下，检查各用电器电压、电流是否正常，有无异常发热现象，有无异常杂音，各用电器工作是否正常，作好检查记录。对有问题的电器进行返修或更换，然后重新检查试验。

3. 低压开关电器设备安装

（1）施工流程图

设备检查→二次搬运→基础型钢制安→母线配置→一次回路接线→二次回路接线→试验调整→送电运行验收

（2）配电柜检查

配电柜到货后，检查各零部件数量及规格是否与发货单及设计要求相符，并检查外包装是否破损，各零部件是否损伤或遗失。

（3）二次搬运

桥头堡及启闭机房下游侧，在有配电柜的相位置，分别留有一面墙暂不封堵，以便配电柜吊装。

将配电柜用汽车运至公路桥上起吊位置，用25T吊车在公路桥上起吊，起吊至安装位置时，人工辅助进行调整，使配电柜安放准确。吊装就位后，人工调整各配电柜的水平和垂直。固定各配电柜的地脚螺栓，连接接地线。

（4）柜体的安装

基层型钢安装：按设计要求的尺寸下料焊接，预埋与砼表面，使基础型钢与建基面相平。

柜体，柜内设备与各机件连接牢固。单独或成列安装时，其垂直度，水平偏差，柜面偏差，柜间接缝，按照施工规范的规定进行安装。

（5）母线配置

1）检查生产厂家的母线配置是否齐全，规格型号是否符合设计要求，外观是否无损伤；

2）柜内软母线连接无扭结、松股、变形、锈蚀。软母线端头用线耳压紧；

3）柜内硬母线连接采用镀锌螺栓在搭接面压紧；

4）固定绝缘子；

5）涂相线分别漆（黄、绿、红、黑）。

（6）一次回路接线

1）将母排固定与绝缘子上，用螺栓连接母排，母排与高压柜的接线端部用螺栓压紧；

2）将低压电缆通过电缆桥架从底部预留孔穿过，电缆头用相的线耳压紧，将线耳用螺栓连接与相的接线端子上；

3）检查无误涂相线分别漆（黄、绿、红、黑）。

（7）二次回路接线

1）按图施工，接线正确；

2）导线与电气元件间采用螺栓连接，插接，焊接或压接牢固可靠；

3）柜内的导线不有接头，导线无损伤；电缆留有备用芯数；

4）电缆芯线和所配导线的端部套装标明其回路编号，编号正确，字迹清晰不易脱色；

5）配线整齐，清晰，美观，导线绝缘良好，无损伤；

6）每个接线端子的每侧接线宜为一根，不超过两根。插接式端子，不同截面的两根导线不接在同一端子上；对于螺栓连接端子，当接两根导线时，中间加平垫片；

7）二次回路接地设有专用螺栓，用于连接门上的电器等可动部位的导线采用多股软导线，敷设长度留有适当裕度；

8）线束外套塑料管加强绝缘层，与电器连接时，端部绞紧，终端加线耳或搪锡，不松散、断股，在可动部位两端用卡子固定；

9）引入柜内的电缆排列整齐，编号清晰，避免交叉，固定牢固，不使所接的端子排受到机械力；铠装电缆在进入柜内后，将钢带切断，切断处的端部扎紧，将钢带接地；柜内的电缆线，按垂直或水平有规律地配置，不任意歪斜，不交叉连接，备用芯长度留有适当余量；电压等级不同的用电回路不使用同一电缆，不同电压等级的电缆，分别成束分开排列。

（8）试验调整

低压电气柜在安装完毕后，进行耐压试验，试验合格后进行通电检查。在无负荷的情况下，各控制按钮反复操作三次，三相电流平衡（为零），电气元件无异常。各开关元件动作准确可靠，各仪表指示正确。在有负荷情况下，检查各用电器电压、电流是否正常，有无异常发热现象，有无异常杂音，各用电器工作是否正常，作好检查记录。对有问题的电器进行返修或更换，然后重新检查试验。

二、照明电器设备

1. 安装技术要求

工作照明采用380V/220V电压，中性点直接接地的三相四线制系统，灯具电压为220V。电气照明装置的施工按照《电气装置安装工程照明装置施工及验收规范》（GB50259—96）的规定执行。

2. 灯具的安装

（1）安装步骤：灯具检查、测量放线、安装固定、检查试亮。

（2）所有灯具进场先报监理审查，允许后方可进场。然后检查灯具的质量是否符合设计要求和施工规范的规定。

（3）根据设计图纸准确测量放线。

（4）双管荧光灯用冲击钻打眼用50mm木螺丝固定，应急灯先安装底板，然后将应急灯挂与底板上。先安装底座用吊车将路灯吊起，人工调整路灯的位置，使路灯与地面垂直，各路灯之间高度一致。

（5）安装完成检查无误后，通电试亮，对不亮的灯具进行更换。

三、电线电缆工程

1. 电气管线预埋

（1）塑料管安装

本工程塑料管按设计要求全部采用 φ20MM 质量合格的硬质管，施工过程包括测量、放线、下料、制作、安装、检查、验收。

塑料管选用合格材料，管径为20mm。根据设计图纸测量、放线、下料。在塑料管弯制过程中，弯曲半径尽可能大，最小不低于20cm，接头处密封接牢。安装与砼内的管子每个50cm用细铁丝帮轧固定，接线盒内用废纸填满，防止在砼浇筑过程中漏浆。同时管口用废纸封堵防止管内堵塞。硬质塑料管在套接或插接时，插入深度为 20mm。在插接面上涂以胶合剂粘牢密封。

（2）镀锌钢管安装

1）镀锌钢管加工

镀锌钢管采用加热偎弯的方法，弯曲处平顺、无褶皱、凹穴和裂纹，弯曲半径不小于6D（D 管外径），弯曲程度不大于管外径 10%。埋设于砼板内的配管大于 10D.；镀锌钢管管口无毛刺和尖锐棱角，管口做成喇叭形。镀锌钢管的弯曲半径不小于所穿入电缆的最小允许弯曲半径。

2）镀锌钢管敷设

镀锌钢管采用套丝连接，管口对准，接缝严密。上端管头用废纸封堵，下端管口不得有地下水和泥浆渗入。

砼内每隔 50~100cm 用铁丝固定于钢筋上，明敷时每隔 50cm 用管卡固定在墙体或砼上。

（3）镀锌钢管支架安装

钢材合格，无明显扭曲。下料误差在 5mm 范围之内，切口无卷边、毛刺。支架焊接牢固，无显著变形。支架涂以防腐漆。支架安装牢固，横平竖直。托架，支吊架的固定方式按照设计要求进行。在有坡度的电缆沟内或建筑物上安装支架，支架的坡度与电缆沟或建筑物相同。

2. 电力电缆线路安装

（1）电力电缆线路安装工程范围：

电缆工程包括：桥头堡各配电室，启闭机房，室外等处的电缆敷设安装；电缆防火及阻燃设施的安装。电缆主要包括：高压交联聚氯乙烯护套阻燃电缆；启闭机及闸门自动控制信号电缆，各种传感器的信号电缆；电视监视系统的控制电缆、信号电缆和视频电缆。

（2）电缆的敷设

1）敷设前检查电缆型号，电压，规格是否符合设计，电缆外观无损伤，绝缘良好；

2）敷设前按设计和实际路径计算或实测每个电缆的长度，尽量减少电缆接头；

3）电缆在终端头与接头附近宜留有备用长度。并列敷设的电缆，接头的位置相互固定。电缆明敷时的接头，用托板固定；

4）电缆敷设时及时装设标志牌。标志牌上注明线路编号；

5）电缆进入电缆沟，建筑物，配电柜以及穿入管子时，出入口用塑料扎代将管口封闭；

6）电缆敷设完毕后，及时清理杂物，盖好盖板。必要时，将盖板缝隙密封。

四、防雷与接地装置安装

1. 避雷器

避雷器安装在室外 10kV 电缆终端杆上，避雷器安装应符合以下要求：避雷器各连接处的金属接触表面，应除去氧化膜及油漆，并涂一层电力复合脂；并列安装的避雷器三相中心应在同一直线上；铭牌应为予易于观察的同一侧。避雷器应安装垂直，其垂直度应符合制造厂的规定；桥头堡屋顶及启闭机房顶设置避雷针及避雷带，避雷带采用 10 镀锌圆钢。闸底板下人工接地网与闸底板主筋进行可靠连接，接地电阻小于 1Ω。人工接地网由 40×4 镀锌扁钢及角钢垂直接地极组成。

2.接地装置的敷设

（1）接地体顶面埋设的深度应符合设计规定。角钢接地体应垂直配置。除接地体外，接地体引出线的垂直部分和接地装置焊接部分应作防腐处理；在作防腐处理前，表面必须除锈并去掉焊接处残留的焊药。

（2）垂直接地体的间距不宜小于其长度的 2 倍。水平接地体的间距应符合设计规定。当无设计规定时不宜小于 5m。

（3）接地干线应在不同的两点及以上与接地网相连接。自然接地体应在不同的两点及以上与接地干线或接地网相连接。

（4）每个电气装置的接地应与单独的接地线与接地干线相连接，不得在一个接地线中串接几个需要接地的电气装置。

3.接地体（线）的连接

（1）接地体（线）的连接采用焊接，焊接必须牢固无虚焊。接至电气设备上的接地线，应用镀锌螺栓连接；有色金属接地线不能采用焊接时，可用螺栓连接。螺栓连接处接触面应按现行国家标准《电气装置安装工程母线装置施工及验收规范》（GBJ149—90）的规定处理。

（2）接地体（线）的焊接应采用搭接焊，其搭接长度必须符合下列规定：

1）扁钢为其宽度的 2 倍（且至少 3 个棱边焊接）。圆钢为其直径的 6 倍。圆钢与扁钢连接时，其长度为圆钢直径的 6 倍。

2）扁钢与钢管、扁钢与角钢焊接时，为了连接可靠，除应在其接触部位两侧进行焊接外，并应焊以由钢带弯成的弧形（或直角形）卡子或直接由钢带本身弯成弧形（或直角形）与钢管（或角钢）焊接。

3）接地装置过底板或建筑物分缝处作 U 形弯曲。

五、计算机监控系统

计算机监控和电视监视系统安装的主要工作内容：计算机监控系统所有设备的运抵卸货，开箱验收，保管仓储，安装，接线，各种传感器的室外防护罩的制作，室内外摄像机支架的制作，配合调试，清场，直至试运行合格安装技术要求。

按设计图纸要求和制造厂提出的技术条件及相关标准对计算机监控系统和电视监控系统设备进行验收，并作记录。有缺陷的设备要进行处理，合格后方可进行安装。安装人员在计算机监控系统和电视监视系统设备制造厂派出的技术人员的指导下，完成计算机监控系统的全部设备的就位，固定，对外接线及接地等安装工作。

安装人员配合计算机监控系统设备制造厂派出的技术人员完成计算机监控系统和电视监视系统设备现场调试和试验，各种功能的测试，计算机监控系统和电视监视系统的联调及试运行工作。

六、DM95 型柴油发电机组

主要安装流程：设备检查→二次搬运→柜内二次回路接线油箱安装→进、回油管安装→排烟观安装→试验调整→送电运行及验收

检查生产厂家发电机是否符合设计要求，各种部件是否齐全，外观质量是否有破损。

在发电机底座按设计尺寸放上减震橡胶，采用人工抬将发电机按正确位置放置在减震橡胶上。

按厂家发电机说明书正确接线，母线用线耳连接，控制线正确标明线号用插接或压接方式接与接线端子。

油箱安放好后，连接进、回油管，然后连接排烟管、消音器。安装完成检查无误后进行调试。

第八章　水利工程管理

第一节　成本管理

就成本管理的工作过程来说，其内容一般包括：成本预测、成本控制、成本核算、成本分析和成本考核等。

1. 搞好成本预测、确定成本控制目标。成本预测是成本计划的基础，为编制科学、合理的成本控制目标提供依据。因此，成本预测对提高成本计划的科学性、降低成本和提高经济效益，具有重要的作用。加强成本控制，首先要抓成本预测。结合合同价根据各项目的施工条件、机械设备、人员素质等对项目的成本目标进行预测。

2. 围绕成本目标，确立成本控制原则。成本控制的对象是工程项目，其主体则是人的管理活动，目的是合理使用人力、物力、财力，降低成本，增加效益。为此，成本控制的一般原则有：

①效益性原则。包含两方面的含义，一是企业的经济效益，二是社会的综合效益。做到既降低工程成本，又全面完成其他各项经济指标。

②全面控制原则。全面控制原则包括两个含义，即全员的成本控制和全过程的成本控制。

3. 寻找有效途径，实现成本控制目标。降低项目成本的方法有多种，概括起来可以从组织、技术、经济、合同管理等几个方面采取措施控制。

①采取组织措施控制工程成本。首先要明确项目经理部的机构设置与人员配备。项目经理部是项目作业管理班子，不是经济实体，应对企业整体利益负责，同时应协调好责、权、利的关系。其次要明确成本控制者及任务，从而使成本控制有人负责。

②采取技术措施控制工程成本。采取技术措施是在施工阶段充分发挥技术人员的主观能动性，对主要技术方案作必要的技术经济分析，以寻求技术可行、经济合理的方案，从而降低工程成本，包括采用新材料、新技术、新工艺节约能耗，提高机械化操作等。

③采取经济措施控制工程成本。采取经济措施控制工程成本包括：

a. 人工费控制：人工费占全部工程费用的比例较大，一般都在10%左右，所以要严格控制人工费。要从用工数量控制，并且合理组织流水施工，达到控制工程成本的目的。

b.材料费的控制：材料费一般占全部工程费的 65% ~75%，直接影响工程成本和经济效益。一般做法是要按量、价分离的原则，主要做好两个方面的工作。

一是对材料用量的控制：首先是坚持按定额确定材料消耗量，实行限额领料制度；其次是改进施工技术，推广使用降低料耗的各种新技术、新工艺、新材料；再就是对工程进行功能分析，对材料进行性能分析，力求用低价材料代替高价材料，加强周转性材料的管理，延长周转次数等。

二是对材料价格进行控制：主要是由采购部门在采购中加以控制。首先对市场行情进行调查，在保质保量前提下，货比三家，择优购料；其次是合理组织运输，就近购料，选用最经济的运输方式，以降低运输成本；再就是要考虑资金的时间价值，减少资金占用，合理确定进货批量与批次，尽可能降低材料储备。

c.机械费的控制：尽量减少施工中所消耗的机械台班量，通过合理施工组织、机械调配，提高机械设备的利用率和完好率，同时，加强现场设备的维修、保养工作，降低大修、经常性修理等各项费用的开支，加强租赁设备计划的管理，降低机械台班价格。

④加强质量管理，控制返工率。在施工过程中，要严把工程质量关，各级质检人员定点、定岗、定责，加强施工工序的质量检验并把管理工作真正贯彻到整个过程中，采取防范措施，消除质量通病，做到工程一次成型，一次合格，杜绝返工现象的发生，避免因返工造成工程成本的增加。

⑤加强合同管理，控制工程成本。合同管理是施工企业管理的重要内容，也是降低工程成本，提高经济效益的有效途径。

第二节　风险管理

所谓风险管理，就是通过对建设过程潜在的意外损失进行辨识、评估，并根据具体情况采取相应的措施进行处理，从而减少意外损失。风险管理一般要经过风险辨识、风险评估、风险防范的过程。

对不同的企业来说，面对的风险不同，风险管理的对象和采取的策略也就有所不同。水利行业企业所面对的风险主要是工程风险。由于水利工程社会效益大于经济效益，其主要面对的是自然风险。

（一）水利工程的风险辨识

水利枢纽工程建设一般分前期准备、建设、安装调试和运行四个阶段。经过分析我们认为在水利枢纽工程整个建设过程中可能出现的风险，归纳起来有以下几个特点：

1.风险主要来自自然灾害其中最严重的是洪水灾害。汛期洪水以及暴风、雷击和高温、严寒等都可能对工程造成重大损害。洪水不仅会对已建成部分的工程、施工机具等造成损害，还会导致重大的第三者财产损失和人身伤害。

2. 风险具有周期性水利枢纽工程建设周期一般长达数年，每年的汛期，工程都要经受或大或小的洪水考验，因而水利工程的建设过程一般都要经历好几个洪水期。

3. 灾害具有季节性。绝大部分的自然灾害都具有季节性，例如在南方，洪水一般集中在 6~9 月份，雷击一般集中在 5~10 月份。在一年的不同时期，这些灾害对施工安全的影响是不一样的。

（二）风险分析

就是对将会出现的各种不确定性及其可能造成的影响和影响程度通过定性、定量或两者结合的方法进行分析和评估。通过评估采取相应的对策，从而达到降低风险造成的影响或减少其发生的可能性。

1. 地震是破坏力极大但却不经常发生的风险。

2. 洪水是水利枢纽工程建设阶段的最大风险之一，但相对于其他自然灾害，洪水能够为人们所管理和控制，我们可以估计洪水所造成的损失结果，对于不同等级或类型的洪水，可以分析出它的水位、流速、淹没范围以及损失等。

3. 设备安装、调试不当在工程建设的四个阶段中，最大的风险常发生在安装调试阶段。水利枢纽工程电站设备总价值均在亿元以上，如果设备生产单位信誉度低、产品质量差，或者安装与调试工作稍有不妥都可能导致设备的严重损坏。

4. 塌方与自然因素、人为因素都有关。除地震、降雨（大部分塌方因暴雨引起）、不良地质原因外，不合理的施工工艺很容易造成边坡塌方。另外，地下厂房的施工过程中塌方的风险也很大。

5. 建材质量与工艺事故质量是整个工程安全的核心，特别是水利工程，由于失事后果的严重性，它对所用的原材料和工艺要求十分严格。

6. 暴雨地区暴雨将引发洪水，施工现场的暴雨也必将危及施工作业和许多临时工程（如仓库和住房等）。

7. 雷电雷击是供电线路中最易引发停电事故的风险因素。工地现场虽有避雷设施，但雷电经高压供电线路引入很难预防。它既导致电气设备损坏，又使工地停电，后者又将影响用电机械的工作效率。

8. 温度夏季高温、冬季严寒或者一天内温差很大对水利工程的施工都会带来不良影响，特别是不利于混凝土工程的施工。

9. 短路线路或者部分电器的故障造成短路，轻者引起停电事故，重者烧毁供电设备，停电也将影响工程的施工。

10. 重物坠落大坝在施工过程中，吊卸频繁，来往人员多，操作不小心极易引起重物意外坠落而导致人员伤亡或设备损坏。

11. 施工机具操作失误大坝施工现场的条件通常都比较差，温度、湿度都较高。如果设备操作人员素质较低，极易引起设备事故。

12. 装卸及运输事故工地现场运输十分繁忙，必须避免碰车、翻车等事故。特别应注意工程主要设备运输风险。

13. 火灾工地上导致火灾的原因很多，最主要是易燃物碰到明火。

14. 盗窃也是风险之一。

15. 第三者责任事故大堤倒塌、重物坠落等都会导致对第三者造成责任事故，例如冲垮农田和房屋，毁坏庄稼和伤及人畜等。

（三）风险防范风险的防范归纳起来有两种基本手段

1. 采用风险控制措施降低业主的损失采用风险控制措施降低业主的预期损失或使这种损失更具有可测性，从而改变风险，它包括风险回避、损失控制、风险分割及风险转移。

2. 采用财务措施处理预期风险采用财务措施处理预期风险，包括购买保险、风险自留和自我保险。

保险是风险转移的主要手段，也是迄今最有效的风险管理手段之一。在水利工程中，业主主要是通过工程保险，与承包人、供货商、服务商签订合同和留足风险费用等措施，合理地转移和消化工程建设过程中的风险。

工程保险就是着眼于可能发生的不利情况和意外，从若干方面消除或补偿遭遇风险时造成的损失。目前，虽然国际上并无统一的强制保险法规，但绝大部分国家都规定承包人必须投保建筑（安装）工程一切险（包括第三者责任险），但向谁投保不强行指定。

关于强制保险，目前国际通行的做法是以业主和承包人的联合名义，对各自的风险进行投保。但在缺陷责任期间，仅对要求承包人补救的损害部分进行保险，业主在保险单的这部分中没有可保权益，因而这部分仅能以承包人自己的名义进行。同时，承包人若未就工程风险的转移进行投保，业主可进行任何此等保险并保持其有效，为此目的所需要的任何费用，业主可先代为支付，并可随时从任何应付的或将付给承包人的款项中扣除。水利工程建设过程中，承包人投入的设备及雇佣人员的保险属于其自身的保险责任，水利工程业主所要考虑的是为工程建筑物和由业主提供的设备的风险投保，除此之外还要为其所雇佣人员的安全投保。根据水利工程的特殊性和目前保险业市场的险种设置，可供水利工程选择的险种主要有：建筑（安装）工程一切险及第三者责任险、运输险、运输险项下延误险、建安工程项下延误险、专业人员责任险、人身意外险或雇主责任险、机动车辆险等。

在风险管理过程中，由于水利工程行业与保险行业都具有明显的专业性，行业差别较大。业主如何将水利工程对保险的特殊要求全面的向保险公司表述，同时又要从保险条款中争取最大的风险赔偿和保障。通过实践，建议业主聘请有经验的保险经纪公司作为他的工程保险代理，利用经纪公司的业务优势，得到专业而全面的保险经纪服务，同时通过经纪公司将本行业的特殊要求

第三节　质量管理

（一）水利工程质量管理工作存在的问题

大规模水利建设过程中，水利工程质量及其管理现状如何，水利投资效益能否在质量环节上得到保证，以及如何采取有效措施解决质量管理工作中存在的矛盾与问题，这既是水利战线工作者所面临和经常思考的问题，又是各级党委、政府和广大社会关注的焦点。水利工程质量管理工作存在的问题主要有以下几点：

1. 责、权、利彼此分离，执行基本建设程序不严格

2. 建设管理相互重叠，容易埋下工程质量隐患

3. 建设市场无序竞争，市场行为违规操作

4. 人员队伍素质偏低，影响工程内在质量

5. 执纪执法力度欠缺

（二）优化水利工程质量管理五个结合

当务之急是坚持如下五个结合，多途径采取积极措施，切实解决工程质量管理方面的矛盾与问题。

1. 结合治水工作思路的转变，加强建设项目前期工作

加强水利工程质量管理的首要环节，是进一步加强建设项目前期工作。一是加强流域规划，保证投资重点；二是严格基本建设程序，严禁任何单位和个人擅自简化建设程序和超越权限、化整为零进行项目审批，各级项目审批机关应严把前期工作质量关；三是强化项目决策咨询评估制度，建立权威的专家库，进行严格的评估论证和审查；四是确保前期工作费用，在资金落实和概、预算编制过程中，应合理分配地方配套资金的比例，前期工作费用应按照国务院的规定，纳入中央和地方基本建设财政性投资中列支或纳入工程概算，优先保证。

2. 强化行业监督管理职能

当前加强行业监督管理职能，应着重把握三个切入点：一是审批程序上进行把关，由水利部门会同计划、财政部门，在工作项目计划和建设资金审批、下达过程中对建设项目前期工作、执行基本建设程序和国家、行业有关规定的情况进行严格把关，凡不符合质量管理有关政策法规的，一律不予审批；二是制度落实进行督导，"三制"执行情况是当前加强行业监督管理的重点，要结合执行中遇到的实际情况，修改和研究制定切实可行的具体实施办法，形成统一的操作规范；三是质量评价上进行控制，强化各级水利工程质量监督站作为政府质量监督部门的职责，从机构、人员、经费等环节上给予保障，在工程竣工

验收工作中，实行工程质量"一票否决制"，加强质量监督的权威性。

3. 结合人员和队伍素质的提高，规范整顿水利建设市场

建立健康有序的水利建设市场，在治本措施上需要通过人员和队伍素质的提高来实现。

一是加强人员业务素质培训。应重点对水行政主管部门从事水利建设与管理的工作人员、质量监督机构的工作人员、项目建设单位从事工程质量管理的工作人员进行政策法规、质量管理知识、技能、手段的培训，培养和造就一支专业化的质量管理队伍。

二是加强资质审查核准工作。人员资质方面，应在专门加强培训的同时，及时审查核发质量监督工程师、监理工程师、项目经理以及从事核算、招投标、咨询、代理等工作人员的相关资质；队伍资质方面，加强对从事水利工程勘察、施工、监理、造价咨询、项目评估、招投标代理等企事业单位资质及相应登记的审查核准工作。

三是规范水利建设市场行为。重点是规范整顿水利工程项目的招投标活动，建立公开、公正、公平的市场秩序。招投标管理机构应切实履行审批和监督管理职责，必要时可邀请纪检监察机关和公证机构进行全过程的监督和公证。

4. 结合建设领域专项治理的开展，加大执法监察工作力度

专项治理和执法监督是提高和确保工程质量的有效补充手段。除了各级水利、建设、计划、财政部门开展监督检查外，纪检监察机关和新闻媒体、人民群众以及社会各方面都是重要的监督主体。结合水利建设领域专项治理的开展，各级执纪执法机关应当相应加大对工程质量及其管理工作的执法监察力度。应该完善举报制度，充分利用信息网络技术和手段，条件成熟的可以建立专门的工程信息监督网站，成立快速反应的执法监督队伍，对涉及工程质量的有关问题和事故进行公开处理和直查快办。

5. 结合政策法规体系的完善，推进质量管理法制化进程

质量管理法制化是提高水利工程质量的根本措施。一是进一步完善相关政策法规体系，对历年来制定的水利行业规程规范和建设管理有关规定进行补充、修改、完善，加强政策法规汇编和编撰工作，制定相应的规范文本；二是加强政策法规的宣传普及，对《中华人民共和国招标投标法》《建设工程质量管理条例》等法律规章进行宣传贯彻，充分利用各种群众性学术团体开展专题研究，进行学术探讨，加强科技、科研成果的推广应用；三是在行政处罚手段上，必须加大经济处罚的力度，运用经济杠杆处理责任主体因利益驱动导致的工程质量问题，通过行政、经济、法律等多种手段整体上加快质量管理法制化进程。

第四节　水利施工环境保护

（一）确立环境保护目标，建立环境保护体系

施工企业在施工过程中要认真贯彻落实国家有关环境保护的法律、法规和规章，做好施工区域的环境保护工作，对施工区域外的植物、树木尽量维持原状，防止由于工程施工造成施工区附近地区的环境污染，加强开挖边坡治理防止冲刷和水土流失。积极开展尘、毒、噪音治理，合理排放废渣、生活污水和施工废水，最大限度地减少施工活动给周围环境造成的不利影响。

施工企业应建立由项目经理领导下，生产副经理具体管理、各职能部门（工程管理部、机电物资部、质量安全部等）参与管理的环境保护体系。其中工程管理部负责制定项目环保措施和分项工程的环保方案，解决施工中出现的污染环境的技术问题，合理安排生产，组织各项环保技术措施的实施，减少对环境的干扰；质量安全部督促施工全过程的环保工作和不符合项的纠正，监督各项环保措施的落实；其他各部门按其管辖范围，分别负责组织对施工人员的环境保护培训和考核，保证进场施工人员的文明和技术素质，严格执行有毒有害气体、危险物品的管理和领用制度，负责各种施工材料的节约和回收等。

（二）环境保护措施

工程开工前，施工单位要编制详细的施工区和生活区的环境保护措施计划，根据具体的施工计划制定出与工程同步的防止施工环境污染的措施，认真做好施工区和生活营地的环境保护工作，防止工程施工造成施工区附近地区的环境污染和破坏。

质量安全部全面负责施工区及生活区的环境监测和保护工作，定期对本单位的环境事项及环境参数进行监测，积极配合当地环境保护行政主管部门对施工区和生活营地进行的定期或不定期的专项环境监督监测。

1. 防止扰民与污染

（1）工程开工前，编制详细的施工区和生活区的环境保护措施计划，施工方案尽可能减少对环境产生不利影响。

（2）与施工区域附近的居民和团体建立良好的关系。可能造成噪音污染的，事前通知，随时通报施工进展，并设立投诉热线电话。

（3）采取合理的预防措施避免扰民施工作业，以防止公害的产生为主。

（4）采取一切必要的手段防止运输的物料进入场区道路和河道，并安排专人及时清理。

（5）由于施工活动引起的污染，采取有效的措施加以控制。

2. 保护空气质量

（1）减少开挖过程中产生大气污染的防治措施。

①尽量采用凿裂法施工。工程开挖施工中，表层土和砂卵石覆盖层可以用一般常用的挖掘机械直接挖装，对岩石层的开挖尽量采用凿裂法施工，或者采用凿裂法适当辅以钻爆法施工，降低产尘率。

②钻孔和爆破过程中减少粉尘污染的具体措施。钻机安装除尘装置，减少粉尘；运用产尘较少的爆破技术，如正确运用预裂爆破、光面爆破或缓冲爆破技术、深孔微差挤压爆破技术等，都能起到减尘作用。

③湿法作业。凿裂和钻孔施工尽量采用湿法作业，减少粉尘。

（2）水泥、粉煤灰的防泄漏措施。在水泥、粉煤灰运输装卸过程中，保持良好的密封状态，并由密封系统从罐车卸载到储存罐，储存罐安装警报器，所有出口配置袋式过滤器，并定期对其密封性能进行检查和维修。

（3）混凝土拌和系统防尘措施。混凝土拌和楼安装了除尘器，在拌和楼生产过程中，除尘设施同时运转使用。制定除尘器的使用、维护和检修制度及规程，使其始终保持良好的工作状态。

（4）机械车辆使用过程中，加强维修和保养，防止汽油、柴油、机油的泄露，保证进气、排气系统畅通。

（5）运输车辆及施工机械，使用 0# 柴油和无铅汽油等优质燃料，减少有毒、有害气体的排放量。

（6）采取一切措施尽可能防止运输车辆将砂石、混凝土、石碴等撒落在施工道路及工区场地上，安排专人及时进行清扫。场内施工道路保持路面平整，排水畅通，并经常检查、维护及

保养。晴天洒水除尘，道路每天洒水不少于 4 次，施工现场不少于 2 次。

（7）不在施工区内焚烧会产生有毒或恶臭气体的物质。因工作需要时，报请当地环境行政主管部门同意，采取防治措施，方可实施。

3. 加强水质保护

（1）砂石料加工系统生产废水的处理。生产废水经沉砂池沉淀，去除粗颗粒物后，再进入反应池及沉淀池，为保护当地水质，实现废水回用零排放，在沉淀池后设置调节池及抽水泵，将经过处理后的水进入调节池储存，采取废水回收循环重复利用，损耗水从河中抽水补充，与废水一并处理再用。在沉淀池附近设置干化池，沉淀后的泥浆和细沙由污水管输送到干化池，经干化后运往附近的渣场。

（2）混凝土拌和楼生产废水集中后经沉淀池二级沉淀，充分处理后回收循环使用，沉淀的泥浆定期清理送到渣场。

（3）机修含油废水一律不直接排入水体，集中后经油水分离器处理，出水中的矿物

油浓度达到 5mg/L 以下，对处理后的废水进行综合利用。

（4）施工场地修建给排水沟、沉砂池，减少泥沙和废渣进入江河。施工前制定施工措施，做到有组织的排水。土石方开挖施工过程中，保护开挖邻近建筑物和边坡的稳定。

（5）施工机械、车辆定时集中清洗。清洗水经集水池沉淀处理后再向外排放。

（6）生产、生活污水采取治理措施，对生产污水按要求设置水沟塞、挡板、沉砂池等净化设施，保证排水达标。生活污水先经化粪池发酵杀菌后，按规定集中处理或由专用管道输送到无危害水域。

（7）每月对排放的污水监测一次，发现排放污水超标，或排污造成水域功能受到实质性影响，立即采取必要治理措施进行纠正处理。

4.加强噪声控制

（1）严格选用符合国家环保标准的施工机具。尽可能选用低噪声设备，对工程施工中需要使用的运输车辆以及打桩机、混凝土振捣棒等施工机械提前进行噪声监测，对噪声排放不符合国家标准的机械，进行修理或调换，直至达到要求。加强机械设备的日常维护和保养，降低施工噪声对周边环境的影响。

（2）加强交通噪声的控制和管理。合理安排车辆运输时间，限制车速，禁鸣高音喇叭，避免交通噪声污染对敏感区的影响。

（3）合理布置施工场地，隔音降噪。合理布置混凝土及砂浆搅拌机等机械的位置，尽量远离居民区。空压机等产生高噪声的施工机械尽量安排在室内或洞内作业；如不能避免须露天作业，建立隔声屏障或隔声间，以降低施工噪声；对振动大的设备使用减振机座，以降低声源噪声；加强设备的维护和保养。

5.固体废弃物处理

（1）施工弃渣和生活垃圾以《中华人民共和国固体废物污染环境防治法》为依据，按设计和合同文件要求送至指定弃渣场。

（2）做好弃渣场的综合治理。要采取工程保护措施，避免渣场边坡失稳和弃渣流失。按照批准的弃渣规划有序地堆放和利用弃渣，堆渣前进行表土剥离，并将剥离表土合理堆存。完善渣场地表给排水规划措施，确保开挖和渣场边坡稳定，防止任意倒放弃渣降低河道的泄洪能力以及影响其他承包人的施工和危及下游居民的安全。

（3）施工后期对渣场坡面和顶面进行整治，使场地平顺，利于复耕或覆土绿化。

（4）保持施工区和生活区的环境卫生，在施工区和生活营地设置足够数量的临时垃圾贮存设施，防止垃圾流失，定期将垃圾送至指定垃圾场，按要求进行覆土填埋。

（5）遇有含铅、铬、砷、汞、氰、硫、铜、病原体等有害成分的废渣，经报请当地环保部门批准，在环保人员指导下进行处理。

6.水土保持

（1）按设计和合同要求合理利用土地。不因堆料、运输或临时建筑而占用合同规定以外的土地，施工作业时表面土壤妥善保存，临时施工完成后，恢复原来地表面貌或覆土。

（2）施工活动中采取设置给排水沟和完善排水系统等措施，防止水土流失，防止破坏植被和其他环境资源。合理砍伐树木，清除地表余土或其他地物，不乱砍、滥伐林木，不破坏草灌等植被；进行土石方明挖和临时道路施工时，根据地形、地质条件采取工程或生物防护措施，防止边坡失稳、滑坡、坍塌或水土流失；做好弃渣场的治理措施，按照批准的弃渣规划有序地堆放和利用弃渣，防止任意倒放弃渣阻碍河、沟等水道，降低水道的行洪能力。

7. 生态环境保护

（1）尽量避免在工地内造成不必要的生态环境破坏或砍伐树木，严禁在工地以外砍伐树木。

（2）在施工过程中，对全体员工加强保护野生动植物的宣传教育，提高保护野生动植物和生态环境的认识，注意保护动植物资源，尽量减轻对现有生态环境的破坏，创造一个新的良性循环的生态环境。不捕猎和砍伐野生植物，不在施工区水域捕捞任何水生动物。

（3）在施工场地内外发现正在使用的鸟巢或动物巢穴及受保护动物，妥善保护，并及时报告有关部门。

（4）施工现场内有特殊意义的树木和野生动物生活，设置必要的围栏并加以保护。

（5）在工程完工后，按要求拆除有必要保留的设施外的施工临时设施，清除施工区和生活区及其附近的施工废弃物，完成环境恢复。

8. 文物保护

（1）对全体员工进行文物保护教育，提高保护文物的意识和初步识别文物的能力。认识到地上、地下文物都归国家所有，任何单位或个人不能据为己有。

（2）施工过程中，发现文物（或疑为文物）时，立即停止施工，采取合理的保护措施，防止移动或破坏，同时将情况立即通知业主和文物主管部门，执行文物管理部门关于处理文物的指示。

施工工地的环境保护工作不仅仅是施工企业的责任，同时也需要业主的大力支持。在施工组织设计和工程造价中，业主要充分考虑到环境保护因素，并在施工过程中进行有效监督和管理。

结　语

我国水利工程施工及管理当前研究的主要内容，侧重在以下几个方面：①要贯彻全面服务的方针。除应继续巩固提高过去所侧重的防洪、排水、灌溉等方面以外，要把水电、水运、城乡供水和水产都作为重要服务项目。有重点地建立微波、短波通信系统，设置快速运算的电子计算机网络，实现优化调度，全面发挥水资源的综合效益。②在技术管理中更广泛地应用系统工程等现代化管理科学理论和以电子计算机为中心的各种先进科学技术手段。③在监测维修方面，对重要工程设置遥测、遥控、预警和监测工程设施工作状态的自动化装置，监控其安全运行；对建筑物、金属结构和机电设备等进一步研究采取新工艺、新材料、新设备，以加固工程，进行设备更新，延长工程寿命。④在经营管理上研究如何向企业化、社会化方向发展，使原有的固定资产和流动资金尽快实现良性循环。

保护和合理运用已建成的水利工程设施，调节水资源，为社会经济发展和人民生活服务的工作。水利工程建成以后，只有通过科学管理，才能发挥最佳的综合效益，还可以验证原来工程规划、设计和施工质量的优劣；水利工程管理主要服务于防洪、排水、灌溉、发电、水运、水产、工业用水、生活用水和改善环境等方面。